国家社科基金
GUOJIA SHEKE JIJIN HOUQI ZIZHU XIANGMU
后期资助项目

推进生态环境协同治理的
理论逻辑与实践路径研究

王建华　钭露露　著

科学出版社

北　京

内 容 简 介

本书聚焦于我国生态文明建设和生态环境治理新时期面临的挑战，在系统分析公众参与绿色消费实践逻辑的基础上，深入剖析中国特色文化对公众绿色消费行为的影响效应及其作用机制，同时探究农业生产者的绿色生产行为逻辑，挖掘农业绿色生产转型的多环节实现机制。结合政府规制的多维度内涵，分析农业绿色生产转型和消费者绿色低碳消费的政策作用机制，从消费者、生产者、政府、媒体等不同主体出发，提出多主体共同参与生态环境协同治理的实践路径与优化策略。

本书可供对环境科学、社会心理学、公共政策学等领域感兴趣的读者阅读，特别是关注生态文明建设和生态环境治理的学者、研究人员。此外，对于希望深入了解生态环境协同治理的社会公众，本书也提供了有价值的参考。

图书在版编目（CIP）数据

推进生态环境协同治理的理论逻辑与实践路径研究 / 王建华，钭露露著. —北京：科学出版社，2023.12

国家社科基金后期资助项目

ISBN 978-7-03-077186-5

Ⅰ. ①推⋯　Ⅱ. ①王⋯　②钭⋯　Ⅲ. ①生态环境－环境综合整治－研究－中国　Ⅳ. ①X321.2

中国国家版本馆 CIP 数据核字（2023）第 236647 号

责任编辑：陶　璇 / 责任校对：贾娜娜
责任印制：张　伟 / 封面设计：无极书装

科 学 出 版 社 出版
北京东黄城根北街 16 号
邮政编码：100717
http://www.sciencep.com

北京中石油彩色印刷有限责任公司印刷
科学出版社发行　各地新华书店经销
*
2023 年 12 月第　一　版　　开本：720×1000　1/16
2023 年 12 月第一次印刷　　印张：16 1/2
字数：330 000

定价：182.00 元
（如有印装质量问题，我社负责调换）

国家社科基金后期资助项目
出版说明

后期资助项目是国家社科基金设立的一类重要项目，旨在鼓励广大社科研究者潜心治学，支持基础研究多出优秀成果。它是经过严格评审，从接近完成的科研成果中遴选立项的。为扩大后期资助项目的影响，更好地推动学术发展，促进成果转化，全国哲学社会科学工作办公室按照"统一设计、统一标识、统一版式、形成系列"的总体要求，组织出版国家社科基金后期资助项目成果。

全国哲学社会科学工作办公室

目　　录

第一章 导　论

新时代以来，我国生态文明建设和生态环境治理面临新的挑战。由于生态环境问题积弊已久，经济社会发展与生态环境保护的矛盾还未彻底消除，部分环境法规政策执行落实不到位，生态环境保护公众参与的良好风气尚未形成，我国生态环境治理任务依然艰巨。面对严峻形势，构建政府主导、社会支持、公众参与、媒体监督的生态环境协同治理体系的重要性不言而喻。公众是生态环境协同共治的重要主体，其行为模式对生态环境具有重要影响。厘清公众参与生态环境协同治理的行为逻辑，推动公众形成环境友好的消费模式与生产方式，是破解生态环境问题、提升生态环境质量的重要途径。在新形势下，从消费与生产两端双管齐下，促进公众实施环境友好行为，以及鼓励生产者践行绿色生产行为，是极具挑战性和现实意义并需要不断深入研究的重大命题。本章将对研究思路、研究方法等内容做简要说明，力图轮廓性和全景式地描述整体概况，并重点介绍研究的主要内容和研究结论。

第一节　研究背景

党的十九届五中全会精神着重强调要"推动绿色发展"[①]，"十四五"时期经济社会发展的主要目标也提出"生态文明建设实现新进步"[②]。目前，我国生态环境质量持续改善压力依然很大，美丽中国建设任重道远。因此，必须保持加强生态文明建设的战略定力，深入贯彻并落实可持续发展战略，探索以生态优先、绿色发展为导向的高质量发展新路子。本书主要讨论了生态环境治理问题，指出经济建设和社会发展要与自然承载力相协调，强调公众在生态环境治理中发挥的重要作用，要求公众的生产生活方式要向绿色化转型，要积极践行绿色消费与绿色生产行为，为生态环境改善贡献力量。本

---

①《新华社评论员：促进人与自然和谐共生——学习贯彻党的十九届五中全会精神》，https://www.gov.cn/xinwen/2020-11/03/content_5556877.htm，2020-11-03。

②《中共中央关于制定国民经济和社会发展第十四个五年规划和二〇三五年远景目标的建议》，http://jjjcz.mee.gov.cn/yw/202011/t20201104_806233.html，2020-11-03。

书试图从生态环境协同治理的角度出发，识别影响公众生态环境保护行为的环境认知、环境风险感知、环境价值观等内部认知因素与社会经济地位、地区感知偏差等外部经济因素，探究公众实施环境保护行为的作用机制与理论逻辑，探索出适合中国国情的生态环境质量优化方式与协同治理路径。

生态环境自身在空间上的关联性、流动性和不可分割性，以及环境污染在时间上的连续性，决定了生态环境协同治理的系统性。近年来，我国政府逐渐认识到单一的环境治理模式无法保障治理责任的有效承担，为了有效解决环境污染的负外部性，需要完善生态环境区域治理参与的责任机制，树立社会责任意识；同时也需要构建政府主导、社会支持、公众参与、媒体监督的生态环境协同治理体系，促使相关主体共同承担环境保护与治理的责任。此外，相关主体参与生态环境治理意识的强弱和能力的高低直接关系到生态环境治理水平的高低，并影响生态环境治理的科学性和可持续性。生态环境质量在很大程度上取决于人们的行为模式，公众是生态环境共治的重要主体，因此，探究生态环境协同治理的理论逻辑与实践路径要基于公众的环境保护行为，关键在于从内部和外部两个角度、消费和生产两个环节出发，识别影响公众生态环境保护行为的内外部因素，明晰消费者和生产者参与生态环境治理的实践逻辑与行为机制。

党的二十大报告中首次提出"农业强国"的理念[①]，作为 14 亿人口的大国，农业强国是中国式现代化的必然要求，是处理好国家发展与安全关系的关键。中国要实现农业强国，关键要从大国小农、人多地少、不同区域农业资源禀赋悬殊这一基本国情出发，走出一条既符合中国国情，又体现强国农业普遍特征的中国式农业现代化之路。当前，中国农业高速发展，农业集约度不断提升，但化肥、农药和农膜等农资要素的不合理使用造成了农业面源污染问题，成为制约耕地可持续利用、农业可持续发展的重要因素之一。农业是人类衣食之源、生存之本，是一切生产的首要条件。中国作为农业大国，在实施乡村振兴战略中实现生态振兴、做到生态宜居是重中之重，因为它事关中国发展全局，特别是事关中国农业绿色发展、农村创新发展和农民美好生活需要的满足。农业的蓬勃发展能够促进国民经济的发展，农业的发展可以直接影响国民经济的发展趋势，能够促进与其相关的工业或其他领域的发展。因此，明晰我国农业生态环境影响机制和

①《习近平：高举中国特色社会主义伟大旗帜 为全面建设社会主义现代化国家而团结奋斗——在中国共产党第二十次全国代表大会上的报告》，https://www.gov.cn/xinwen/2022-10/25/content_5721685.htm，2022-10-25。

作用路径，深入分析和研究我国生态环境治理的现状以及提升我国生态环境治理水平的实践路径，就显得尤为紧迫和重要。

人类不可持续的环境行为是造成环境破坏的重要原因，公众要改变自身行为以减少对环境的有害影响。消费和生产是环境问题的核心，因此，绿色消费和绿色生产行为逐渐受到社会的关注。一方面，绿色消费行为是指公众在商品的购买、使用和后期处理过程中注重环境保护和生态可持续发展，努力使自身的消费行为对环境的负面影响达到最小化的消费模式，关键在于如何引导民众在商品的购买、使用与处理过程中自觉遵守保护生态环境的原则并践行。值得注意的是，文化价值观是指大多数社会成员所认可和倡导的信念与规范，中国民众的行为会受到中国特有的文化、历史等因素的影响和制约。因此，在消费环节，本书基于中国国情，探究在社会形象、权威从众、中庸价值观等中国特色文化影响下消费者参与绿色消费行为的实践逻辑。另一方面，农业绿色生产作为一种可持续的发展方式，对保护生态环境、节约资源、缓解农业污染、推进农业绿色发展具有显著促进作用，转变传统农业生产方式、践行绿色生产行为、全面实现农业绿色生产转型成为当前农业发展主流导向，是深化农业供给侧结构性改革的重要途径。因此，在生产环节，本书从农业绿色生产转型的要求出发，探究农业生产者在农药与化肥合理施用、绿色生产技术采纳、畜禽养殖废弃物资源化处理等产前、产中、产后多环节上的绿色生产行为实现机制。

本书将宏观统计数据和微观调研数据相结合，通过宏观统计数据探究不同经济发展水平下公众生态环境保护的行为逻辑与实践机制，通过微观调研数据分析公众采纳公私领域亲环境行为的影响因素，明确消费和生产环节在生态环境协同治理中的重要作用，明晰政策规制等政府行为对公众环境保护行为的影响程度和作用机制。基于以上思路，本书试图识别公众生态环境保护行为的内外部影响因素，厘清并刻画消费者和生产者践行环境保护的行为逻辑，探究协同治理下的生态环境政策机制与生态效率提升路径，以期为促进生态文明建设、推进生态环境协同治理、实现可持续发展提供理论基础与政策支持。

第二节　研究逻辑与思路

一、理论逻辑

协同治理（collaborative governance）理论起源于 20 世纪 70 年代德国

物理学家赫尔曼·哈肯创立的协同学，旨在解决"新公共管理运动"中公共服务碎片化的困境。20世纪末，英国布莱尔政府启动的"协同型政府"是协同治理理论首次在国家层面的实践，直接推动协同治理理论成为全球性共识和新趋向。协同治理强调公共管理主体的多元化、主体间共同参与的自愿平等与协同性，最终目标是促使公共利益的最大化。

生态环境是典型的公共产品，生态环境治理是一个典型的公共管理问题。生态环境的不可分割性和关联要素的多元性决定了生态环境治理必须坚持协同治理的系统思维，建立以政府为主导、多元主体协同的治理机制。政府可通过干预和管理等规制措施对行为主体形成规范力量，并利用补贴、赠款等经济激励的方式来影响个体行为，在把握生态环境治理宏观方向的同时顾及公平与正义；市场通过价格机制与竞争机制以高效的方式配置生产要素，以最低的成本和最佳的投资收益来治理生态环境；公众是生态环境治理的重要主体，有效提升公众环境素养，培养公众对自然的高度道德责任感，以及形成公众的社会道德规范约束机制，将是推动环境保护工作的强大动力；媒体在多元主体的信息交流过程中充当着"传声筒"的角色，对于政府与公众，媒体能够使双方迅速交换生态环境治理的政策信息；对于生产者与消费者，媒体能够及时传递绿色产品的市场信息。因此，融合政府、市场、媒体、公众等多个主体，发挥各自优势，将制度嵌入到一定的社会关系中，利用制度的规范约束力，结合道德规范等强大的非正式力量，能够产生多元主体的协同效应（图1-1）。

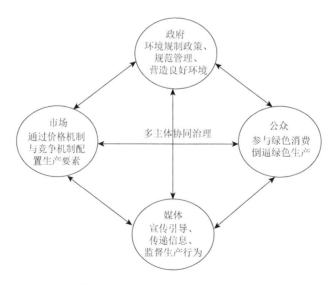

图1-1 生态环境治理中政府、市场、公众与媒体的协同互补效应

具体而言，本书生态环境协同治理的理论逻辑如图 1-2 所示：政府、公众（生产者和消费者）、媒体等多主体在良性的市场环境下通过协商合作，共同承担治理生态环境、提供绿色生态产品和服务、完善绿色农产品价格机制的责任，实现生态环境协同治理。其中，政府可以通过引导型环境规制、激励型环境规制与约束型环境规制等政策手段规范公众的绿色生产和绿色消费行为；媒体可以对公众产生引导作用，为生产者传递绿色生产相关信息与技术，监督生产者的生产行为，此外，媒体也能够通过媒介宣传培养消费者的环境素养与责任感，呼吁消费者践行亲环境行为；政府可以对媒体等新闻报道进行管理规范，确保信息的真实有效性，营造良好的信息环境；同时媒体也可以对政府进行报道监督，确保政策的有效实施。最终，在良性的市场环境和制度环境下，通过消费者的绿色消费行为倒逼生产者进行绿色生产，也通过绿色生产推动绿色消费，促进生产与消费的良性循环，进而实现生态环境的协同治理。

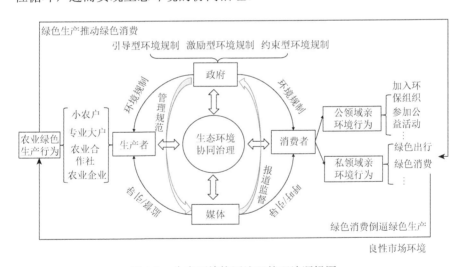

图 1-2　生态环境协同治理的理论逻辑图

总之，生态环境协同治理是一种区别于传统单兵作战的新体系，既能充分发挥市场竞争机制优势，避免政府单向操作的低效率，也能避免因市场外部性导致公共性的流失，兼顾公平、效率和公益性，节约信息搜索成本，降低执行成本和监督成本，促进不同主体利益分享与成本分摊，提高生态环境治理效率。

二、研究思路

广大人民群众是经济社会建设的主体和实践者，持续、有效推动人民群众积极参与生态环境保护和治理，形成社会协同效应，是化解生态危机的关键所在。为此，本书首先重点关注公众的亲环境行为，并将其划分为公领域亲环境行为（即公共领域的亲环境行为）与私领域亲环境行为（即私人领域的亲环境行为），识别影响公众践行亲环境行为的内部因素，明晰其作用机制（第二章）。公众作为生态环境协同治理的重要主体，不仅承担着消费者的社会角色，同时部分公众也承担着生产者的社会角色。因此，本书在系统分析公众参与绿色消费实践逻辑的基础上，剖析中国特色文化对公众绿色消费行为的影响效应及作用机制（第三章），同时进一步考虑农业生产者的绿色生产行为，挖掘农业绿色生产转型的多环节实现机制（第四章），以期实现绿色生产与绿色消费协同发力，共同推进生态环境治理。但生态环境的准公共物品属性，使得生态环境治理需要依靠政府的有效介入。为了营造生态环境治理的良好政策环境，本书结合政府规制的多维度内涵分析农业绿色生产转型和消费者绿色低碳消费的政策作用机制（第五章），并基于第二章至第五章的研究结论，提出消费者、生产者、政府、媒体等多方主体参与生态环境协同治理的实践路径与优化策略。

第三节　主要概念界定

一、生态环境可持续发展

可持续发展观伴随着人们对人类经济活动与生态环境之间关系认知的转变而出现。20 世纪中期，西方国家的工业化发展进程主要呈现出粗放式发展的特征，而粗放式的发展模式给各个国家带来了环境污染、资源枯竭等一系列生态问题。为缓解这样的问题，1980 年，世界自然保护联盟制定《世界自然资源保护大纲》，提出"必须研究自然的、社会的、生态的、经济的以及利用自然资源过程中的基本关系，以确保全球的可持续发展"。1987 年，世界环境与发展委员会发表报告《我们共同的未来》，报告中第一次对可持续发展进行了定义，认为可持续发展是满足现代社会需求，同时不对后代社会需要产生威胁、不以牺牲后代利益为代价的发展（周健民和沈仁芳，2013）。1992 年 6 月，在巴西里约热内卢举行了联合国环境与发展会议，形成了建立可持续发展社会的《21 世纪议程》国际公约。2015 年，联合国可持续发展峰会通过了《改变我们的世界：2030 年可持续发展议程》，为各个国家的可持续发展实践提供具体指南，从此将可持续发展问题摆上了国际性政治议程，引发了国际关切，并驱动各个国家付诸具体实践。我国在 2016 年发布了《落实 2030 年可持续发展议程中方立场文件》，将可持续发展理念融入国家长期发展规划，为探究可持续发展的理论内涵与发展意义，挖掘可持续发展的建设经验与有效路径，制定科学、可行的阶段性计划，实现经济、社会、生态可持续发展的美好蓝图，我国在同年发布了《中国落实 2030 年可持续发展议程创新示范区建设方案》，驱动各地区积极探索实现可持续发展的有效模式。

可持续发展概念的提出打破了增长等于发展的传统观念，要求在发展的同时，必须以经济可持续发展为基础，同时保护环境，以生态可持续发展为重要条件，以社会可持续发展为根本目的，以共同发展为核心内容，建立健康的发展模式，实现经济、社会和生态三个方面的和谐进步与协同发展。其中，经济可持续发展是国家实力和社会财富的基础与重要体现。经济可持续发展重视经济增长的速度，也追求经济发展的质量。经济可持续发展要求改变以往高投入、高消耗、高污染的粗放式经济发展模式，发展清洁生产和文明消费的增长模式，提高经济活动的综合效益水平。社会可持续发展是具有动态性、多元化的发展过程，伴以经济和生态的可持续发展，其中，经济可持续发展为基础，生态可持续发展为支撑。公众参与是实现社会可持续发展的必要保证，也是社会可持续发展能力建设的重要方面。生态可持续发展是保障社会与经济可持续发展的基础和前提，经济发展和社会财富积累都依靠物质资源的开发利用与转化留存。因此，生态可持续发展强调发展是有限制的，没有限制就没有发展的持续。

实现生态可持续发展，要求转变发展模式，将经济建设和社会发展与自然承载能力相协调，发展的同时保护和改善生态环境，平衡自然资源的开采和利用，以可持续的方式使用自然资源和降低环境成本，保护和加强环境系统的生产和更新能力，保证社会进步和经济发展不超过生态环境的承载能力与生态系统的更新能力，在经济增长和生态环境之间寻找制衡点，使人类的发展控制在自然承载能力之内，使物质资源能够长久地支持社会经济运作，从源头上解决环境问题。具体来说，需要做到以下几个方面。

（1）推行生态能源型经济发展模式。现阶段全球能源危机形势越发严峻，生产中如果继续使用传统能源，将会加速不可再生能源的枯竭，进而危害人类的正常生产生活，与可持续发展理念相背离。生态能源型经济模式是指在生产中加强可再生清洁能源的开发和使用，挖掘可再生能源的经济潜能。生态能源型经济模式能够优化生产系统，减少生产过程中产生的污染，对于维护生态平衡和保护生态环境起到积极作用。

（2）加大研发投入力度，提升产业科技化水平。贯彻落实科学技术是第一生产力这一先进思想，加大先进技术的研发力度，对产品进行深度加工，提高产业生产效率与产品附加价值，是生态经济得以可持续发展的核心思路。因此，通过出台相关扶持政策，引入激励机制，加大对企业研发资金与科学技术人员的扶持力度，鼓励产业技术革新，促进先进技术手段在生产与加工过程的应用，可以有效促进产业的科技化与智能化生产转型，提高产业综合效益。

（3）完善社会服务体系，加强产业发展保障。完善相关优惠政策，实现生产的全面进步，为产品的推广以及营销管理创设良好平台。一方面，制定规模化产品管理工序，整合经营试点项目，积极转变传统的产业生产结构和运行体系，提高绿色产品进入市场的门槛，加强对产品的检测，从源头上禁止不合格产品流入市场，促进生态可持续发展机制的全面落实。另一方面，要在社会服务体系内完善基础设施建设。加强资金资源的投入，构建生态监管体系，实时动态监督产业生产对生态环境的影响，做出科学客观的评价，惩处肆意破坏环境的行为，将维护生态平衡作为着力点，实现生态经济的可持续发展。

二、公众环境心理

公众是践行生态环境保护行为的重要主体，提升公众对生态环境问题的认知水平以及道德责任感，是建设生态文明的关键所在。《中共中央 国务院关于全面加强生态环境保护坚决打好污染防治攻坚战的意见》指出美丽中国是人民群众共同参与共同建设共同享有的事业，必须加强生态文明宣传教育，牢固树立生态文明价值观念和行为准则，把建设美丽中国化为全民自觉行动。公众是否践行环境保护行为会受到其环境心理的影响，主要指环境认知、环境风险感知等心理认知因素。

环境认知具体是指居民通过对资源环境的了解和具备的环境知识，形成的对资源环境问题的感知以及在消费过程中主动承担节约资源及保护环境义务时的心理体验，包括环境知识、问题感知、压力感知等因素（贺爱忠等，2013）。环境认知是居民实施环境友好行为的基础，居民对生态环境知识越了解，对环境可持续发展的关注度越高，自身进行环境保护的责任意识越强烈，就越会产生积极的绿色消费意向与行为（Liu et al.，2021）。因此，在生态文明建设的背景下积极探索环境认知对农村居民环境友好行为的影响是构建全民参与环境保护的社会行动体系的内在要求。

环境风险感知由风险感知衍生而来，风险感知是指识别和解释来自不同来源的关于不确定事件的信号，并形成对与这些事件相关的当前或未来损害的概率和严重性的主观判断的过程（Grothmann and Patt，2005）。环境风险感知是指公众在有限的或不确定的信息背景下，面对客观环境风险时的主观判断和直接感受，它与人们对环境问题的关注程度密切相关（丁太平等，2021）。环境风险感知是影响亲环境行为的重要心理因素，对不确定性和损害后果的认知在指导环境保护行为方面发挥着重要作用（Chakravorty et al.，2007）。个体只有感知到周围存在的环境风险，才有可能激发相关的环境情感，产生保护环境的责任意识，并积极采取保护环境的行为。

三、亲环境行为

亲环境行为是指主要在个人或家庭层面采取的有利于环境或至少尽可能减少对环境负面影响的行动。有学者将亲环境行为分为公领域亲环境行为和私领域亲环境行为两个方面。公领域亲环境行为是指民众在需要与他人进行互动的情境下才能采取的环保行为，如加入环境保护组织、参加环保公益活动、呼吁他人保护环境等行为；私领域亲环境行为是指民众在不需要与他人互动的情境下所采取的环保行为，如绿色出行、垃圾分类、随手关灯等减少自身能源消耗和废弃物产生的行为（贾如等，2020）。除了行为内容存在差异，公私领域节能行为的影响因素也存在差异（滕玉华等，2021）。从影响因素角度来看，人口统计特征、心理因素和情境因素等是影响亲环境行为的主要因素，其中人口统计特征主要包括性别、年龄、收入和受教育程度等，心理因素主要指价值观、态度、环境责任感和性别角色等，情境因素主要包括童年环境、社区环境、中国文化背景和公共政策等。

四、中国文化价值观

价值观是个人对事物和行为的价值进行判断的标准与尺度，对个体决策和行为选择具有指导作用。文化则为人们的行为方式提供精神价值。中国人长期受到儒释道家传统文化的熏陶，形成了某种处理人与自然、人与人、人与自我关系的处世准则，即文化价值观，它对中国人的信仰和行为具有深刻影响。社会形象、中庸价值观、实用理性、权威从众是中国文化价值观体系的重要构成。社会形象是经由他人认可获得一致的社会尊严，个体努力维护其在社会关系网络中展现的形象以从他人那里获得尊重和肯定（雷霄和唐宁玉，2015）。中庸是古代先贤辩证思维方式的集中体现，其精妙之义在于对"度"的把握。"中"即恰到好处地把握对待事物的尺度，"庸"即恒常的道理，中庸是不偏不倚、追求调和平衡的处世之道。中庸价值观主要体现在过犹不及、执两用中、和而不同、因时而中四个方面（杨涯人和邹效维，1998）。实用理性展现了中国人在对事物进行评价以及行为决策时遵循的方法论，具有注重"实用""实际""实在"的特点，关心事物或行为的实际结果，体现中国人求真务实的处事观念（潘煜等，2014）。儒家文化中三纲五常观念对后世影响深远，中国社会是一个伦常关系社会，个体并不是独立存在的。千百年来在儒家集体主义思想的影响下，个体服从于群体意志，表现出从众行为。权威从众是指个体在认知与行为上服从权威人物、把大多数人的行为当作准则的文化现象（Childers and Rao，1992）。

五、农业经营主体行为

农业经营主体行为是指不同主体在产品生产经营过程中存在的多种行为，包括农药施用、兽药使用、病死猪处理等农业生产主体行为，以及废弃物排放、探索创新、利用创新等企业经营主体行为。在古典经济学和新古典经济学的研究中，生产经营主体的行为研究多假设生产经营主体是完全理性的，但是实际上由于受到外部环境因素即个体差异特征等的影响，生产经营主体的行为决策很难做到完全理性。1978 年，诺贝尔经济学奖得主西蒙修正了理性经济人假说，提出了"有限理性"的概念，认为自然人普遍介于完全理性与非理性之间的"有限理性"或"不完全理性"状态。

（一）理性生产经营行为

古典经济学理论初期，亚当·斯密提出了"经济人"的概念。经济人即假设人的思考和行为都是目标理性的，唯一试图获得的经济好处就是实现物质性补偿的最大化。在此基础上演化而来的理性行为学派则认为，在市场竞争完全充分的情况下，生产经营主体会表现出和资本主义企业一样的理性特征。在这样的假设之下，以农业生产主体为例，生产经营主体会合理地运用各项生产要素，对土地、农药化肥、生产技术、劳动力等进行有效的配置，以实现最大化边际生产率。舒尔茨作为理性行为学派的代表性人物，认为生产经营活动的增长停滞只能归因于传统投资的边际收益递减，与生产经营主体的非理性行为无关。波普金在发展舒尔茨学说的基础上认为生产经营主体在进行经济活动时，往往会慎重地考虑利润的长期性和潜在的风险因素，生产经营主体是理性的。但是现实的情况却大相径庭，以农业生产主体为例，在经济欠发达地区农户依然处于贫穷状态，农业落后的现象依然没有改善，这就让人们对生产经营主体的理性行为假说提出质疑。

（二）有限理性生产经营行为

恰亚诺夫从农业生产主体出发进行研究，认为农业生产主体与资本主义企业行为之间存在本质的区别，他跳出了以"经济人"为假设起点的经济学古典传统，从生产经营主体的心理状态出发分析其经济行为的形成路径。资本主义企业追求利润最大化，并且不会在亏损的状态下继续经营，然而农业生产主体却不会。农业生产主体追求的不是利润最大化，而是满足基本的家庭消费需求和维持生产生活的劳动辛苦程度之间的平衡，这使得农业生产主体在亏损的情况下依然选择继续其生产经营活动。因为农业生产主体的生产经营活动主要依靠家庭内部成员作为劳动力，无须考虑劳动报酬。农业生产主体在从事生产活动过程中，也很少严格进行投入—产出的经济指标核算，因此根本不涉及对于最大利润的追求。当然这种观点的出现也具有一定的情境导向，在苏联执行农业经济改造的特殊历史时期，受到当时的政治因素、经济因素等的制约，农业经济发展存在一定的历史局限性。如今，农业经济出现市场化的景象，富裕的农业生产主体雇佣其他劳动力的情况也很普遍，劳动力工资成本就变成需要农业生产主体考虑的问题，但是当前小规模和散养农业生产主体依然占据很大比重，组织行为学派提出的农业生产者行为非理性特征具有重要的意义。西蒙教授就提出现实世界中人的能力并不是无限的，人们没有办法掌握完全的信息，无法发现全部可能的选择，也无法选择出最优的方案。所以人在进行行为选择时是有限理性的。在有限理性的指导下，经济人向现实人转变，不再无所不知、无所不能，这当然更加符合实际情况。现实人应该是在有限的信息、有限的能力下做出有限理性的决策。人们不再是为了追求利润最大化放弃很多其他目标，人的心理因素在决策中起着重要的作用。在经济学的研究中加入行为科学、心理科学和社会科学的知识，承认现实人的情感、自尊、利他心理的存在，由于人的自身条件、自然环境条件、社会环境条件具有局限性，人们的认知能力、决策能力都有限，因此生产经营主体的行为决策不是完全理性的。

六、农业绿色生产行为

农业绿色生产行为主要是指在农业生产中采用对环境友好的方式进行

生产，如有机肥料的使用、生物农药的使用、减少化肥和农药的使用量、畜禽养殖废弃物资源化处理行为以及病死猪的无害化处理行为等。本书涉及的农业绿色生产行为主要包括畜禽养殖废弃物资源化处理行为与绿色生产技术采纳行为。畜禽养殖废弃物是指畜牧业生产环节输出的各种废弃物，包括畜禽粪便、食物残渣、畜禽舍垫料、废饲料、畜禽尸体与散落的毛羽等固体废弃物，养殖污水、畜禽尿液等液体废弃物，以及硫化氢等有毒、有害恶臭气体。不同畜禽品种产生的畜禽养殖废弃物存在较大差异，但畜禽粪便在各类畜禽产生的废弃物中均占据较大比重。畜禽养殖废弃物资源化则是指将畜禽养殖过程中排放的各类废弃物通过一定手段进行处理再加工，挖掘剩余价值，将其重新投入社会再生产的过程。

七、环境规制政策工具体系

环境规制政策是国家为了引领农业发展方向，保障农业健康发展，针对全国各地区农业发展的实际情况而制定的政策规定，主要分为三大类别：激励性政策、支持性政策和控制性政策。

（一）激励性政策

激励性政策是对农户安全生产行为起到激励作用的一系列政府政策，它通过激发农户生产的内在动机而有效引导规范其行为，如绿色农药购买补贴政策、病死猪无害化处理补贴政策、农机购买专项资金支持等。政府激励性政策主要通过缩减费用或增加收入的形式，引导农户紧跟国家发展方向进行农业的安全生产转型。

（二）支持性政策

支持性政策是对保护农户合法权益和促进农户安全生产起到保障与支持作用的一系列政府政策，它主要通过为农户提供技术、资金、知识、信息等方面的支持来增加农户农业生产的自信心与便捷性，如为农户提供知识讲座与技术培训、增加信息的扩散渠道与政策的宣传教育、促进与农户的双向沟通、为农业生产提供相应的硬件保障、扶持农业生产的设施建设、设置农产品最低收购价格等。

（三）控制性政策

控制性政策是通过强制性的规定、命令控制或相应的惩罚机制来有效规制与监督农户生产行为的一系列政府政策，它主要通过对农户生产行为进行严格管控或负向强化的方式来引导其进行规范生产与安全转型，如对农产品进行检测、制定种植或养殖标准、对农药违规使用进行处罚、对病死猪地下市场进行打击等。一方面，要保障农产品安全，必须制定严格的监管机制和惩罚制度，扩大监管覆盖、加强信息披露、更新检测技术、提高执行能力、加大违法成本等；另一方面，确保农产品质量安全是事关社会稳定、人民安定的大事，需要充分调动全社会的积极性，必须转变政府在农产品安全监管中的主导性地位，充分发挥农产品生产源头农业生产者自我监管的作用，逐渐将农产品安全监管权力转移给市场、社会组织等主体，鼓励并支持市场、社会组织等主体参与到农产品安全监管中（王建华等，2016）。

第四节 研 究 方 法

一、理论分析法

对于实际问题的分析离不开寻找所研究事物的理论根基，不管是定性分析还是定量分析都离不开理论的支撑，在本书各章的研究中，每部分都离不开关于理论的探讨。具体体现在：基于"知—信—行"理论和行动阶段理论，建立结构方程模型来研究环境认知对环境友好行为的影响；在剖析计划行为理论（theory of planned behavior，TPB）不足之处的基础上，引入行为推理理论（behavioral reasoning theory）来分析绿色消费态度—行为差距（attitude-behavior gap）产生的原因和深层次影响因素；运用价值观—信念—行为理论与拓展的"知—信—行"模型探究文化价值观影响绿色消费行为的机制路径；结合农户行为理论（farmer behavior theory）和社会嵌入理论（social embedded theory）对农业生产者绿色生产技术采纳行为进行探究；整合理性行为理论与计划行为理论、行动阶段理论、外部性理论、公共物品理论等相关理论，探究环境规制对农业生产者环境保护行为的引导作用。

二、文献梳理法

从文献信息学的角度，采用文献计量学，通过中国知网及 Web of Science 等数据库来分析国内外学者对于环境友好行为和农业绿色生产的研究，根据现有文献对生态环境协同治理的理论逻辑进行梳理，结合新时期特征，以多学科相关理论为指导，借鉴并融合多学科的理论与方法，从而形成交叉学科的研究范式，对农业经营主体行为给予更多角度的理论借鉴，从而实现理论创新。

三、问卷调查法

为了准确分析研究主题，本书进行了多轮次、全方位、多主体的实地调研。在具体操作过程中先通过预调研获得数据进行初步分析，然后根据分析结果进行一定的问卷改进，确定最终调查问卷，再通过分层随机抽样的方法在调查区域展开实地问卷调查，获取本书研究所需要的数据。

四、案例分析法

随着农业结构的调整、农村基本经营制度的变革，以及农业生产分工、分业的不断深化，我国农业的生产经营主体正在经历着巨大转型，开始出现多种形态的农业生产主体。本书通过梳理以往研究文献，并结合实地调查，重点对个体家庭农户、适度规模经营户（大户）、家庭农场、农业生产专业合作社、农业产业化龙头企业等五种典型农业生产主体类型进行探讨，并分析不同类型农业生产主体农药施用行为的差异，剖析其生产过程中随意性施药行为的产生机理。本书也采用案例分析的方法对于不同类型农业生产者的随意性施药行为进行逻辑剖析，试图从农业生产者的个体特征因素、认知因素、经济因素，以及政策、组织和市场环境因素出发，梳理当前农业生产者农业安全生产行为的原始诉求、行为逻辑、驱动因素、现实困境，意在从源头上减少农产品质量安全风险，促进农业可持续发展。

五、计量分析法

在获取大量翔实的微观调研数据之后，首先对数据进行统计类相关分析；其次结合经济管理理论建立研究问题的计量分析模型；再次进一步通过计量分析软件估计结果，得出相关结论；最后结合经济理论对估计结果进行合理化解释。研究综合使用多种计量分析方法，具体包括：采用有序 Logit 模型（ordered logit model）对农业生产者的绿色生产技术采纳行为进行研究；运用工具变量处理模型的内生性问题，采用两阶段最小二乘回归方法来解决其所引致的估计偏差，从而得到较为可靠的估计结果；采用二元 Logistic 回归模型分析养殖户的畜禽养殖废弃物处理行为；构建考虑非期望产出的超效率 SBM（slacks-based measure，松弛值测算）模型，运用广义距估计（generalized method of moments，GMM）分析农村基础设施建设对农业生态效率的影响；另外还采用了结构方程模型、多元线性回归分析、参数检验法、有序多分类 Logit 模型、倾向评分匹配（propensity score matching，PSM）、Bootstrap（自助法）中介检验等。

第五节　数　据　来　源

本书的研究数据主要源于微观实地调研与宏观统计数据两个层面。首先，为探究居民绿色低碳环保行为，课题组选择在华东地区较具代表性的江苏省与安徽省两省展开调研；在此基础上，为进一步刻画全国范围内居民的环保行为，本书借助中国综合社会调查（Chinese general social survey，CGSS）取得多层次数据进行深入研究。同时，全国生态环境治理围绕一二三产业联合展开，而农业的可持续发展是生态环境科学治理的基础。因此，关于生产端的生态环境治理，本书重在探究农业生产者的绿色生产行为，通过对江苏省、山东省、河南省等多个农业大省的农业种植户与畜禽养殖户进行调研，把握农业生产者对农业绿色生产方式与绿色生产技术的接受程度与采纳程度；为进一步明晰农业生产环境与政策支持环境对农业绿色生产的影响，本书将目光聚焦于宏观层面，借助《中国统计年鉴》《中国农村统计年鉴》等统计数据探究基础设施建设对农业生态治理的影响。

消费端调研数据：为深入探究公众环境行为的行为机理，江苏省江南大学食品安全风险治理研究院于2019年7月至8月采用分层设计与随机抽样形式展开问卷调研。首先，华东地区的经济较为发达，将华东地区的六省一市按照人均可支配收入进行排序，分为较高和较低两类，从中选取江苏省和安徽省作为第一阶段的抽样地区。其次，结合地理位置和不同地区的经济发展水平，在江苏省的苏南（无锡市）、苏中（扬州市）、苏北（淮安市、连云港市）地区选取了4个代表性城市，在安徽省的皖南（马鞍山市、铜陵市、宣城市）、皖中（合肥市、安庆市）、皖北（阜阳市、淮南市、淮北市）地区选取了8个代表性城市作为第二阶段的抽样地区。最后，随机选取各代表性城市分布在市区、城郊、城镇和农村的民众作为问卷调研对象。调查区域囊括两省不同地理位置的多个地级市，样本分布较为合理，可以基本代表华东地区的消费水平。为保证问卷的有效性，在正式调查前，专家对调查人员进行了统一培训以保证数据的可靠性和准确性，且调查人员于江苏省无锡市进行了小规模的预调查，并结合反馈信息，对问卷进行调整与修正。本次调查共发放问卷917份，剔除前后矛盾、信息缺失等无效问卷后，回收有效问卷839份，问卷有效率为91.49%。

生产端调研数据一：为深入探究生产者绿色生产行为，江苏省江南大学食品安全风险治理研究院于2021年7月至8月在江苏省展开实地调研。首先，本次调研选取江苏省作为第一阶段的抽样地区；遵循分层设计与随机抽样的原则，根据江苏省统计局公布的各市的地区生产总值、农业产值、农作物播种面积等指标，在苏南、苏中、苏北各选择一个较具代表性的样本市作为第二阶段的抽样地区，具体为无锡市、泰州市和宿迁市。其次，在每个样本市区中，将所有县（市、区）依据地区农业产值分为很高、较高、一般、较低和很低 5 类，并从每类中随机抽取 1 个县（市、区）；然后，在每个样本县（市、区）中随机选择 3 个农业种植户数量在所有乡（镇）中排名前 50%的样本乡（镇）。最后，在每个样本乡（镇）中随机选择 17～20 位农业生产者进行调查。样本选取范围囊括江苏省 3 个市、15 个县（市、区）、45 个村镇，样本分布较为合理。本次调查共发放问卷 809 份，剔除信息缺失、前后矛盾等无效问卷后，共回收有效问卷 705 份，问卷有效率为 87.14%。

生产端调研数据二：课题组于 2021 年 7 月至 8 月对江苏省 4 个地区（无锡市、宿迁市、淮安市、泰州市）的农业种植户展开实地调研。《中国统计年鉴 2021》数据显示，江苏省粮食产量位居第七，以 1.12%的土地面积贡献了全国 5.57%的粮食产量，且农业农村经济基础水平较高，现代农业建设领跑全国，在探索农业现代化过程中起着重要作用。但《中国农村统计年鉴—2021》数据显示，2020 年江苏省农用化肥施用量约 280.8 万吨，农药使用量约 6.6 万吨，农业污染问题不容小觑。因此选择江苏省的农业生产者调研数据作为本书的实证数据，在农业现代化建设规划和实践经验方面具有一定的代表性与参考价值。样本采取分层随机抽样的原则，首先，按照地区生产总值、农业产值、农作物播种面积等指标，从苏南（无锡市）、苏北（宿迁市、淮安市）、苏中（泰州市）分别选取代表性城市作为初级抽样单位；其次，根据各市的种植地区分布、农业产值和相关农业生产情况公开信息，分别选取了 2～5 个县（市、区），每个县（市、区）随机选取 1～3 个镇，每个镇随机选取 1～3 个村；最后，由事先经过系统培训的专项人员以问卷调查和面对面访谈相结合的方式，于每个村随机选取 5～20 位农户进行入户询问，深入了解生产者农业生产经营的基本情况与现实问题。调查过程中随机发放并回收问卷 813 份，经对无效问卷剔除，最终得到有效问卷 708 份，问卷有效率 87.08%。

生产端调研数据三：课题组选择江苏省作为样本省份，于 2021 年 7 月至 8 月走访江苏省 3 个区域（无锡市、泰州市、宿迁市）的农业种植区开展农户调查，采用分层随机抽样方法收集调研数据。以江苏省为研究区域的原因在于江苏省作为水稻主产区，种植业较为发达。以 2018 年为例，江苏省粮食平均亩产达 906.8 斤（1 斤等于 0.5 千克），超过粮食产量居于全国首位的黑龙江省。首先，依据各市的地区生产总值、农业产值、农作物播种面积等指标，选择较具代表性的 3 个样本市，即苏南的无锡市、苏中的泰州市、苏北的宿迁市；其次，在每个样本市中，根据县（市、区）的地区农业产值进行排序，将所有县（市、区）分为很高、较高、一般、较低、很低 5 类，从每类中随机抽取 1 个县（市、区）；再次，依据农业种植户数量对样本县（市、区）内的乡（镇）进行排序，在农业种植户数量排名前 50% 的乡（镇）中随机选择 2 个样本乡（镇）；最后，在每个样本乡（镇）中随机选择 20～25 户种植户进行调查，共回收有效问卷 701 份。

生产端调研数据四：为深入研究养殖户畜禽养殖废弃物的处理现状与影响因素，本次数据收集重点以我国的畜禽养殖大省——山东省为调查样本展开，课题组于 2018 年 7 月至 9 月进行了实地调查。山东省是我国的畜禽养殖大省，畜牧产业规模多年位居全国第一，但是由于畜禽养殖产业发展快、人口密度高，山东省也成为畜禽养殖污染的高风险地区。2012～2016 年《中国环境统计年鉴》的数据显示，山东省畜禽养殖的化学需氧量排放总量（COD_{cr}）、氨氮排放总量（$NH_3\text{-}N$）、总氮排放量（TN）以及总磷排放量（TP）均居全国首位，畜禽养殖污染严重，其面临的废弃物处理和资源化的压力也是我国畜禽养殖业共同的难题。因此，本次调研选择山东省为第一阶段的抽样地区。根据山东省内各城市的畜禽粪污排放总量、污染物排放量与单位耕地面积负荷选取了济南市、潍坊市、泰安市、临沂市、德州市和菏泽市为第二阶段的抽样地区。在各抽样城市中，又根据地区经济发展水平的差异分别选取经济发展水平很高、较高、一般、较低、很低的 5 个县（市、区）作为第三阶段的抽样地区，总计 30 个县（市、区）。整个调查过程共随机发放问卷 540 份，回收问卷 529 份，剔除无效问卷 76 份，最终得到有效问卷 453 份，问卷有效回收率为 83.89%。

宏观面板数据来源：为了解农村基础设施建设对农业生态效率的影响，本书选择 2010～2019 年 31 个省区市的面板数据（未包含港澳台数据）作为决策单元，所获取的数据为 2010 年至 2019 年的农业生产经营数据，各投入、产出指标数据均源于《中国统计年鉴》《中国农村统计年鉴》、各省份统计年鉴及国家统计局公布的官方统计数据，缺失值通过插值法补全。

第二章 生态环境约束下公众环境心理与环保行为机制

坚持和完善生态文明制度体系，推进国家治理体系和治理能力现代化，促进人与自然和谐共生，是关系中华民族永续发展的千年大计，也是党的十九届四中全会的核心要义①。《中共中央 国务院关于全面加强生态环境保护 坚决打好污染防治攻坚战的意见》指出美丽中国是人民群众共同参与共同建设共同享有的事业，必须加强生态文明宣传教育，牢固树立生态文明价值观念和行为准则，把建设美丽中国化为全民自觉行动②。公众是践行生态环境保护行为的重要主体，上述对生态环境问题的认识强调了公众在建设生态文明过程中的作用，因此，如何提升公众的环境保护行为是当下值得思考的重要问题。本章从内部因素——公众的心理认知因素入手，对江苏省和安徽省 12 市的民众进行问卷调研，识别影响公众采取公领域亲环境行为和私领域亲环境行为的关键因素，具体分析环境认知、环境风险感知、环境价值观等心理认知因素对公众环境保护行为的影响机制，探究促进和抑制民众践行绿色消费等环境友好行为的理由，为引导公众在日常生活中自觉践行环境友好行为提供相关建议，为改善生态环境、促进生态文明建设提供一定的借鉴和参考。

第一节 多维度环境认知对环境友好行为的影响

生态文明建设是关系中华民族永续发展的根本大计，党的二十大报告指出要推动绿色发展，促进人与自然和谐共生③。建设生态文明意味着生活方式的根本改变，需要居民践行绿色消费等环境友好行为。居民的绿色消

---

① 《中共中央关于坚持和完善中国特色社会主义制度 推进国家治理体系和治理能力现代化若干重大问题的决定》，https://www.gov.cn/zhengce/2019-11/05/content_5449023.htm，2019-11-05。

② 《中共中央 国务院关于全面加强生态环境保护 坚决打好污染防治攻坚战的意见》，https://www.gov.cn/zhengce/2018-06/24/content_5300953.htm，2018-06-24。

③ 《习近平：高举中国特色社会主义伟大旗帜 为全面建设社会主义现代化国家而团结奋斗——在中国共产党第二十次全国代表大会上的报告》，https://www.gov.cn/xinwen/2022-10/25/content_5721685.htm，2022-10-25。

费行为是指在商品的购买、使用和后期处理过程中注重环境保护和可持续发展，自觉实行商品再利用、资源化，使消费行为对环境的负面影响达到最小化的消费模式。因此，居民践行环境友好行为是参与生态文明建设的重要途径。

环境认知是居民实施环境友好行为的基础，居民对生态环境知识越了解，对环境可持续发展的关注度越高，自身进行环境保护的责任意识越强烈，就越会产生积极的绿色消费意向与行为（Liu et al.，2021）。因此，在生态文明建设的背景下积极探索环境认知对农村居民环境友好行为的影响是构建全民参与环境保护的社会行动体系的内在要求。

一、影响公众环境友好行为的认知基础

环境认知具体是指居民通过对资源环境的了解和具备的环境知识，形成的对资源环境问题的感知以及消费过程中主动承担节约资源及保护环境义务时的心理体验，包括环境知识、问题感知、压力感知等因素（贺爱忠等，2013）。目前关于环境认知的相关研究主要分为三个方面。一是研究环境认知对企业绿色行为或企业绿色绩效的影响。贺爱忠等（2013）运用结构方程模型实证研究发现零售企业环境认知既能显著正向影响零售企业绿色行为，也能通过企业绿色情感间接正向影响零售企业绿色行为；邹志勇等（2019）通过对山东省轻工业企业进行实证检验，发现企业高管的环境认知可以通过影响企业绿色行为正向影响企业绿色绩效。二是研究环境认知对消费者绿色消费行为或环境友好行为的影响。Tan等（2016）通过调查澳大利亚和新西兰消费者的环境认知对绿色消费行为的影响，发现消费者环境认知可以显著正向影响其绿色家居方面的购买行为；白光林和李国昊（2012）以城市居民为调查对象，研究发现绿色消费认知显著正向影响城市居民的绿色消费态度与绿色消费行为。三是从生产角度出发，研究环境认知对农户生产行为的影响。例如，程鹏飞等（2021）通过对新疆1432个样本进行调研，探究发现农户认知能显著影响其绿色生产行为，且外部环境在农户认知与绿色行为之间起到调节作用。综上，现有研究大多从消费者整体和城市居民出发，探究其绿色消费行为或者探究农户的绿色生产行为，较少有研究从农村居民的环境友好行为出发，探究环境认知各维度对农村居民环境友好行为的影响。本节参考叶楠（2019）的分类，将环境认知划分为资源环境知识、环境问题感知和环境责任认知三个维度。

行为意向被定义为一种强烈的内部刺激，是一个人实施行为的主观感受，通常被理解为行为的原因。也就是说，个体想要进行绿色消费的倾向性越强，越有可能实施绿色消费行为。Gollwitzer（1993）将行为意向分为目标意向（goal intention）与执行意向（implementation intention）。目标意向体现了个体期望的最终状态，指个体打算采取某种行动，如"我会实施行为 x"；执行意向，也称为"如果—那么"计划，其将特定的目标导向行为与预期的情境联系起来，其中"如果"后面跟着相关的情境线索，"那么"后面跟着目标导向行为，如"如果满足情境 y，那么我就会实施目标行为 x"（Gollwitzer and Sheeran，2006）。目前在绿色消费与可持续发展研究领域，关于行为意向的研究主要分为两个方面。一是将行为意向作为一个整体概念，探究行为意向对目标行为的影响。廖媛红和杨玮宏（2020）将态度—行为—情境理论与计划行为理论相结合，研究发现城市居民的亲环境意向能够显著影响其绿色消费行为、绿色交通行为、节约与回收行为等环境友好行为；Hynes 和 Wilson（2016）研究发现消费者的环境价值观和行为规范能够显著影响亲环境行为意向和亲环境行为，消费者的亲环境意向对亲环境行为也有显著正向的影响；张露等（2013）通过问卷调查与情境实验，研究发现消费者的行为意向能够显著影响消费者的绿色消费行为。二是探究执行意向与目标达成的关系。执行意向在意向与实际行为之间起到桥梁作用，能够缩小预期目标和现实目标之间的差距（Gollwitzer and Sheeran，2009）；Wang 等（2021）构建了计划行为理论和态度—行为—情境理论的扩展模型，将计划行为理论模型中的行为意向替换为执行意向，研究发现感知到的政策有效性对上海居民的态度、执行意向和亲环境行为均有显著正向影响，此外执行意向对亲环境行为也有显著正向影响。郭赟（2019）通过实验法和问卷调查法研究发现消费者绿色消费执行意向可以显著影响绿色消费行为。综上，现有研究大多探究行为意向与执行意向对目标行为的影响，较少有学者依据行动阶段理论模型，将行为意向分为目标意向与行为意向两个阶段，探究不同阶段的行为意向在农村居民环境认知与环境友好行为间的作用。

环境友好行为是指个体努力保护生态环境并且尽量最小化对环境造成的负面影响的行为（劳可夫，2013）。1970 年以来，国内外学者对环境友好行为等亲环境行为进行深入研究，发现影响环境友好行为的主要因素包括人口统计特征、心理因素和情境因素等（湛泳和汪莹，2018）。第一，人口统计学特征对环境友好行为具有较强的解释力度，有研究认为性别、年龄、收入、受教育程度等能显著影响消费者的环境友好行为

（Gu et al.，2020；仇立，2016；López-Mosquera et al.，2015；Levin，1990）。第二，价值观、态度、环境责任感和性别角色等心理因素能够显著影响消费者的环境友好行为。盛光华等（2019）研究发现环境责任感、环境关心对绿色消费意图有显著正向的影响；任胜楠和蔡建峰（2020）基于性别角色划分理论，探究不同性别角色对其绿色消费行为的影响差异，研究发现消费者女性化特征对绿色消费行为有正向调节作用，男性化特征对绿色消费行为有负向调节作用。第三，童年环境、社区环境、中国文化背景、公共政策等外部情境因素对环境友好行为等亲环境行为也有显著的影响（王建明，2013）。孔云中和孙时进（2021）研究发现童年社会经济地位对成年后的绿色消费行为有显著影响，且"团结和谐"的传统价值观在其中起到调节作用；丁志华等（2021）研究得出社区环境能够显著影响居民的绿色消费行为；王建华等（2020）对农村居民的亲环境行为进行研究，发现社会形象、实用理性和权威从众在亲环境意识与行为之间起显著调节作用。综上，现有关于环境友好行为影响因素的研究成果已经十分丰富，但推进绿色消费是一个长期的、复杂的、需要不断学习和演化的过程，目前对绿色消费的研究仍缺乏系统的理论框架，尚需进一步探索（王建明和赵婧，2021）。

　　鉴于此，本节以江苏省和安徽省的413位农村居民为研究对象，基于"知—信—行"理论和行动阶段理论建立结构方程模型，将环境认知划分为资源环境知识、环境问题感知、环境责任认知三个维度，将行为意向划分为目标意向与执行意向两个阶段，识别不同维度的环境认知对农村居民环境友好行为的影响，探究不同阶段的行为意向在环境认知与环境友好行为间的中介作用，以期进一步丰富环境友好行为领域的理论研究，为促进生态文明建设提供一定的借鉴和参考。

二、理论分析与研究假设

（一）理论分析

　　本节选取"知—信—行"模型为基础理论框架。该模型将个人行为的改变分为三个过程：①知识的获取和积累；②态度、信念或意向的产生；③行为的形成。该模型以往多用于知识学习、健康行为等领域的研究，通常用来解释个人的知识如何导致态度和行为的改变，近年来也被广泛运用于公民环境保护、绿色消费等研究中。行动阶段模型认为，目标追求过程由四个阶段组成，分别是前决策阶段，即形成目标意向；前行动阶段，即形成执行意向；行动阶段，即为实现目标付诸行动；后行动阶段，即对目标行为进行评价。本节参照行动阶段模型，将行为意向划分为目标意向与执行意向，将其嵌入"知—信—行"理论模型中，构建出"环境认知—行为意向—环境友好行为"的理论框架。此外，本节对"知"和"信"进行拓展：将"知"理解为农村居民的环境认知，分为资源环境知识、环境问题感知与环境责任认知三个维度；将"信"理解为农村居民实施绿色消费行为的行为意向，分为目标意向与执行意向两个维度。具体的理论模型图如图 2-1 所示。

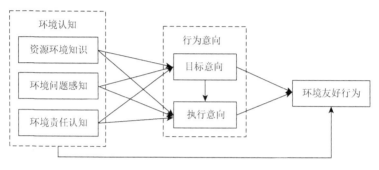

图 2-1　研究的理论模型图

（二）研究假设

1. 环境认知与环境友好行为

认知是个体内在心理活动的产物，不仅包括具体的知识，还包括个体对事物的理解和认识。本节将环境认知划分为资源环境知识、环境问题感知和环境责任认知三个维度，其中，资源环境知识指的是个体具备的与生态环境相关的基础知识；环境问题感知指的是个体对于自身周边环境问题严重性的感知；环境责任认知指的是个体认为应主动承担保护生态环境、节约资源相应责任的心理认知。余威震等（2017）构建有序解释性结构模型（logistic-interpretative structural modeling, Logistic-ISM）进行分析，研究发现绿色生产重要性认知、生态环境政策认知和化肥减量化行动认知能够促使农户在绿色技术采纳意愿与行为上保持一致。叶楠（2019）研究发现消费者的资源环境知识和环境问题感知对消费者的资源节约型行为有显著影响，绿色责任认知对环境友好型行为有显著影响。本节认为，环境认知是农村居民实施环境友好行为的重要前因，个体对生态环境相关知识越了解，环境保护的责任意识越强烈，越会意识到保护环境的重要性，进而积极地采取环境友好行为；如果个体感知不到生态问题的严重性，认为目前的环境污染问题被高估，就不会产生积极的环境友好行为。因此，提出如下假设。

H2-1-1a：资源环境知识能够显著正向影响农村居民环境友好行为。

H2-1-1b：环境问题感知能够显著负向影响农村居民环境友好行为。

H2-1-1c：环境责任认知能够显著正向影响农村居民环境友好行为。

2. 环境认知与行为意向

环境认知是解释环境友好行为意向的主要变量，反映了人们对环境问题的关注程度。以往研究表明，具有大量环境知识的人对环境问题更加积极（Wang et al., 2020）。Donmez-Turan 和 Kiliclar（2021）运用目标框架理论，指出环境知识可以通过环境培训操控，且环境知识对环保行为意向的产生有重要作用，提高公众对环境保护的认知对创造可持续的生活方式至关重要。杜平和张林虓（2020）运用 2013 年 CGSS 数据进行分析，研究发现环境问题感知对于公领域和私领域的亲环境行为均产生显著影响。Hadler 和 Haller（2011）基于 2000 年国际社会调查项目研究发现环境问题感知对参与环保的行为意向有显著影响。杨成钢和何兴邦（2016）研究发现个人如果弱化自身的环境责任将不利于个人环境保护行为的产生。张嘉琪等（2021）发现环境责任意识对农户秸秆资源化利用行为有显著正向影响。本节认为，个体具备的环境知识越丰富，对环境问题严重性的感知越强烈，进行环境保护的责任认知越强，越会产生积极的环境友好行为意向；相反，如果个体对生态环境问题的严重性感知越弱，就越不会产生积极的行为意向。由于本节将行为意向分为目标意向和执行意向，因此，提出如下假设。

H2-1-2a：资源环境知识能够显著正向影响农村居民环境友好目标意向。

H2-1-2b：环境问题感知能够显著负向影响农村居民环境友好目标意向。

H2-1-2c：环境责任认知能够显著正向影响农村居民环境友好目标意向。

H2-1-3a：资源环境知识能够显著正向影响农村居民环境友好执行意向。

H2-1-3b：环境问题感知能够显著负向影响农村居民环境友好执行意向。

H2-1-3c：环境责任认知能够显著正向影响农村居民环境友好执行意向。

3. 目标意向与执行意向

根据以往学者的研究，将行为意向划分为目标意向与执行意向。尽管形成目标意向有利于实现目标行为，但它不能保证立即实现个体的愿望且得到预期的结果，因为目标的实现可能会受到各种阻碍。执行意向是在目标意向的基础上制订具体的计划，包括何时、何地以及如何对这些目标采取行动，促使个体在遇到特定情境时执行预期的行动，即一旦遇到特定的环境线索，个体就会有意识或无意识地提醒自身实施该行为的计划，进而实现目标行为。de Nooijer 等（2006）指出执行意向效果的强度应取决于个体的目标意向以及对形成的执行意向的承诺。本节认为，农村居民进行环境友好行为的目标意向越强，越有可能形成执行意向。因此，提出如下假设。

H2-1-4：目标意向能够显著正向影响执行意向。

4. 行为意向与环境友好行为

意向是行为的最佳预测因子。目标意向是个体对实现目标行为的期望，个体的目标意向越强烈，越有可能实施预期的行为。执行意向是个体根据目标行为制订具体的计划，在实施目标行为上发挥着至关重要的预测价值（赵杨等，2021）。本节认为农村居民的目标意向与执行意向均能显著影响环境友好行为的实现。因此，提出如下假设。

H2-1-5a：目标意向能够显著正向影响农村居民环境友好行为。

H2-1-5b：执行意向能够显著正向影响农村居民环境友好行为。

三、研究设计与方法选择

本节采用结构方程模型探究多维度环境认知对环境友好行为的影响。调查问卷除了统计受访者性别、年龄、受教育程度等个人特征和家庭规模、家庭年收入等家庭特征外，还设置了资源环境知识、环境问题感知、环境责任认知、目标意向、执行意向与环境友好行为六个变量。对题项的测量均采用利克特五级量表，用"非常不了解或非常不同意""不了解或不同意""一般""了解或同意""非常了解或非常同意"进行度量。对于资源环境知识，本节基于 Bohlen 等（1993）的生态认知量表并进行修改使之符合中国情境，如"我知道海洋河流正在被污染""我知道农药残留会对土壤造成污染"等；对于环境问题感知，本节借鉴了 Fraj 和 Martinez（2007）的量表进行测量，如"目前关于环境的问题有些小题大做了""我觉得环境污染问题有些被高估了"等；对于环境责任认知，本节借鉴了 Mitchell 和 Greatorex（1993）研发的感知风险量表，如"如果我们每个人都为保护环境做出一点贡献，将会对环境产生重大影响"等；对于目标意向和执行意向，本节根据 Gollwitzer 和 Sheeran（2009）对目标意向与执行意向的概念解释，并结合环境友好行为的情境设置相关题项，如"我会回收纸张、玻璃、塑料瓶、易拉罐等可回收物品""如果购买生态友好型产品有优惠，我会选择购买"等；对于环境友好行为，本节参考了劳可夫和吴佳（2013）以及 Schwepker 和 Cornwell（1991）的量表并进行相应修改，如"我会优先购买环保洗涤剂、再生纸制品""我会关注环保产品并且有兴趣详细地了解它"等。

四、数据来源与样本特征

（一）数据来源

本节使用的数据来自江南大学食品安全风险治理研究院于 2019 年 7～8 月组织的调查。本次调查采用问卷调查法，遵循分层设计与随机抽样的原则展开调研。因为实施环境友好行为需要支付一定的环境溢价，所以进行环境友好行为对居民的经济水平也有一定的要求。首先，华东地区经济较为发达，将该地区的六省一市按照人均可支配收入进行排序，分为较高和较低两类，从中选取江苏省和安徽省作为调研地区。此外，江苏省和安徽省的 2019 年生态环境状况公报显示，两省的生态文明建设取得了较为突出的成效，两省居民对生态环境的满意率均达到 90%，对政府环境治理的成效表示认可，有利于对生态文明建设视角下居民的环境友好行为进行调查。因此，选取华东地区相邻两省江苏省和安徽省作为第一阶段的抽样地区。其次，结合地理位置和不同地区的经济发展水平，在江苏省的苏南（无锡市）、苏中（扬州市）、苏北（淮安市、连云港市）地区选取四个代表性城市，在安徽省的皖南（马鞍山市、铜陵市、宣城市）、皖中（合肥市、安庆市）、皖北（阜阳市、淮南市、淮北市）地区选取八个代表性城市作为第二阶段的抽样地区。最后，随机选取各代表性城市分布在市区、城郊、城镇和农村的民众作为问卷调研对象。调查区域囊括两省不同地理位置的多个地级市，样本分布较为合理，可以基本代表华东地区的消费水平。

为保证调查样本的代表性，课题小组遵循分层设计的原则确定抽样地区及样本数量。江苏省和安徽省位于我国经济较为发达的华东地区，但是发展水平存在一定的差异，两省消费者的生活方式与消费习惯也不尽相同，因此本次调查选取江苏省和安徽省作为第一阶段的抽样地区。在此基础上，本节参照了侯建昀和霍学喜（2016）对抽样数量的计算方法。

运用变异系数与抽样估计精度确定第二阶段的抽样样本量，计算公式如下：

$$n_1 = \left(\frac{U_\alpha V}{1-P_c}\right)^2 \qquad\qquad (2\text{-}1)$$

其中，变异系数（V）一般取值为 0.3；P_c 表示抽样估计精度，在社会经济研究中要求达到 0.8 左右，因此本节将 P_c 取值为 0.8；并设置 U_α 表示估计可靠性 α 为 0.05 时 t 的取值。计算出第二阶段的抽样样本量需要在 10 个以上。因此，本节根据省内不同地区经济发展水平的差异，分别选取了江苏省四个代表性城市（分别是无锡市、扬州市、淮安市、连云港市）和安徽省八个代表性城市（分别是宣城市、铜陵市、马鞍山市、安庆市、合肥市、淮南市、淮北市、阜阳市）作为第二阶段的抽样地区。

为确定样本消费者数量，在确定样本城市后按照下列公式计算得出消费者层次的抽样样本量，计算公式为

$$n_2 = \frac{Z_\alpha P(1-P)}{\Delta^2} \qquad\qquad (2\text{-}2)$$

其中，Z_α 表示临界值，令 $Z_\alpha = Z_{0.01} = 2.576$，发生概率（$P$）为 0.25，并将抽样误差（$\Delta$）控制在 2.5% 以内，计算可得消费者层次的抽样样本量至少为 827。

为保证问卷的有效性，在正式调查前，专家对调查人员进行了统一培训以保证数据的可靠性和准确性，调查人员在江苏省无锡市进行了小规模的预调查，并结合反馈信息，对问卷中语义不清、容易混淆的题项进行了调整与修正。为保证问卷的真实性，本次调研以调查人员与受访者面对面交谈的形式展开问卷调查，每份问卷花费 20～30 分钟。本次调查共发放问卷 917 份，剔除前后矛盾、信息缺失等无效问卷后，回收有效问卷 839 份，问卷有效率为 91.49%。由于仅对农村居民的环境友好行为进行研究，在 839 份有效问卷中抽取 413 份农村居民的调查数据展开具体研究。

（二）样本特征

本节对调查数据进行了统计与梳理，样本的基本特征描述性统计如表 2-1 所示。从性别分布来看，男性受访者为 189 人，占比 45.8%，女性受访者为 224 人，占比 54.2%，男女比例较为均衡。从年龄分布来看，18～25 岁的受访者占比最多，为 31.0%，其次是 36～45 岁和 26～35 岁的受访者。从职业分布来看，占比最高的是在校学生，为 24.5%，这可能与调查发生在暑假期间，学生基本在家有关；占比最少的是退休人员，为 4.4%，其余职业的占比分布较为均匀。

表 2-1　样本统计特征

变量		分类	样本量	占比	均值	标准差
个人特征	性别	男性	189	45.8%	0.46	0.499
		女性	224	54.2%		
	年龄	18～25 岁	128	31.0%	2.43	1.236
		26～35 岁	93	22.5%		
		36～45 岁	98	23.7%		
		46～55 岁	73	17.7%		
		56 岁及以上	21	5.1%		
	受教育程度	初中或初中以下	122	29.5%	2.18	0.884
		高中或中职	105	25.4%		
		大专或本科	177	42.9%		
		硕士研究生及以上	9	2.2%		
	职业	事业单位工作人员	37	9.0%	4.92	2.201
		专业技术人员	31	7.5%		
		企业工作人员	72	17.4%		
		退休人员	18	4.4%		
		家庭主妇（夫）	49	11.9%		
		在校学生	101	24.5%		
		没有稳定工作	45	10.9%		
		其他	60	14.5%		
家庭特征	家庭规模	1 人	5	1.2%	2.68	0.544
		2～3 人	133	32.2%		
		4～6 人	264	63.9%		
		7 人及以上	11	2.7%		
	家中有无老人小孩	有小孩无老人	100	24.2%	2.40	0.936
		有老人无小孩	78	18.9%		
		有老人有小孩	204	49.4%		
		无老人无小孩	31	7.5%		
	家庭年收入	5 万元及以下	57	13.8%	2.71	1.053
		5 万（不含）～8 万元	116	28.1%		
		8 万（不含）～10 万元	147	35.6%		
		10 万（不含）～20 万元	75	18.2%		
		20 万元以上	18	4.4%		

注：因四舍五入，存在加总不为 100%情况

从受教育程度分布来看，大专或本科生占比最高，为 42.9%，硕士研究生及以上学历的受访者占比最低，为 2.2%，整体分布与我国现阶段的教育情况一致，进行研究生教育的人相对较少。从家庭规模来看，1 人的独居者占比较小，为 1.2%，占比最多的是 4～6 人家庭规模，为 63.9%，这与中国现阶段大多数子女和父母居住在一起的现象相符。从家庭年收入来看，58.2% 的受访者家庭年收入在 8 万元以上，说明大部分受访者的生活较好。

五、多维度环境认知对环境友好行为的影响路径分析

（一）模型信度与效度检验

变量的信度与效度检验如表 2-2、表 2-3 所示。本节运用 SPSS 24.0 对资源环境知识、环境问题感知、环境责任认知、目标意向、执行意向与环境友好行为进行信度与效度分析。研究发现，除了目标意向的 Cronbach's α 系数略低外，其他变量的系数均在 0.7 以上，说明量表的信度水平良好。此外，各潜变量的组合信度（composite reliability，CR）均大于 0.8，平均方差提取值（average variance extracted，AVE）均大于 0.5，说明模型的聚合效度理想。

表 2-2　变量的信度与效度检验

潜变量	观测变量	载荷系数	Cronbach's α 系数	CR	AVE
资源环境知识	$X1$	0.872	0.902	0.931	0.772
	$X2$	0.884			
	$X3$	0.889			
	$X4$	0.870			
环境问题感知	$X5$	0.772	0.708	0.837	0.632
	$X6$	0.844			
	$X7$	0.767			
环境责任认知	$X8$	0.811	0.710	0.838	0.634
	$X9$	0.818			
	$X10$	0.758			
目标意向	$X11$	0.805	0.635	0.804	0.579
	$X12$	0.783			
	$X13$	0.690			
执行意向	$X14$	0.787	0.820	0.894	0.738
	$X15$	0.895			
	$X16$	0.890			

续表

潜变量	观测变量	载荷系数	Cronbach's α 系数	CR	AVE
环境友好行为	$X17$	0.858	0.805	0.873	0.633
	$X18$	0.775			
	$X19$	0.744			
	$X20$	0.800			

表 2-3　变量的区分效度检验

项目	资源环境知识	环境问题感知	环境责任认知	目标意向	执行意向	环境友好行为
平均值	3.572	2.626	4.002	3.418	3.872	3.497
标准差	0.997	0.898	0.717	0.779	0.819	0.802
资源环境知识	0.879					
环境问题感知	-0.166^{**}	0.795				
环境责任认知	0.556^{**}	-0.365^{**}	0.796			
目标意向	0.436^{**}	-0.067	0.364^{**}	0.761		
执行意向	0.584^{**}	-0.282^{**}	0.619^{**}	0.452^{**}	0.859	
环境友好行为	0.538^{**}	-0.156^{**}	0.440^{**}	0.696^{**}	0.576^{**}	0.796

**表示在 0.01 的水平上显著

变量的区分效度检验如表 2-3 所示。本节运用皮尔逊相关系数进行检验，结果显示资源环境知识、环境问题感知、环境责任认知、目标意向、执行意向与环境友好行为的 AVE 的平方根（$\sqrt{\text{AVE}}$）均大于 0.7，且变量之间的相关系数绝对值均小于 AVE 的平方根（$\sqrt{\text{AVE}}$），说明各变量之间的外部相关性小于其内部相关性，量表具有较强的区分效度。

（二）模型适配度检验

本节运用 Amos 24.0 软件，对调查数据与结构方程模型之间的适配度进行拟合。如表 2-4 所示，在绝对拟合指标中，CMIN/DF[①]为 1.998，达到了小于 3 的适配标准；近似均方根误差（root mean square error of approximation，RMSEA）为 0.049，达到了小于 0.05 的适配标准；拟合优度指数（goodness of fit index，GFI）、调整拟合优度指数（adjusted goodness of fit index，AGFI）分别为 0.935 和 0.908，均大于 0.9；此外，比较拟合指数（comparative fit

---

① CMIN 表示 chi-square minimum，卡方值；DF 表示 degrees of freedom，自由度；CMIN/DF 即卡方值比自由度。

index，CFI)、规范拟合指数(normed fit index，NFI)、相对适配指数(relative fit index，RFI)也均达到大于 0.9 的适配标准，分别为 0.961、0.926 和 0.906，模型的适配度较好，结构较为科学，可以进行路径回归分析。

表 2-4　模型适配度检验

指标	CMIN/DF	GFI	AGFI	RMSEA	CFI	NFI	RFI
标准	<3	>0.9	>0.9	<0.05	>0.9	>0.9	>0.9
拟合值	1.998	0.935	0.908	0.049	0.961	0.926	0.906

（三）模型主效应检验

本节的模型主效应实证检验结果如表 2-5 所示，理论模型图如图 2-2 所示，实线表示实证检验后的有效路径，虚线表示未通过显著性检验的路径。

表 2-5　模型主效应实证检验结果

路径	标准化路径系数	标准误（S.E.）	显著性（P）
资源环境知识→环境友好行为	0.235	0.062	***
环境问题感知→环境友好行为	−0.163	0.082	*
环境责任认知→环境友好行为	−0.204	0.175	0.123
资源环境知识→目标意向	0.346	0.079	***
环境问题感知→目标意向	0.159	0.093	0.08
环境责任认知→目标意向	0.368	0.161	**
资源环境知识→执行意向	0.094	0.077	0.265
环境问题感知→执行意向	0.057	0.09	0.433
环境责任认知→执行意向	0.677	0.177	***
目标意向→执行意向	0.158	0.087	*
目标意向→环境友好行为	0.691	0.103	***
执行意向→环境友好行为	0.211	0.086	*

***表示在 0.001 的水平上显著，**表示在 0.01 的水平上显著，*表示在 0.05 的水平上显著

第一，在环境认知各维度对环境友好行为的直接影响中，农村居民的资源环境知识对其环境友好行为产生正向影响，在 0.001 的水平上显著，标准化路径系数为 0.235，H2-1-1a 成立；环境问题感知对农村居民环境友好行为的负向影响在 0.05 的水平上显著，标准化路径系数为−0.163，H2-1-1b 成立；但环境责任认知对环境友好行为的影响没有通过显著性检验，可能

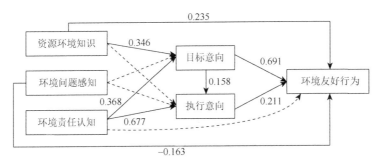

图 2-2　实证检验后的理论模型图

的原因是农村居民虽然有保护环境的责任意识，但是进行环境友好行为需要支付一定的溢价，涉及自身的经济利益，因此只有责任认知并不会产生环境友好行为，因此 H2-1-1c 不成立。

第二，在环境认知各维度对环境友好目标意向的影响中，资源环境知识和环境责任认知均能对目标意向产生正向影响，标准化路径系数为 0.346 和 0.368，分别在 0.001 和 0.01 的水平上显著，因此 H2-1-2a 和 H2-1-2c 成立；但环境问题感知对目标意向的影响并没有通过显著性检验，可能的原因是农村居民对环境问题严重性的感知较弱，认为目前的环境问题被高估了，因此不会产生通过实施环境友好行为来减少环境污染的意向，因此 H2-1-2b 不成立。

第三，在环境认知各维度对环境友好执行意向的影响中，只有环境责任认知能对执行意向产生正向影响，标准化路径系数为 0.677，在 0.001 的水平上显著，H2-1-3c 成立；资源环境知识和环境问题感知对执行意向的影响均没有通过显著性检验，可能的原因是农村居民虽然普遍了解一些环境知识，但这些与其切身利益并不相关，因此不会产生环境友好的执行意向。

第四，目标意向对执行意向的正向影响在 0.05 的水平上显著，标准化路径系数为 0.158，H2-1-4 成立。

第五，目标意向和执行意向均对农村居民的环境友好行为产生正向影响，标准化路径系数为 0.691 和 0.211，分别在 0.001 和 0.05 的水平上显著，H2-1-5a、H2-1-5b 成立。

（四）模型中介检验

本节对有效路径展开的中介效应检验，如表 2-6 所示。研究采用 Bootstrap 区间法对中介效应进行检验。运用 Amos 24.0 软件，设置 95% 的置信区间，设定 Bootstrap 抽样为 5000 次，对模型中的中介效应加以区分，如果偏差校正（bias-corrected）95%的置信区间（confidence interval，CI）不包含 0，则表示中介效应存在。

表 2-6 模型中介效应检验结果

路径	效应值	系数相乘法		偏差校正 95%的置信区间		
		标准误	Z 值	下限	上限	P 值
总间接效应						
资源环境知识→环境友好行为	0.232	0.101	2.297	0.041	0.410	0.027
间接效应						
资源环境知识→目标意向→环境友好行为	0.205	0.079	2.595	0.057	0.369	0.010
资源环境知识→目标意向→执行意向→环境友好行为	0.010	0.008	1.250	0.000	0.039	0.046
直接效应						
资源环境知识→环境友好行为	0.202	0.093	2.172	0.044	0.381	0.010
总间接效应						
环境责任认知→环境友好行为	0.540	0.365	1.479	0.135	1.314	0.009
间接效应						
环境责任认知→目标意向→环境友好行为	0.336	0.192	1.750	0.054	0.774	0.018
环境责任认知→执行意向→环境友好行为	0.188	0.255	0.737	−0.022	0.740	0.073
环境责任认知→目标意向→执行意向→环境友好行为	0.016	0.022	0.727	0.000	0.067	0.045
直接效应						
环境责任认知→环境友好行为	−0.269	0.357	−0.977	−0.977	0.183	0.219

第一，资源环境知识对农村居民环境友好行为的直接效应区间不包含 0，且 Z 值大于 1.96。此外资源环境知识可以通过"资源环境知识→目标意向→环境友好行为"和"资源环境知识→目标意向→执行意向→环境友好行为"两条路径对环境友好行为产生间接影响，偏差校正 95%的置信区间不包含 0，分别为（0.057，0.369）和（0.000，0.039），Z 值分别为 2.595 和 1.250。虽然第二条路径用系数相乘法构造的间接效应的 Z 值没有达到大于 1.96 的标准，但有研究指出 Bootstrap 区间法克服了系数相乘法出现的偏分布问题，检验功能更强（许水平和尹继东，2014），因此本节接受 Bootstrap 区间法的结果，认为存在中介效应。

第二，环境责任认知对农村居民环境友好行为的直接效应区间包含 0。"环境责任认知→执行意向→环境友好行为"的间接效应区间包含 0，中介效应不存在；但环境责任认知可以通过"环境责任认知→目标意向→环境友好行为"和"环境责任认知→目标意向→执行意向→环境友好行为"两条路径对环境友好行为产生间接影响，偏差校正95%的置信区间不包含0，分别为（0.054，0.774）和（0.000，0.067），因此本节认为中介效应存在。

六、主要结论与政策启示

（一）研究结论

本节基于"知—信—行"理论模型和行动阶段理论模型，根据江苏省和安徽省的调研数据建立结构方程模型，探究环境认知对农村居民环境友好行为的影响和作用路径，具体结论如下所示。

第一，在不同维度的环境认知对农村居民环境友好行为的直接影响中，除环境责任认知对环境友好行为的影响不显著外，资源环境知识和环境问题感知均对环境友好行为有显著影响。其中，资源环境知识能够显著正向影响农村居民的环境友好行为，说明农村居民了解的资源环境知识越丰富，越会采取环境友好行为；环境问题感知能够显著负向影响环境友好行为，说明农村居民对环境问题严重性的感知越微弱，越认为环境问题是被高估的，就越不会采取环境友好行为。

第二，在不同维度的环境认知对农村居民环境友好行为的间接影响中，除了环境问题感知对环境友好行为无间接影响外，资源环境知识和环境责任认知均能通过行为意向的中介作用对环境友好行为产生间接影响。其中，资源环境知识可以通过"资源环境知识→目标意向→环境友好行为"和"资源环境知识→目标意向→执行意向→环境友好行为"两条路径对农村居民的环境友好行为产生间接影响，说明目标意向与执行意向起到部分中介作用；环境责任认知也可以通过"环境责任认知→目标意向→环境友好行为"和"环境责任认知→目标意向→执行意向→环境友好行为"两条路径对环境友好行为产生间接影响，说明目标意向与执行意向起到完全中介作用。

第三，目标意向与执行意向均能对农村居民环境友好行为产生显著影响，且执行意向在目标意向与农村居民环境友好行为之间起到部分中介作用。说明农村居民的目标意向与执行意向不仅可以对环境友好行为产生直接影响，目标意向还可以通过执行意向的中介作用对环境友好行为产生间接影响。

（二）理论贡献

本节的理论贡献在于借助"知—信—行"理论模型和行动阶段理论构

建结构方程模型，并且验证了多维度环境认知对农村居民环境友好行为的作用路径，理论贡献具体体现在以下三个方面：首先，本节拓展了环境友好行为领域的理论研究框架。环境友好等亲环境行为一直是国内外学者研究的热点问题，本节通过引入"知—信—行"理论，提出"环境认知→行为意向→环境友好行为"的理论框架，这是对环境友好行为领域的有益补充。其次，丰富了环境友好行为意向的相关研究。行动阶段理论将达成目标的过程分为四个阶段，即前决策阶段（目标意向）、前行动阶段（执行意向）、行动阶段和后行动阶段。本节依据行动阶段理论，将行为意向分为目标意向与执行意向，探究其在环境认知与农村居民环境友好行为间的中介作用。执行意向是预测行为的有效变量，启示商家可以提供消费情境以鼓励居民进行环境友好行为。最后，本节从农村居民的环境友好行为出发，拓展了农村居民环境友好行为的理论研究。目前，学界关于环境友好行为的研究大都聚焦于城市居民或整体消费者，较少关注农村居民的环境友好行为；对于农户的研究大都聚焦于绿色生产行为，较少关注其环境友好行为。本节通过探究农村居民的环境友好行为，丰富了环境友好行为相关领域的研究内容。

（三）政策建议

环境认知在推进居民实施环境友好行为方面起着重要作用，本节的研究不仅丰富了环境友好领域的研究，也拓展了环境认知对农村居民环境友好行为的路径分析。结合以上结论，从政府、企业和居民三个层面提出如下建议。

政府要加强环保宣传教育工作，增强居民的环境认知。政府可以通过公益广告、环保手册、知识科普、有奖问答等多种形式来普及环境保护相关的内容和当前生态环境现状的严峻性，增强居民的资源环境知识和环境问题感知，引导居民树立环境保护的态度和责任意识，促进环境保护行为意向的产生；也要通过相关的法律法规和严格的监管体系来规范企业和居民的日常行为，普及环境相关法律法规知识，以立法的手段做好环保工作，对犯法者严惩不贷。

企业既要提供绿色产品满足消费者的需求，也要创造与环境友好行为相关的消费情境。企业既要通过官方网站、公众号、短视频等渠道对自身的绿色产品进行宣传，普及消费绿色产品对自身和对社会的益处，增强居民的环境责任意识；也可以开展满减优惠、促销打折、买二赠一等促销活动，提供促进居民执行意向产生的场景与情境，将居民的目标意向转化为执行意向，进而转化为环境友好行为。

居民是进行环境友好行为的主体，要自觉践行绿色低碳环保的生活方式。居民要自觉加强对环境知识的学习，通过电视、广播、网络、微信公众号等多种渠道积极了解当前生态环境现状，进而增强对环境问题严重性的感知，增强保护环境的责任意识，达成保护环境的行为意向。此外，居民也要在日常生活中实施回收废旧物品、购买环保洗涤剂、使用可再生制品、主动宣扬环保知识等力所能及的环境保护行为。

第二节　公众环境风险感知与公领域亲环境行为

日本核废水排放等生态环境问题引发了社会的关注，也激发了公众的愤怒、焦躁、恐慌等负面情绪和对环境风险的感知。《2020 中国生态环境状况公报》表明 2020 年全国生态状况指数（ecological index）值为 51.7，生态质量为一般，要大力推进生态环境保护，加强生态环保督察执法。生态环境具有公共品属性，因而生态环境治理不仅需要政府带头制定法律法规，也需要社会各界广泛参与和不懈努力。《公民生态环境行为调查报告（2020 年）》指出要建设天蓝、地绿、水清的美好家园，需要全社会的共同努力。生态文明是世界秩序的逻辑基础（方汉文，2019）。面对日益严峻的生态环境，中共中央办公厅、国务院办公厅印发的《关于构建现代环境治理体系的指导意见》强调要坚持多方共治，构建党委领导、政府主导、企业主体、社会组织和公众共同参与的现代环境治理体系[①]。环境质量在很大程度上取决于人们的行为模式（Steg and Vlek，2009）。民众是生态环境共治的重要主体，因此构建公众共同参与的现代环境治理体系要基于民众的亲环境行为，关键在于如何激发民众的环境风险感知，唤醒民众的环境保护情感和责任意识，进而引导鼓励民众践行亲环境行为，形成低碳、绿色、环保的生活方式。

亲环境行为是指主要在个人或家庭层面采取的有利于环境或至少尽可能减少对环境负面影响的行动（Engel et al.，2021）。有学者将亲环境行为分为公领域亲环境行为和私领域亲环境行为（Hunter et al.，2004）。公领域亲环境行为是指民众在需要与他人进行互动的情境下才能采取的环保行为，如加入环境保护组织、参加环保公益活动、呼吁他人保护环境等行为（Lu et al.，2017）；私领域亲环境行为是指民众在不需要与他人互动的情境

---

① 《中共中央办公厅 国务院办公厅印发〈关于构建现代环境治理体系的指导意见〉》，https://www.gov.cn/gongbao/content/2020/content_5492489.htm，2020-03-03。

下所采取的环保行为，如绿色出行、垃圾分类、随手关灯等减少自身能源消耗和废弃物产生的行为（贾如等，2020）。

环境风险感知是影响亲环境行为的重要的心理因素，对损害后果不确定性的认知在指导环境保护行为方面发挥着重要作用（Chakravorty et al.，2007）。个体只有感知到周围存在的环境风险，才有可能激发相关的环境情感，产生保护环境的责任意识，并积极采取保护环境的行为。对以往的研究进行梳理发现，以公领域亲环境行为作为独立因变量的研究较为少见。研究认为，相比于私领域亲环境行为，公领域亲环境行为需要投入更多的人力成本和时间成本，更能体现民众对环境保护的支持度。因此，本节基于"知—情—意—行"理论分析多维度环境风险感知对民众公领域亲环境行为的影响机制，以期为政府制定相应的环境行为引导策略提供理论指导，为构建全民参与的现代环境治理体系提供政策建议。

一、环境风险感知与亲环境行为研究的文献回顾

（一）环境风险感知

环境风险感知是由风险感知衍生而来的，风险感知是指识别和解释来自不同来源的关于不确定事件的信号，并形成对与这些事件相关的当前或未来损害的概率和严重性的主观判断的过程（Grothmann and Patt，2005）。环境风险感知是指公众在有限的或不确定的信息背景下，面对客观环境风险时的主观判断和直接感受，它与人们对环境问题的关注程度密切相关（丁太平等，2021）。对国内外相关文献进行梳理发现，在环境风险感知方面，现有研究主要聚焦于三个方面：一是探究影响环境风险感知的前因（Flynn et al.，1994）。例如，Bradley 等（2020）研究发现公众的绿色自我认同、环境知识、环境信念等是影响其环境风险感知的重要因素；张郁和江易华（2016）研究发现个体特征因素和心理意识因素能够显著影响养猪户的环境风险感知。二是研究特定情境下的风险感知（如雾霾风险感知）对于民众环境保护行为的影响，且将环境风险感知作为一个整体概念进行衡量（徐戈等，2017）。例如，王晓楠（2020）针对雾霾问题，研究不同维度的社会资本对公众应对行为的直接影响和通过雾霾风险感知对公众应对行为的间接影响；徐瑞璠等（2021）根据渭河城镇居民近 5 年的心理感知，将风险感知划分为三个维度：环境风险感知、财务风险感知及认知风险感知。三是探究不同维度的环境风险感知对环境保护行为的影响，且各学者对于环境风险感知的维度划分各不相同。王晓楠（2020）将风险感知划分为客观

雾霾风险感知、心理健康风险感知、生理健康风险感知以及生活质量和工作行为感知；有学者根据感知风险理论，从时间风险、财务风险、社会风险等维度对民众的环境风险感知进行划分（张爱平和虞虎，2017）；也有学者探究空气质量对居民环境风险感知的影响，用公众对 $PM_{2.5}$ 指数、空气污染指数、空气质量和雾霾指数的搜索行为表明居民的环境风险感知（徐戈和李宜威，2020）。但鲜少有研究基于保护动机理论（protection motivation theory）对环境风险感知进行维度划分，并探究不同维度的环境风险感知对民众公领域亲环境行为的直接影响和间接影响。

保护动机理论从动机因素的角度探索健康、自然危害和环境行为中的行为变化（Bubeck et al.，2012）。亲环境行为主要是通过认知调节过程来决定的，并通过威胁评估和应对评估来解释行为变化的过程。因此，在环境污染越发严重的背景下，民众采取亲环境行为的动机应该来自他们对威胁性的评价（环境污染现状和环境污染产生的原因），以及采取应对行为的效能评价（采取环境保护行为可能产生的损失和采取应对行为可能产生的效用）。这些评价反映了民众对采取环境保护行为的观感和态度，从而促进其产生环境保护行为。因此，本节基于保护动机理论，借鉴 Zhou 等（2020）的分类，将环境风险感知划分为环境风险事实感知、环境风险原因感知、环境风险损失感知和环境风险反应行为感知。其中，环境风险事实感知是指民众意识到的当前面临的环境问题；环境风险原因感知是指民众对导致当前的环境问题的缘由的了解；环境风险损失感知是指民众认为采取环境保护行为可能会给自身带来的损失和影响；环境风险反应行为感知是指民众认为自身可以采取行动来缓解环境问题的效能。

（二）亲环境行为

亲环境行为是指面对环境污染问题，个体通过采取实际行动为改善环境质量或减少环境伤害所付出的努力。通过对国内外相关文献进行梳理，发现在亲环境行为方面，现有研究可以分为四个方面。一是对不区分公私领域的环境保护行为进行研究（袁亚运，2016）。周全和汤书昆（2017）基于 2013 年 CGSS 数据，从整体的环境保护行为出发，探究媒介使用、环境知识等对中国公众亲环境行为的影响。二是对公领域和私领域的环境保护行为进行对比研究（Hadler and Haller，2011）。滕玉华等（2021）研究发现农村居民公私领域节能行为的影响因素存在差异；杨奎臣和胡鹏辉（2018）认为民众的社会公平感知对公领域亲环境行为有显著正向影响，而主观幸福感对私领域亲环境行为有显著正向影响。三是对垃圾分类、废弃物回收、绿色产品购买等私领域的亲环境行为进行研究（李玮等，2021；Alriksson and Filipsson，2017；Choi and Johnson，2019）。韩韶君（2020）基于假定媒体影响拓展模型，研究发现个体对媒体信息的关注、感知他人对媒体的接触、感知媒体对他人的影响均会对上海市民的垃圾分类行为产生重要影响。四是对公领域的亲环境行为进行研究（卢少云，2017）。李兵华和朱德米（2020）基于环保举报热线的数据对公众参与环境保护的影响因素进行分析，发现地区生产总值、居民人均可支配收入等都是影响公众参与的关键因素。通过梳理发现，以公领域亲环境行为作为独立因变量的研究较为少见，且鲜有研究涉及多维度环境风险感知对公领域亲环境行为的影响。因此，鼓励民众采取亲环境行为，探究其环境风险感知对公领域亲环境行为的作用机制是构建全民参与的现代环境治理体系、改善生态环境质量以及推动污染防治攻坚战取得进展的重要基础。

鉴于此，将环境风险感知划分为事实感知、原因感知、损失感知和反应行为感知，基于心理学领域的"知—情—意—行"理论探究环境情感和责任意识在不同维度的环境风险感知和公领域亲环境行为间的中介作用，以识别不同维度的环境风险感知对公领域亲环境行为的直接影响和间接影响，探究多维度环境风险感知对民众公领域亲环境行为的影响机制和作用路径，为政府引导民众实施公领域亲环境行为和构建全民参与的现代环境治理体系提供参考。

二、理论模型与研究假说

（一）理论模型

本节拟基于心理学领域中的"知—情—意—行"理论构建模型框架。该理论认为个人心理活动的一般规律为知（认知）—情（情感）—意（意识）—行（行为），并且广泛应用于教育学领域中（刘鹏，2016）。近年来，也有学者将其应用在环境保护领域（葛万达和盛光华，2020）。其中，"知"是指个体对外界环境的认知和判断，是指民众对目前环境风险的感知，分为事实感知、原因感知、损失感知和反应行为感知；"情"是指个体对事物的态度体验，是指民众对于当前的生态环境问题产生如愤怒、恐惧等的负面情感；"意"是指个体在认知和情感的基础上进行的自觉调整与控制的心理过程，是指民众感知到环境风险、产生环境情感后愿意采取保护环境行为的责任意识；"行"是指个体在"知—情—意"基础上产生的行为，是指民众减少自身行动对环境的负面影响或采取有益于环境的行为，这里是指公领域的环境保护行为。

（二）研究假说

1. 环境风险感知与公领域亲环境行为

民众的环境风险感知能够显著正向影响其亲环境行为（刘鹏，2016）。当民众感知到存在的生态环境问题和不寻常的气候现象（如雾霾、沙尘暴等），了解环境问题产生的原因，意识到生态环境问题可能带来的潜在风险时，会产生积极的环境保护意识和环境保护行为。徐戈等（2017）建立结构方程模型，探究雾霾污染对公众应对行为的影响，研究发现公众对雾霾的感知风险显著影响其对环境的满意度和外出戴口罩、室内开空气净化器等防护应对行为。王晓楠（2019）构建了环境风险感知到行为选择的多维路径，指出公众的环境风险感知不仅对其行为选择有直接影响，还可以通过社会参与、媒介使用等对行为选择起到间接影响。Si 等（2019）以牲畜废弃物回收为例，指出风险感知（食物安全风险感知、经济安全风险感知、产品安全风险感知和社会健康安全风险感知）对家庭死猪回收行为有积极而显著的影响。民众越是意识到不实施亲环境行为会给自身带来的损失，越会积极地采取保护环境的措施；反之，当民众意识到自身采取公领域亲环境行为需要投入一定的成本，可能会给自身带来损失时，就不会积极地实施公领域亲环境行为，因而本节认为民众的损失感知对公领域亲环境行为有负向影响。此外，本节认为民众越意识到自身采取的环境保护行为会给生态环境带来的积极影响和效应，越会积极地采取公领域亲环境行为。因此，本节提出如下假设。

H2-2-1a：环境风险事实感知对公领域亲环境行为有显著的正向影响。

H2-2-1b：环境风险原因感知对公领域亲环境行为有显著的正向影响。

H2-2-1c：环境风险损失感知对公领域亲环境行为有显著的负向影响。

H2-2-1d：环境风险反应行为感知对公领域亲环境行为有显著的正向影响。

2. 环境风险感知、环境情感与公领域亲环境行为

环境情感是民众对环境问题或环境行为产生的态度体验，是影响其亲环境行为的重要因素，也可以作为重要中介影响民众的环境认知对环境行为的作用（Han et al.，2017）。因为决策者以及其他利益攸关方的注意力更有可能被引向消极方面而不是积极方面（Fu et al.，2020）。因此本节的环境情感指的是民众对于目前生态环境被严重污染而产生诸如愤怒、沮丧等的负面情绪。胡家僖（2020）研究发现环境情感价值是影响生态管理行为、公民行为和消费行为等环境保护行为的重要因素。Bergquist 等（2020）探

索社会规范和积极的环境情感对环保捐款的影响，研究发现更多的人在接触基于情感的信息后选择捐款。Odou 和 Schill（2020）在气候变化背景下进行研究，发现预期情感对环境保护行为有显著影响。褚力其等（2020）将牧民的生态情感划分为自身情感、环境情感和他人情感，研究发现环境情感和他人情感是牧民采取亲环境行为的重要影响因素，牧民的生态认知可以通过情感的中介效应激发牧民采取草畜平衡维护行为。本节认为，民众的环境情感越强烈，其越有可能采取公领域亲环境行为；当民众感知到存在的现实问题、意识到环境问题产生的原因、感知到实施公领域亲环境行为可能会带来损失时，就会增加其负面的环境情感；而当民众认为自身可以且能够采取行为缓解环境问题时，就会减少负面情感的产生；并且民众的环境风险感知可以通过影响其环境情感进而影响其公领域亲环境行为。因此，本节提出如下假设。

H2-2-2：环境情感对公领域亲环境行为有显著的正向影响。

H2-2-3a：环境风险事实感知对环境情感有显著的正向影响。

H2-2-3b：环境风险原因感知对环境情感有显著的正向影响。

H2-2-3c：环境风险损失感知对环境情感有显著的正向影响。

H2-2-3d：环境风险反应行为感知对环境情感有显著的负向影响。

H2-2-4：环境情感在多维度环境风险感知和公领域亲环境行为间起中介作用。

3. 环境风险感知、责任意识与公领域亲环境行为

责任意识是一种积极的人格特质，是个体根据一定标准对事物或行为持有的态度和观念（郭清卉等，2020）。同企业社会责任相似，它是正面影响利益相关者的行为，它表示一个人有意采取行动解决环境问题的一种状态，包括自身是否应该完成承担的任务，是否应该维护群体规范等，对环境保护行为具有显著的积极影响（陈智，2020；邬兰娅等，2017）。本节的责任意识是民众对保护环境抱有责任感，有采取措施缓解环境问题的倾向，如愿意自觉乘坐公共交通工具出行等。余威震等（2020）将责任意识划分为不同维度，研究发现责任归属和责任认知对稻农的亲环境行为有显著影响。Yue 等（2020）研究发现消费者的环境责任显著影响绿色消费意愿与绿色消费行为。王建华等（2020）基于意识—情境—行为模型，研究发现农村居民的责任意识对其环境保护行为有显著影响。罗文斌等（2017）研究城市自然景区内游客的环境友好行为，发现游客的社会责任意识在游憩冲击感知和景区环境友好行为之间起到中介作用。冯潇等（2017）研究发

现责任意识和生态情感在生态知识和生态保护行为之间起中介作用。本节认为,民众保护环境的责任意识越强烈,越有可能采取公领域亲环境行为;民众越意识到存在的生态环境问题、了解生态环境问题产生的客观原因、相信自身可以采取相关行动缓解存在的环境问题,越会增强其保护环境的责任意识;民众越感知到实施公领域亲环境行为可能会给自身带来损失,越会减弱其责任意识;且民众的环境风险感知可以通过影响其责任意识进而影响公领域亲环境行为。因此,本节提出如下假设。

H2-2-5:责任意识对公领域亲环境行为有显著的正向影响。

H2-2-6a:环境风险事实感知对责任意识有显著的正向影响。

H2-2-6b:环境风险原因感知对责任意识有显著的正向影响。

H2-2-6c:环境风险损失感知对责任意识有显著的负向影响。

H2-2-6d:环境风险反应行为感知对责任意识有显著的正向影响。

H2-2-7:责任意识在多维度环境风险感知和公领域亲环境行为间起中介作用。

4. 环境情感与责任意识

环境情感是民众面临环境问题的主观感受,责任意识是民众采取措施进行环境保护行为的倾向,环境情感对其责任意识有促进作用,即感知到环境风险的民众会产生诸如愤怒、愧疚等情感,这种主观感受会刺激其产生采取措施保护环境或减少污染环境的行为倾向,即保护环境的责任意识。王建华和钭露露(2021)研究发现环境情感对环境责任意识有显著正向的影响。王建明和郑冉冉(2011)以"知—信—行"模型为基础,探究发现资源环境情感和社会责任意识对消费者生态文明行为有重要影响,且消费者的资源环境情感对社会责任意识有显著影响。因此,本节提出如下假设。

H2-2-8:环境情感对责任意识有显著的正向影响。

基于上述的理论模型与研究假设,构建本节的模型框架(图2-3)。

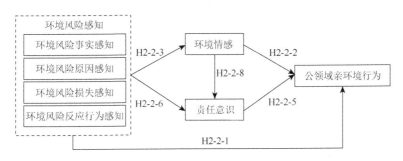

图2-3　研究假设模型图

三、研究设计与方法选择

研究采用结构方程模型验证多维度环境风险感知对民众公领域亲环境行为的影响。问卷除性别、年龄、受教育程度、家庭年收入等人口统计特征外，其余题项均采用利克特五级量表，分别是"非常不同意""不同意""一般""同意""非常同意"。对于环境风险的事实感知和原因感知，本节借鉴了 Bohlen 等（1993）研发的生态认知量表，如"我知道海洋河流等正在被污染"和"我知道农药残留会对土壤造成污染"；对于损失感知和反应行为感知，本节借鉴了 Mitchell 和 Greatorex（1993）研发的感知风险量表，如"我会担心绿色产品的价值不值它的价格"和"如果我们每个人都为保护环境做出一点贡献，将会对环境产生重大影响"；对于环境情感和责任意识，本节借鉴了 Fraj 和 Martinez（2007）衡量消费者生态行为的量表，如"工业的发展对环境造成了严重的污染，这让我很沮丧"和"我愿意骑自行车或乘公共汽车上班或上学以减少污染"；对于公私领域的亲环境行为，本节借鉴了 Bohlen 等（1993）和 Schwepker 和 Cornwell（1991）的环境保护行为量表，如"我加入了某个环境保护组织"。

四、数据来源与样本特征描述

（一）数据来源

本节数据源于江南大学食品安全风险治理研究院于 2019 年 7 月至 8 月采用分层设计与随机抽样形式展开的问卷调研。由于公领域亲环境行为需要民众投入一定的时间成本和金钱成本，实施公领域亲环境行为对民众的经济水平也有一定要求。首先，华东地区的经济较为发达，将华东地区的六省一市按照人均可支配收入进行排序，分为较高和较低两类，从中选取江苏省和安徽省作为第一阶段的抽样地区。其次，结合地理位置和不同地区的经济发展水平，在江苏省的苏南（无锡市）、苏中（扬州市）、苏北（淮安市、连云港市）地区选取了四个代表性城市，在安徽省的皖南（马鞍山市、铜陵市、宣城市）、皖中（合肥市、安庆市）、皖北（阜阳市、淮南市、淮北市）地区选取了八个代表性城市作为第二阶段的抽样地区。最后，随机选取各代表性城市分布在市区、城郊、城镇和农村的民众作为问卷调研对象。调查区域囊括两省不同地理位置的多个地级市，样本分布较为合理，可以基本代表华东地区的消费水平。

为保证问卷的有效性，在正式调查前，专家对调查人员进行了统一培训以保证数据的可靠性和准确性，且调查人员于江苏省无锡市进行了小规模的预调查，并结合反馈信息，对问卷进行调整与修正。本次调查共发放问卷 917 份，剔除前后矛盾、信息缺失等无效问卷后，回收有效问卷 839 份，问卷有效率为 91.49%。

（二）样本特征描述

本节对调查数据进行了统计与梳理，样本的社会人口学特征描述性统计如表 2-7 所示。从受访者的性别分布来看，男性受访者为 375 人，占比为 44.70%，女性受访者为 464 人，占比为 55.30%，可见问卷采访的男女比例较为均衡。从年龄分布来看，18～25 岁的受访者占比最多，为 33.49%，56 岁及以上的受访者占比最少，为 4.65%，26～35 岁占比为 23.84%，36～45 岁占比为 22.41%，46～55 岁占比为 15.61%。从受教育程度分布来看，大专或本科生占比最高，为 46.25%，硕士研究生及以上学历的受访者占比最低，为 4.29%，初中及以下学历的受访者占比为 24.08%，高中或中专学历的受访者占比为 25.39%，整体分布与我国现阶段的教育情况相一致，接受研究生教育的人占比相对较少。从家庭年收入分布来看，5 万元及以下的家庭占 12.40%，66.03% 的受访者家庭年收入在 8 万元以上，说明大部分受访者的生活较好。从家庭规模来看，7 人及以上的大家庭和 1 人的独居者占比较小，分别是 4.41% 和 1.43%，占比最多的是 4～6 人家庭规模，为 58.88%，这与中国现阶段大多数子女和父母居住在一起的现象相符。从受访者的居住地分布来看，城市和农村的占比分别为 50.77% 和 49.23%，城乡分布均衡。

表 2-7　样本基本统计特征

变量	分类	频数	占比	变量	分类	频数	占比
性别	男	375	44.70%	家庭规模	1 人	12	1.43%
	女	464	55.30%		2～3 人	296	35.28%
年龄	18～25 岁	281	33.49%		4～6 人	494	58.88%
	26～35 岁	200	23.84%		7 人及以上	37	4.41%
	36～45 岁	188	22.41%	地区	城市	426	50.77%
	46～55 岁	131	15.61%		农村	413	49.23%
	56 岁及以上	39	4.65%	家庭年收入	5 万元及以下	104	12.40%
受教育程度	初中及以下	202	24.08%		5 万（不含）～8 万元	181	21.57%
	高中或中专	213	25.39%		8 万（不含）～10 万元	274	32.66%
	大专或本科	388	46.25%		10 万（不含）～20 万元	212	25.27%
	硕士研究生及以上	36	4.29%		20 万元以上	68	8.10%

注：因四舍五入，存在加总不为 100% 情况

五、环境风险感知与公领域亲环境行为的内在机制分析

（一）模型适配度检验

运用 Amos 24.0 软件，对问卷调查数据与多维度环境风险感知对公领域亲环境行为的结构方程模型之间的适配度进行拟合，模型的适配度检验如表 2-8 所示。在绝对拟合指标中，结构方程模型的 CMIN/DF 是 2.860，小于 3；RMESA 是 0.047，小于 0.05；GFI 是 0.946，大于 0.9，均达到了指标的测量标准。同时，CFI、NFI、RFI、增值拟合指数（incremental fit index，IFI）和塔克-刘易斯指数（Tucker-Lewis index，TLI）也均达到大于 0.9 的适配标准，模型的拟合程度较好，结构科学，可以进行路径回归分析。

表 2-8　模型适配度检验表

指标	CMIN/DF	RMSEA	GFI	CFI	NFI	RFI	IFI	TLI
标准	<3	<0.05	>0.9	>0.9	>0.9	>0.9	>0.9	>0.9
拟合值	2.860	0.047	0.946	0.960	0.940	0.925	0.960	0.950

（二）信度与效度检验

变量的信效度检验如表 2-9 所示。

表 2-9　变量的信度与效度检验

变量		环境风险事实感知	环境风险原因感知	环境风险损失感知	环境风险反应行为感知	环境情感	责任意识	公领域亲环境行为
变量题项数		3	3	3	4	3	3	3
Cronbach's α 系数		0.843	0.833	0.800	0.805	0.708	0.717	0.788
AVE		0.762	0.750	0.714	0.633	0.637	0.639	0.702
CR		0.906	0.900	0.882	0.873	0.839	0.842	0.876
KMO 检验		0.711	0.694	0.710	0.749	0.611	0.665	0.686
Bartlett 球形检验	卡方值	1076.2	1046.7	780.3	1130.9	583.1	498.8	761.9
	自由度	3	3	3	6	3	3	3
	显著性水平	0.000	0.000	0.000	0.000	0.000	0.000	0.000

注：KMO 表示 Kaiser-Meyer-Olkin；Bartlett 表示巴特利特

运用 SPSS 24.0 软件对民众环境风险的事实感知、原因感知、损失感知、反应行为感知、环境情感、责任意识和公领域亲环境行为进行信度分析，发

现环境风险感知相关维度变量的 Cronbach's α 系数均大于 0.8，其余变量的 Cronbach's α 系数均大于 0.7，说明量表的信度水平较高。此外，对变量进行验证性因子分析，发现各变量的 KMO 值均在 0.6～0.8；在 Bartlett 球形检验中，P 值均为 0.000，小于 0.001，在 0.001 的显著性水平上通过检验，且各潜变量的 AVE 均大于 0.5，CR 均大于 0.8，表明模型具有良好的聚合效度。

变量的区分效度检验如表 2-10 所示。本节运用皮尔逊相关系数进行检验，结果显示各变量的 AVE 的平方根（$\sqrt{\text{AVE}}$）均大于 0.7，且变量之间的相关系数绝对值均小于 AVE 的平方根（$\sqrt{\text{AVE}}$），说明各变量之间的外部相关性小于其内部相关性，量表具有较强的区分效度。

表 2-10　变量的区分效度检验

变量	环境风险事实感知	环境风险原因感知	环境风险损失感知	环境风险反应行为感知	环境情感	责任意识	公领域亲环境行为
平均值	3.657	3.643	3.946	4.063	3.437	3.607	3.180
标准差	0.992	0.982	0.809	0.733	0.682	0.842	0.964
环境风险事实感知	0.873						
环境风险原因感知	0.825**	0.866					
环境风险损失感知	0.354**	0.353**	0.845				
环境风险反应行为感知	0.554**	0.537**	0.457**	0.796			
环境情感	0.258**	0.289**	0.388**	0.351**	0.798		
责任意识	0.466**	0.442**	0.225**	0.439**	0.333**	0.799	
公领域亲环境行为	0.445**	0.432**	0.114**	0.253**	0.198**	0.499**	0.838

**表示在 0.01 的水平上显著

（三）主效应检验

多维度环境风险感知对民众公领域亲环境行为的影响如表 2-11 所示。研究结果主要体现在以下五个方面。

表 2-11　结构方程模型路径系数表

路径	标准化路径系数	标准误	显著性
环境风险事实感知→公领域亲环境行为	0.934	0.657	0.129
环境风险原因感知→公领域亲环境行为	−0.546	0.650	0.358
环境风险损失感知→公领域亲环境行为	−0.077	0.084	0.221

续表

路径	标准化路径系数	标准误	显著性
环境风险反应行为感知→公领域亲环境行为	0.326	0.186	***
环境风险事实感知→环境情感	0.649	0.479	0.282
环境风险原因感知→环境情感	−0.566	0.470	0.326
环境风险损失感知→环境情感	0.233	0.059	***
环境风险反应行为感知→环境情感	−0.341	0.123	***
环境风险事实感知→责任意识	0.215	0.425	0.651
环境风险原因感知→责任意识	0.109	0.420	0.811
环境风险损失感知→责任意识	−0.148	0.063	**
环境风险反应行为感知→责任意识	0.365	0.135	***
环境情感→责任意识	0.181	0.061	***
环境情感→公领域亲环境行为	0.099	0.084	0.113
责任意识→公领域亲环境行为	0.583	0.089	***

***表示在 0.001 的水平上显著，**表示在 0.01 的水平上显著

第一，在多维度的环境风险感知中，只有环境风险反应行为感知对公领域亲环境行为产生影响，标准化路径系数为 0.326，在 0.001 的水平上显著，H2-2-1d 成立；环境风险事实感知、环境风险原因感知和环境风险损失感知对公领域亲环境行为的影响没有通过显著性检验，H2-2-1a、H2-2-1b、H2-2-1c 不成立，可能的原因是即使民众意识到生态环境的现状、了解到产生生态环境问题的原因，但这些与民众的切身利益不相关，因而民众没有积极地采取公领域亲环境行为。

第二，环境风险损失感知和环境风险反应行为感知对环境情感的影响均在 0.001 的水平上显著，标准化路径系数为 0.233 和−0.341，H2-2-3c、H2-2-3d 成立；环境风险事实感知和环境风险原因感知对环境情感的影响没有通过显著性检验，H2-2-3a、H2-2-3b 不成立，可能的原因是环境问题的现状是一种客观事实，对环境问题产生原因是民众普遍了解的知识，因而并不会激发民众的负面环境情感。

第三，环境风险损失感知和环境风险反应行为感知对责任意识的影响标准化路径系数为−0.148 和 0.365，分别在 0.01 和 0.001 的水平上显著，H2-2-6c、H2-2-6d 成立；环境风险事实感知和环境风险原因感知对责任意识的影响没有通过显著性检验，H2-2-6a、H2-2-6b 不成立，可能的原因是对当前生态环境现状和环境问题产生原因的了解是民众对当前生态

环境的客观认识，并不涉及自身的利益，没有自身的主观感受，因而并不会增强民众保护环境的责任意识。

第四，环境情感对责任意识有显著影响，标准化路径系数为 0.181，在 0.001 的水平上显著，表明具有环境情感的消费者更具有保护环境的责任意识，H2-2-8 成立。

第五，责任意识对公领域亲环境行为有显著影响，标准化路径系数为 0.583，在 0.001 的水平上显著，H2-2-5 成立；环境情感对公领域亲环境行为的影响没有通过显著性检验，H2-2-2 不成立，可能的原因是即使民众产生了焦虑、恐慌的负面环境情感，但由于实施公领域亲环境行为需要与他人进行互动，需要投入一定的人力和时间成本，且不能即刻满足自身的环境关切，因而不会对民众的公领域亲环境行为产生影响。

（四）中介效应检验

表 2-12 表明多维度环境风险感知对民众公领域亲环境行为的中介效应结果。基于 Amos 24.0 软件，运用 Bootstrap 区间法对中介效应进行检验，设置 95%的置信区间，设定 Bootstrap 抽样为 5000 次，对模型中的中介效应加以区分，如果 Percentile（百分位数）95%置信区间不包含 0，说明中介效应存在。

表 2-12　中介效应分析结果

路径	效应值	标准误	Z 值	Percentile 95%置信区间	
				下限	上限
间接效应					
环境风险事实感知→环境情感→公领域亲环境行为	0.068	0.425	0.160	−0.031	1.248
环境风险事实感知→责任意识→公领域亲环境行为	0.134	0.617	0.217	−0.912	1.370
环境风险事实感知→环境情感→责任意识→公领域亲环境行为	0.073	0.226	0.323	−0.054	0.586
直接效应					
环境风险事实感知→公领域亲环境行为	0.997	1.193	0.836	−0.052	4.349
间接效应					
环境风险原因感知→环境情感→公领域亲环境行为	−0.061	0.413	−0.148	−1.223	0.037
环境风险原因感知→责任意识→公领域亲环境行为	0.070	0.599	0.117	−1.166	1.065
环境风险原因感知→环境情感→责任意识→公领域亲环境行为	−0.065	0.220	−0.295	−0.559	0.058
直接效应					
环境风险原因感知→公领域亲环境行为	0.997	1.193	0.836	−0.052	4.349

续表

路径	效应值	标准误	Z 值	Percentile 95%置信区间	
				下限	上限
间接效应					
环境风险损失感知→环境情感→公领域亲环境行为	0.061	0.064	0.953	−0.034	0.182
环境风险损失感知→责任意识→公领域亲环境行为	0.387	0.146	2.651	0.134	0.694
环境风险损失感知→环境情感→责任意识→公领域亲环境行为	0.065	0.039	1.667	−0.003	0.133
直接效应					
环境风险损失感知→公领域亲环境行为	0.997	1.193	0.836	−0.052	4.349
间接效应					
环境风险反应行为感知→环境情感→公领域亲环境行为	0.061	0.064	0.953	−0.034	0.182
环境风险反应行为感知→责任意识→公领域亲环境行为	0.387	0.146	2.651	0.134	0.694
环境风险反应行为感知→环境情感→责任意识→公领域亲环境行为	0.065	0.039	1.667	−0.003	0.133
直接效应					
环境风险反应行为感知→公领域亲环境行为	−0.592	0.255	−2.322	−1.222	−0.224

第一，研究发现环境风险事实感知和环境风险原因感知对公领域亲环境行为的直接效应和间接效应区间包含 0，且 Z 值小于 1.96，表明不存在中介效应。

第二，环境风险损失感知对公领域亲环境行为的直接效应区间和部分间接效应区间包含 0，但可以通过"环境风险损失感知→责任意识→公领域亲环境行为"产生间接影响，Percentile 95%置信区间为（0.134，0.694），Z 值为 2.651，大于 1.96，存在中介效应。

第三，环境风险反应行为感知对公领域亲环境行为的影响可以通过"环境风险反应行为感知→责任意识→公领域亲环境行为"实现，Percentile 95%置信区间不包含 0，Z 值大于 1.96，中介效应存在。综上 H2-2-4 不成立，H2-2-7 部分成立。

六、主要结论与政策启示

（一）研究结论

基于"知—情—意—行"理论，根据江苏省和安徽省的调研数据建立结构方程模型，探究多维度感知风险对民众公领域亲环境行为的影响和作用路径，研究结果表明不同维度的环境感知风险对民众公领域亲环境行为的影响机制不同，具体结论如下所示。

第一，环境风险事实感知和环境风险原因感知对民众的公领域亲环境行为不存在直接影响或间接影响，且对环境情感和责任意识的影响也不显著。本节认为可能的解释是：环境风险事实感知只是民众对环境问题现状的认识；环境风险原因感知体现了民众的环境知识水平，是对造成生态环境问题原因的了解。但这两个维度的环境风险感知对于环境情感和责任意识并没有起到唤醒作用，与民众的自身利益关联也不密切，因此不会对公领域亲环境行为产生影响。

第二，环境风险损失感知对民众的公领域亲环境行为不存在直接影响，但可以通过"环境风险损失感知→责任意识→公领域亲环境行为"实现间接影响，环境情感没有起到中介作用。即使民众感知到进行公领域亲环境行为可能会产生一定的损失，但出于保护环境的责任意识，民众还是会积极地实施公领域亲环境行为。

第三，环境风险反应行为感知对民众的公领域亲环境行为有显著正向的影响，且可以通过"环境风险反应行为感知→责任意识→公领域亲环境行为"实现间接影响，环境情感没有起到中介作用。民众感知到自己的反应行为可以为缓解环境问题做贡献时，就会唤醒内心的责任感，产生保护环境的责任意识和行为倾向，进而减少对环境的污染或者采取环境保护行为。

（二）政策启示

民众的公领域亲环境行为受到环境风险损失感知、环境风险反应行为感知、环境情感、责任意识的影响，因此从三个方面提出建议，期望可以为政府鼓励和引导民众践行公领域亲环境行为提供参考，进而有助于构建全民参与的现代环境治理体系。

第一，加强民众的环境认知教育，突出环境问题给个人和社会带来的损失与危害，强调民众可以采取的环境保护行为。民众往往更关注与自身联系密切的信息，因此，政府、媒体、企业等主体对于环境相关知识的宣传，不应只停留在客观知识层面，更应该与消费者的切身利益相关。不仅要通过报纸、广播、网络等多种渠道普及存在的环境问题以及环境问题产生的原因，更应该突出现有环境问题会给个人和社会带来的身体风险、财务风险和心理风险，加强消费者的损失感知，强调个人可以采取哪些行为减少对环境的危害，增加消费者的反应行为感知，进而促使民众采取公领域亲环境行为。

第二，激发民众的环境情感，重视其情感诉求与情感共鸣。民众对环境问题产生的不安、愧疚、愤怒等负面情绪可以促使其产生保护环境的责任感和紧迫感，因此，媒体在进行环境保护宣传时，可以通过播放公益短片、回顾因生态环境破坏而濒临灭绝的动植物、介绍环境污染给人类带来的潜在疾病等，引起民众的情感共鸣，进而唤醒民众的环境情感，促使民众采取公领域亲环境行为，如举报违反环境相关法律法规的生产企业、在社交网站上宣传环境保护知识等。

第三，加强民众环境保护的责任意识，促使其产生保护环境的责任感和紧迫感。宣传教育是影响民众产生环境保护责任感的重要因素之一，因此，政府可以通过法律法规的制定严惩破坏、污染环境的个人和企业，同时发挥媒体的"传声筒"和"放大镜"作用，普及相关法律法规，播报相关刑事案件。通过加强对环境污染的报道，突出"每个人都有责任和义务保护人类共有的家园"，增强民众的敬畏感，进而唤醒民众的环境责任感和保护环境的行为倾向。

第三节　公众环境价值观与私领域亲环境行为

人类社会在享受工业发展和科技进步带来的福祉的同时，也对生态环境造成了严重破坏。空气污染、森林锐减、水体富营养化等一系列环境问题对人类的可持续发展产生困扰。近年来，公众的环境保护意识不断觉醒，对环境质量的要求也逐年提高。作为化解环境问题的重要举措，绿色消费受到了社会各方的大力倡导（徐嘉祺等，2019）。绿色消费是指在满足人需求的同时尽量减少个体行为对生态环境消极影响的一种生态化消费模式，具体包括产品的购买、使用、处置三个环节（Pieters，1991；Carlson et al.，1993；吴波等，2016）。然而公众虽多对绿色消费持积极态度，但积极的态度在现实购买行为中却鲜有体现。Nolan 等（2008）对美国居民用电情况进行调查发现，居民选择节能的最重要原因是保护环境，但研究的结果却显示环境保护的积极态度与实际节能行为之间的相关性只有 6%。近年来，国内外诸多研究都证明了绿色消费态度—行为差距的存在，声称愿意保护环境进行绿色消费的人很少将此付诸实践，消费者的绿色消费行为仅仅停留在承诺阶段（Teng and Chang，2014）。绿色消费态度与行为的分离，不仅给环境公共政策制定者带来极大困扰，更是让许多绿色产品生产企业的投产决策产生偏差，抵消了技术进步带来的效益，挫伤了企业的绿色生产积极性，最终影响绿色消费市场的发展（王万竹等，2012）。因此，探索造成消费者绿色消费态度与绿色消费行为差距的深层次成因，并寻求弥合这一差距的干预策略，对政府制定有针对性的绿色消费推进政策和企业进行科学合理的生产经营决策具有重要价值。

一、理论分析与研究假说

对于绿色消费态度—行为差距，现有研究多借用 Ajzen（1991）提出的计划行为理论为框架来分析或检验造成消费者态度—行为差距的潜在影响因素。计划行为理论认为行为态度、主观规范和感知行为控制影响个体的行为意向，而行为意向又直接决定个体的最终行为。根据计划行为理论，对绿色消费持积极态度、对社会压力感知显著以及个体在感知到绿色消费促进因素较多时，容易采取绿色消费行为。但也有学者指出，绿色消费态度与行为之间的关系常常是薄弱甚至是无关的，传统的计划行为理论并不能解决绿色消费态度—行为差距问题（Claudy et al.，2013）。Eurobarometer（2005）、Claudy 等（2011）的研究也发现，消费者对可再生能源表现出强烈的兴趣，但在许多国家，可再生能源市场发展十分缓慢。Westaby（2005）引入行为合理性概念，对传统计划行为理论进行拓展，提出了行为推理理论。行为合理性，即个体践行或拒绝某一特定行为的理由，这些理由被认为对个体的态度形成和行为生成产生影响。对比普通消费，绿色消费需要付出更高的金钱、精力和时间成本，因此在做出最终行为前，消费者将合理评估实施或拒绝绿色消费的理由。因此，本节以行为推理理论为框架，以期阐明绿色消费态度—行为差距产生的原因和深层次影响因素。

对特定行为的态度是个体产生该行为意向的关键先决条件，这是计划行为理论的重要观点（Ajzen，2008）。行为推理理论在计划行为理论框架下展开，同样认为态度是产生行为意向的重要预测因素之一，即消费者对绿色消费的态度越积极，其形成绿色消费行为意向的可能性就越高。态度是人对某一事物或行为支持或厌恶的一种倾向。杨智和邢雪娜（2009）在对可持续消费行为影响因素进行质化研究时发现，态度是影响个体行为意向的最主要影响因子。李苑艳和陈凯（2017）通过扎根理论的探索性研究发现，态度是影响绿色购买行为意向的内部性影响因子。Wiser（2007）在针对美国消费者绿色能源的购买意愿实验中指出，加入态度因素可以大大提高对绿色能源购买意愿的预测准确性。据此，提出以下假设。

H2-3-1：消费者绿色消费态度正向显著影响绿色消费行为意向。

行为合理性包括支持某一行为的理由和拒绝某一行为的理由两个维度。Thomas 等（1993）提出的意义建构（sense making）概念，Nowak 等（2000）提出的心理一致性（psychological coherence）概念，以及 Snyder

（1992）提出的功能理论（functional theorizing）概念，都指出个体采用推理的方式来评估决策备选方案的可接受性，根据支持或拒绝的理由来捍卫和证明自己的行为选择，以及从行为合理性出发来追求一个特定的目标。在进行绿色消费的情境中，消费者会寻求一个最有解释力的原因来协调自身的认知并提升做出行为决策的信心，最后实现绿色消费行为。魏璐等（2019）研究指出，消费者在购买前会评估绿色商品的效用价值、环境价值和心理价值。与传统行为意向模型不同，行为推理理论将行为合理性作为个体行为决策的预测因子，践行绿色消费的理由和拒绝绿色消费的理由可以直接对消费者的绿色消费行为意向产生影响（Claudy et al.，2013）。例如，消费者对绿色消费抱有积极态度，但是因为成本过高等原因最后拒绝购买，便是拒绝绿色消费的理由占主导所致。因此，研究提出以下假设。

H2-3-2a：消费者践行绿色消费的理由对其绿色消费行为意向产生显著正向影响。

H2-3-2b：消费者拒绝绿色消费的理由对其绿色消费行为意向产生显著负向影响。

行为推理理论认为，行为合理性可以通过态度对行为意向形成直接或间接的影响。其研究指出，当消费者拥有充足理由购买可再生资源时，往往会对可再生资源消费持积极的态度；反之，则对可再生资源消费持消极的态度。王建国和杜伟强（2016）在对新能源汽车消费的研究也证明，对绿色消费拥有充足理由的消费者更有可能对绿色消费持积极态度；而当消费者拥有强有力的理由拒绝绿色消费时，可能导致其对绿色消费抱有消极态度。因此，研究提出以下假设。

H2-3-3a：消费者践行绿色消费的理由对其绿色消费态度产生显著正向影响。

H2-3-3b：消费者拒绝绿色消费的理由对其绿色消费态度产生显著负向影响。

价值观根植于个体内心深处，是形成个体对客观世界的主观看法和评价的一整套认知和价值判断体系，具有持久和稳定的特点（Schwartz，1994）。因此，行为合理性的推理也不会独立于价值观而产生，个体对自己的行为辩护需要激活包括价值观在内的认知过程，因此价值观将会影响个体对预期行为的推理（Westaby，2005）。Stern 等（1999）提出的价值—信念—规范理论首次将环境价值观收入价值观体系。当个体将自然纳入自我概念中，便形成了环境价值观，这是个体基于生态责任感所产生的价值观念（王财玉等，2019）。亲生命假说（biophilia hypothesis）认为，人类对自然环境存在依附的心理倾向，这种倾向在现代人身上依旧保持着（Wilson，1984）。当个体感知到自身与自然紧密联结时，破坏环境就是伤害自己（Tversky and Kahneman，1974）。因此，消费者的环境价值观对消费者评估绿色消费有积极影响。消费者所持的价值观也可能对其消费理念产生负面影响。以转基因食品为例，转基因与消费者传统的观念和价值观相悖，消费者倾向于将不良健康影响和环境潜在破坏与转基因食品联系在一起，进而对转基因食品敬而远之（Klerck and Sweeney，2007）。因此，提出如下假设。

H2-3-4a：环境价值观正向影响消费者践行绿色消费的理由。

H2-3-4b：环境价值观负向影响消费者拒绝绿色消费的理由。

Tversky 和 Kahneman（1974）研究指出，价值观与态度之间存在直接影响路径，这是个体简化信息处理和寻求心理捷径导致的，价值观影响个体的整个内部系统，对个体的特定态度和特定行为发生作用。Dembkowski 和 Hanmer-Lloyd（1994）提出环境价值观—态度理论，认为环境价值观通过影响个体对绿色消费的积极态度，进而影响消费者的绿色消费行为，是影响绿色消费行为的深层次因素。Thompson 和 Barton（1994）基于生态中心和人类中心两个视角研究环境问题，也得出了生态价值观对个体基于生态中心的环境态度产生直接影响的结论。Nguyen 等（2016）的亲环境购买行为研究表明，拥有环境价值观的消费者对亲环境绿色产品表现出更高的积极性和购买态度。因此，提出以下假设。

H2-3-5：环境价值观对消费者绿色消费态度产生显著正向影响。

综上所述，在行为推理理论模型框架下，假设环境价值观作为绿色消费行为意向的深层次影响因素，通过绿色消费态度和行为合理性对绿色消费行为意向产生间接影响；而行为合理性可以通过绿色消费态度对绿色消费行为意向产生间接影响，也可以对绿色消费行为意向产生直接影响，即践行绿色消费的理由和拒绝绿色消费的理由可能跳过绿色消费态度直接作用于绿色消费行为意向，具体研究路径如图 2-4 所示。

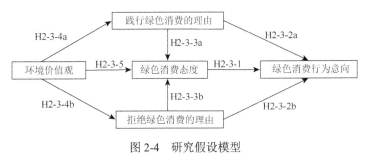

图 2-4　研究假设模型

二、数据来源与样本基本特征

(一)数据来源

数据调查参照分层设计原则,于 2019 年 7~8 月在江苏省和安徽省多个地级市展开,包括四个江苏省代表性城市(分别是无锡市、扬州市、淮安市、连云港市)和八个安徽省代表性城市(分别是宣城市、铜陵市、马鞍山市、安庆市、合肥市、淮南市、淮北市、阜阳市)。样本涵盖江苏省和安徽省不同地理位置,样本分布较为合理。在正式调查前,在江苏省无锡市开展了小范围的预调查,通过预调查反馈的信息和建议,对问卷中语义不清、容易混淆的题项进行了调整和修订,以确保问卷的有效性。随后,对参与调查的人员进行了统一的培训工作,以确保调查人员的专业性。调查随机选取各城市市区、城郊、城镇和农村 18 岁以上的消费者,以面对面访谈的形式展开,每份问卷花费 20~30 分钟,以确保问卷的真实性和有效性。此次调查共发放问卷 917 份,回收有效问卷 839 份,问卷有效率 91.49%,其中江苏省 519 份,安徽省 320 份。

(二)样本基本特征

调查问卷的统计数据如表 2-13 所示。江苏省和安徽省样本消费者女性分别占 53.56% 和 58.13%,略高于男性。从年龄分布来看,两省均以 18~45 岁的中青年为主,占比分别达到 79.19% 和 80.62%,其中,安徽省 18~25 岁的样本占比达到 49.06%,该年龄段的人群多数处于大专和本科的学习阶段,这也在一定程度上解释了安徽省在受教育程度这一指标大专或本科占比高达 60.31% 的原因。两省的样本消费者区域分布较为平均,市区和城镇稍微多一点,江苏市区样本占比为 31.60%,城镇样本占比为 28.13%;安徽市区样本占比为 35.94%,城镇样本占比为 25.00%。两省受访者的家庭规模以 4~6 人或 2~3 人的小家庭为主,这与 2015 年国家卫生和计划生育委员会发布的"中国家庭发展追踪调查"中我国家庭平均规模为 3.35 人的结果相近;其中,安徽省 4~6 人家庭略高于江苏省。在家中有无老人小孩方面,上有老下有小的主干家庭占比最高,分别为 52.22% 和 43.75%。此外,江苏省近七成受访者的家庭年收入在 8 万元以上,安徽省相对较少,这也与江苏省经济发展水平略高于安徽省的现实相符合。

表 2-13　样本消费者基本特征及赋值

变量	分类指标及赋值	江苏（519 份）		安徽（320 份）	
		样本数/份	占比	样本数/份	占比
性别	男 = 1	241	46.44%	134	41.88%
	女 = 0	278	53.56%	186	58.13%
年龄	18～25 岁 = 1	124	23.89%	157	49.06%
	26～35 岁 = 2	155	29.87%	45	14.06%
	36～45 岁 = 3	132	25.43%	56	17.50%
	46～55 岁 = 4	81	15.61%	50	15.63%
	56 岁及以上 = 5	27	5.20%	12	3.75%
受教育程度	初中及以下 = 1	151	29.09%	51	15.94%
	高中或中专 = 2	142	27.36%	71	22.19%
	大专或本科 = 3	195	37.57%	193	60.31%
	硕士研究生及以上 = 4	31	5.97%	5	1.56%
日常居住地	市区 = 1	164	31.60%	115	35.94%
	城郊 = 2	95	18.30%	52	16.25%
	城镇 = 3	146	28.13%	80	25.00%
	农村 = 4	114	21.97%	73	22.81%
家庭规模	1 人 = 1	8	1.54%	4	1.25%
	2～3 人 = 2	185	35.65%	111	34.69%
	4～6 人 = 3	296	57.03%	198	61.88%
	7 人及以上 = 4	30	5.78%	7	2.19%
家中有无老人小孩	有小孩无老人 = 1	95	18.30%	70	21.88%
	有老人无小孩 = 2	108	20.81%	63	19.69%
	有老人有小孩 = 3	271	52.22%	140	43.75%
	无老人无小孩 = 4	45	8.67%	47	14.69%
家庭年收入	5 万元及以下 = 1	55	10.60%	49	15.31%
	5 万（不含）～8 万元 = 2	102	19.65%	79	24.69%
	8 万（不含）～10 万元 = 3	187	36.03%	87	27.19%
	10 万（不含）～20 万元 = 4	133	25.63%	79	24.69%
	20 万元以上 = 5	42	8.09%	26	8.13%

注：考虑到样本的代表性，本次调查聚焦于具备独立决策能力的成年人，故受访样本中无年龄在 18 岁以下的未成年人；因四舍五入，存在加总不为 100%情况

三、环境价值观与私领域亲环境行为特征描述

为保证调查问卷的效度，验证研究假设模型，本节在行为推理理论的基础上，借鉴前人的研究成果与研究经验，结合绿色消费这一主题，设置了五个潜变量，分别为环境价值观、绿色消费态度、绿色消费行为意向、践行绿色消费的理由和拒绝绿色消费的理由。

其中，对环境价值观的测量，主要参考了 Chan（2001）、Schwepker 和 Cornwell（1991）、Fransson 和 Gärling（1999）的环境量表，并在其基础上进行了相应修改，以符合中国文化语境。对于消费者绿色消费态度，主要借鉴了 Lien 等（2010）的绿色消费认知量表。对于消费者的绿色消费行为意向，以劳可夫和吴佳（2013）、高键等（2016）的绿色农产品消费意向量表中的相应题项进行测度。践行绿色消费的理由和拒绝绿色消费的理由，则借鉴了 Jacoby 和 Kaplan（1972）、Mitchell 和 Greatorex（1993）的消费感知风险量表，并结合绿色消费进行了相应调整与修改。本节共涉及22 个观测变量，各题项均采用利克特五级量表，通过个体主观赋值的方式对"非常不同意"到"非常同意"5 个程度进行 1～5 分的赋值，如表 2-14 所示。此外，问卷设置了人口统计特征对样本消费者的个体特征进行描述，包括性别、年龄、受教育程度、日常居住地、家庭规模、家中有无老人小孩、家庭年收入等题项。

表 2-14　假设模型变量设计

潜变量	可观测变量	江苏省		安徽省	
		均值	标准差	均值	标准差
环境价值观	人类需要了解自然的运行方式并顺应自然（CONF）	3.81	0.891	4.19	0.952
	我们应该与自然和谐共处（HARM）	3.97	0.890	4.53	0.746
	人类只是自然的一部分（PART）	3.77	0.955	4.17	0.982
	除非我们每个人都认识到保护环境的必要性，否则我们的后代必将承受后果（NECE）	3.88	0.951	4.20	0.973
绿色消费态度	我认为绿色消费与普通消费二者有很大区别（DIFF）	3.60	0.827	4.03	0.913
	我认为绿色消费是一件对环境保护很有意义的事情（MEAN）	3.74	0.905	4.37	0.769
	我认为绿色消费与我的生活密切相关（RELA）	3.61	1.011	4.21	0.883
绿色消费行为意向	无论价格如何，我都选择环保产品（SELE）	3.15	1.026	3.36	1.163
	在购买产品前,我会关注产品对环境的影响程度（ATTE）	3.34	1.010	3.59	1.067
	我会优先选择购买环保洗涤剂、再生纸制品等（PRIO）	3.47	1.003	3.84	1.057
	我倾向于购买有机水果和蔬菜（ORGA）	3.27	1.019	3.66	1.082

续表

潜变量	可观测变量	江苏省		安徽省	
		均值	标准差	均值	标准差
践行绿色消费的理由	我觉得我吃的大部分食物都被农药污染了，这让我很害怕（PEST）	3.32	0.898	3.38	1.105
	政府为控制环境污染所采取的措施成效不显著，这让我很生气（GOVE）	3.04	0.894	3.33	1.084
	环境污染对动植物的生存构成了极大的威胁，这让我很愤怒（THRE）	3.27	0.923	3.78	0.940
	工业的发展对环境造成了严重的污染，这让我很沮丧（INDU）	3.34	0.889	3.79	0.954
	对于雾霾天气，我感到沮丧和愤怒（SMOG）	3.31	0.968	3.89	0.965
拒绝绿色消费的理由	我会担心买到假的绿色产品（SUPP）	3.90	0.926	4.28	0.820
	我会担心绿色产品的质量（QUAL）	3.91	0.947	4.36	0.771
	我会担心绿色产品的价值不值它的价格（VALU）	3.81	1.032	4.15	0.877
	我会担心万一这次购买绿色产品是一次不愉快的经历，会给我带来不愉快的心情（EXPE）	3.68	0.977	4.03	0.940
	我会担心质量不合格的绿色产品，会对我的身体健康造成伤害（DISQ）	3.90	0.959	4.37	0.722
	我会担心如果这次购买绿色产品不成功，会浪费我时间进行再次消费（WAST）	3.67	1.001	4.03	0.961

四、公众私领域亲环境态度与行为差距检验

（一）探索性因子分析

本节选取安徽省 320 份样本数据，运用 SPSS 24.0 对研究涉及的 22 个观测变量进行因子分析。结果显示，KMO 值达到 0.816，Bartlett 球形检验显著性水平为 0.000，通过 Bartlett 球形检验，表明变量之间具有相关性，样本数据适合做因子分析。研究使用等量最大法进行正交旋转确定各因子包含的变量个数，最终得到 5 个主因子、22 个变量，输出的因子旋转矩阵如表 2-15 所示。

表 2-15　因子旋转后载荷矩阵数值

变量	因子 1	因子 2	因子 3	因子 4	因子 5
CONF	0.060	0.001	**0.782**	0.060	0.170
HARM	0.153	0.080	**0.806**	0.065	0.293
PART	0.159	0.152	**0.676**	0.136	0.203
NECE	0.257	0.168	**0.682**	0.142	0.070

续表

变量	因子 1	因子 2	因子 3	因子 4	因子 5
DIFF	0.137	0.292	0.126	0.108	**0.721**
MEAN	0.226	0.307	0.369	0.142	**0.633**
RELA	0.159	0.367	0.359	0.163	**0.603**
SELE	-0.046	**0.740**	0.028	0.162	0.175
ATTE	0.065	**0.805**	0.049	0.132	0.203
PRIO	0.102	**0.756**	0.196	0.093	0.298
ORGA	0.094	**0.786**	0.114	0.061	0.124
PEST	0.167	0.294	0.089	**0.633**	−0.376
GOVE	0.052	0.044	−0.068	**0.737**	0.002
THRE	0.148	0.148	0.228	**0.718**	0.257
INDU	0.079	0.119	0.178	**0.726**	0.295
SMOG	0.250	0.067	0.162	**0.586**	0.257
SUPP	**0.741**	0.063	0.239	0.074	0.109
QUAL	**0.770**	0.071	0.274	0.105	0.137
VALU	**0.799**	0.048	0.178	0.116	0.122
EXPE	**0.722**	0.014	0.065	0.159	0.205
DISQ	**0.686**	0.069	0.246	0.222	0.183
WAST	**0.663**	0.166	0.043	0.200	0.114

注：加粗字段代表载荷系数较高，一般来说，载荷系数的绝对值越大，表示变量与因子之间的关系越密切。通常，载荷系数的绝对值大于 0.4 时，可以认为变量与因子之间存在较强的关系

（二）信度和效度检验

采用 SPSS 24.0 对环境价值观、绿色消费态度、绿色消费行为意向、践行绿色消费的理由和拒绝绿色消费的理由进行内在信度（internal reliability）分析。分析结果如表 2-16 所示：除践行绿色消费的理由一项的 Cronbach's α 系数略低，在 0.7～0.8 外，其他四个变量的 Cronbach's α 系数均在 0.8 以上，表明量表具有相当的信度，变量间保证了良好的内部一致性；为确保问卷的内容效度（content validity），在问卷设计完成后，征求了专家的意见，并在正式调查开始前开展了预调查，以对问卷进行进一步的修改和完善，因此本次研究使用的最终量表具有一定的广度和深度；为检验量表的建构效度（construct validity），研究选取了 CR、KMO 检验和 Bartlett 球形检验三种检验指标。结果显示，大部分题项的 CR 值都在标准值 0.7 以上，KMO 值均在 0.7 的可接受水平附近，且所有题项的显著性水平为 0.000，通过 Bartlett 球形检验，表明量表具有良好的建构效度。

表 2-16　量表的信度和效度检验

变量代码		环境价值观	绿色消费态度	绿色消费行为意向	践行绿色消费的理由	拒绝绿色消费的理由
变量题项数		4	3	4	5	6
Cronbach's α 系数		0.805	0.809	0.838	0.772	0.873
CR		0.732	0.770	0.771	0.664	0.787
KMO 检验		0.756	0.696	0.799	0.787	0.862
Bartlett 球形检验	χ^2 统计量	1137.222	872.756	1330.951	1105.673	2428.756
	自由度	6	3	6	10	15
	显著性	0.000	0.000	0.000	0.000	0.000

此外,研究选用皮尔逊相关系数检验变量之间的相关性,结果如表 2-17 所示:各变量之间的相关系数绝对值均小于对角线上所列的各变量的 AVE 平方根,表明观测变量之间的内部相关性大于外部相关性,潜变量之间存在区别,具有较高的判别效度。

表 2-17　各变量皮尔逊相关系数矩阵

变量	环境价值观	绿色消费态度	绿色消费行为意向	践行绿色消费的理由	拒绝绿色消费的理由
环境价值观	0.640				
绿色消费态度	0.442***	0.727			
绿色消费行为意向	0.239***	0.520***	0.678		
践行绿色消费的理由	0.302***	0.268***	0.413***	0.541	
拒绝绿色消费的理由	−0.303***	0.323***	−0.170***	0.366***	0.620

注:对角线上的数值为 AVE 平方根

***表示在 0.001 的水平上显著

(三) 假设验证

研究选用 320 份安徽省样本数据进行探索性因子分析,得到了消费者的环境价值观、绿色消费态度、绿色消费行为意向、践行绿色消费的理由和拒绝绿色消费的理由五个潜变量及其各自的观测变量。接下来,研究选取江苏省的 519 份样本数据进行下一步的验证性因子分析。

由于相关性检验一次仅能检查一个关系,回归模型假设所有自变量均对因变量产生影响,而结构方程模型允许检验多个互相关联变量之间的依赖关系,为考察样本消费者环境价值观、绿色消费态度、绿色消费行为意向、践行绿色消费的理由和拒绝绿色消费的理由五个变量之间的关系，研究基于 H2-3-1 至 H2-3-5，选用 Mplus 8 软件对江苏省 519 个研究样本进行了检验。得到验证性因子分析（confirmatory factor analysis，CFA）检验的结果如下：$\chi^2 = 833.791$，DF = 365，$P < 0.001$，CFI = 0.923，TLI = 0.914，RMSEA = 0.050，标准化均方根残差（standardized root mean square residual，SRMR）= 0.083。除 SRMR 值略高于标准值 0.08 外，其余检验数值均达到可接受水平，表明整体模型在理论和统计意义上数据拟合程度良好，结构合理，可以进行接下来的结构方程模型实验。

表 2-18 显示了结构方程模型的估计结果。从表中数据结果可知，在本节构造的 8 个假设路径中有 5 条路径在 0.001 的水平上显著，1 条路径在 0.05 的水平上显著。其中，绿色消费态度对绿色消费行为意向在 0.001 的水平上存在显著正向影响，且路径系数达到 0.769，这说明绿色消费态度是绿色消费行为意向的关键先决条件，H2-3-1 成立。践行绿色消费的理由对绿色消费行为意向并不显著，但拒绝绿色消费的理由对绿色消费行为意向在 0.05 的水平上呈负向显著（−0.114），H2-3-2a 不成立，而 H2-3-2b 得到支持。行为合理性对绿色消费态度的路径结果则刚好相反，拒绝绿色消费的理由对绿色消费态度不显著，但践行绿色消费的理由对绿色消费态度在 0.001 的水平上正向显著，路径系数为 0.231，H2-3-3b 不成立，而 H2-3-3a 得到支持。

表 2-18　H2-3-1～H2-3-5 的结构方程模型实验估计结果

项目	标准化路径系数	标准误	显著性	结论
H2-3-1：$X2 \rightarrow X3$	0.769	15.429	0.000	支持
H2-3-2a：$X4 \rightarrow X3$	0.022	0.410	0.682	不支持
H2-3-2b：$X5 \rightarrow X3$	−0.114	−2.213	0.027	支持
H2-3-3a：$X4 \rightarrow X2$	0.231	4.839	0.000	支持
H2-3-3b：$X5 \rightarrow X2$	0.081	1.462	0.144	不支持
H2-3-4a：$X1 \rightarrow X4$	0.479	10.912	0.000	支持
H2-3-4b：$X1 \rightarrow X5$	−0.620	−17.355	0.000	支持
H2-3-5：$X1 \rightarrow X2$	0.585	10.811	0.000	支持

注：$X1$ 代表环境价值观，$X2$ 代表绿色消费态度，$X3$ 代表绿色消费行为意向，$X4$ 代表践行绿色消费的理由，$X5$ 代表拒绝绿色消费的理由

产生以上现象的原因可能是，在行为推理理论模型中，个体允许通过不同的心理路径对最终的行为意向产生影响。绿色消费态度代表了消费者

对绿色消费的好恶程度，而合理性则代表了消费者是否会进行绿色消费的情境因素。当践行绿色消费的理由占心理主导时，根据心理一致性的原则，个体为了减少认知失调的可能性，会尽力弱化甚至是忽略拒绝绿色消费的理由。当拒绝绿色消费的理由占据心理主导时，即使消费者对绿色消费持有积极的态度，追求心理捷径的消费者容易进入单一理由决策模式，行为合理性直接避开绿色消费态度对绿色消费行为意向产生直接影响。例如，当消费者面临价格过高、获取绿色产品困难等问题时，积极的绿色消费态度对绿色消费行为意向的触发效果就显得微不足道了。值得注意的是，拒绝绿色消费的理由对绿色消费态度的影响虽不显著，但是其路径系数显示为正，与假设相反，当消费者持有拒绝绿色消费的理由时，并没有产生绿色消费消极态度，消费者拒绝绿色消费和其对绿色消费的态度之间并没有必然关系。

此外，环境价值观在 0.001 的水平上显著强化了消费者践行绿色消费的理由，路径系数达到 0.479，H2-3-4a 成立；同时环境价值观也对拒绝绿色消费的理由产生了显著的负向影响，路径系数为–0.620，H2-3-4b 成立。环境价值观也在 0.001 的水平上对绿色消费态度产生直接正向影响，表明环境价值观是消费者进行绿色消费的深层次影响因素，H2-3-5 得到支持。假设模型中有效的路径及路径系数结果如图 2-5 中实线所示，不显著的路径及路径系数以虚线标注。

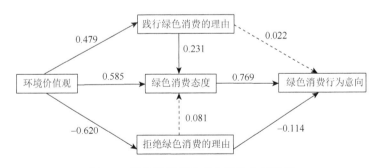

图 2-5　绿色消费行为意向路径分析结果

表 2-19 显示了行为合理性对绿色消费行为意向的总体影响。践行绿色消费的理由对最后的绿色消费行为意向有较高的总效用（$0.231 \times 0.769 \approx 0.178$），但它只能通过绿色消费态度对绿色消费行为意向产生间接影响；而拒绝绿色消费的理由对最终的绿色消费行为意向的总效应水平较低（–0.114），但其能绕过绿色消费态度，对行为意向产生直接影响。这也

在一定程度上解释了拥有积极绿色消费态度的消费者为何不会产生最终的绿色消费行为，出现绿色消费态度—行为差距的原因。

表 2-19 行为合理性的直接效应、间接效应与总效应

变量	直接效应	间接效应	总效应
践行绿色消费的理由	0.000	0.178	0.178
拒绝绿色消费的理由	−0.114	0.000	−0.114

五、主要结论与政策启示

（一）主要研究结论

为探索影响消费者绿色消费态度向绿色消费行为转化的深层次成因，并寻求弥合这一差距的干预策略，研究采用了行为推理理论，在传统计划行为理论的框架下引入行为合理性概念，考察了环境价值观、绿色消费态度、践行绿色消费的理由、拒绝绿色消费的理由和绿色消费行为意向之间的作用关系。得到的主要结论有：绿色消费态度是产生绿色消费行为意向的关键先决条件。践行绿色消费的理由通过绿色消费态度对绿色消费行为意向产生显著的间接影响；而拒绝绿色消费的理由则可以跳过绿色消费态度，直接对绿色消费行为意向发生作用。研究结论符合心理一致性原则，即当现实情境有利于绿色消费行为产生，践行绿色消费的理由占主导心理时，个体为避免出现认知失调，极可能弱化甚至忽略拒绝绿色消费的理由，而践行绿色消费的理由也有效强化了消费者对绿色消费的态度，使消费者对绿色消费抱有更积极的倾向；当现实情境不利于绿色消费行为产生，拒绝绿色消费的理由成为主导心理时，即使消费者对绿色消费持有积极的态度，追求心理捷径的消费者容易进入单一理由决策模式，行为合理性直接避开了绿色消费态度，对绿色消费行为意向产生直接影响。研究也证明了环境价值观对消费者践行绿色消费的理由、拒绝绿色消费的理由和绿色消费态度均产生影响，是消费者产生绿色消费行为的一个深层次因素。

（二）相关政策启示

消费者绿色消费态度—行为之间存在差距的问题如果不加以解决，必将抑制绿色消费市场的运作与发展。本节的发现为政府出台绿色消费推进政策和企业绿色产品营销活动提供了以下几个视角。

增加促进消费者践行绿色消费的理由：①企业在绿色产品的营销过程中，要加强绿色产品的话语，为消费者提供足够的购买收益信息，使其能够弱化甚至忽略拒绝购买的理由，以促进其绿色消费行为意向的产生。对于价格较低的绿色产品，在宣传产品的价格、性能、品牌等信息的基础上，要突出产品的环保属性，对消费者"动之以情"。对于价格略高的绿色产品，企业需要努力提升产品的性价比，即使消费者对产品进行理性的成本收益评估，依旧认为购买该绿色产品是物超所值的。②绿色产品营销要有针对性。对于绿色消费知识匮乏的潜在消费群体，可以通过多种传媒渠道或选用具有一定影响力的产品形象代言人来宣传绿色消费时尚，引导绿色消费行为；在产品包装上凸显可识别的绿色标签、标志，以清晰的视觉符号传达产品的绿色信息；在营销绿色产品时，除了介绍产品本身的属性，也要在营销材料中展示其他消费者的绿色购买行为，增强消费者绿色购买行为的群体归属感。③企业合理安排绿色产品生产经营规划。在增加绿色产品功能和丰富绿色产品品类的同时，要确保绿色产品的质量；在核算产品成本的同时，结合市场调研对绿色产品进行合理定价，避免出现价格虚高的情况；重视绿色产品营销渠道的建设，扩展绿色产品的零售终端分布密度和广度，方便消费者进行采买。

减少消费者拒绝绿色消费的理由：①个体的绿色消费行为常常受到经济因素的制约，政府可以通过税收调整、财政补贴、绿色信贷等多种经济手段调节绿色消费市场。政府可以通过对不环保的产品征收更高的生态税，或对环保产品减少征税的方式，使绿色产品与普通产品具有相近甚至相同的价格，减少消费者绿色消费决策过程中的因经济因素而拒绝绿色消费的可能性。②经济激励往往只有短期的刺激效果，当经济激励减少或消失时，消费者的绿色消费可能会回到原来水平，因此政府可以改善绿色企业当地的营商环境，为绿色企业的规模化发展创造外部条件，以规模经济降低绿色产品的生产成本。此外，通过对绿色科技的扶持和培育，以持续的技术进步推动绿色经济的发展，使绿色产品对传统产品完成良好的替代。③解决消费者在绿色产品获取方面的不确定性。政府要完善保障绿色消费的基础配套设施建设，包括加快建设公共交通系统、建立垃圾可回收处理体系、增大电动汽车充电公共设施建设等，减少消费者绿色消费的不便与顾虑。政府也要加快推进绿色消费相关的法律法规建设，建构绿色产品的国家标准和社会规范，为消费者进行绿色消费提供法律保障和坚实后盾。企业则可以在绿色产品上增添可追溯信息，方便消费者对产品进行回溯，快速便捷地了解所购买产品的详细生产运输信息。

培育广大消费者的环境价值观：①环境价值观在个体决策过程中起着重要的先驱作用，因此需要培养消费者保护环境、自然联结的环境价值观，从根本上影响消费者的绿色消费意识。政府可以借助公益广告、讲座科普等形式向社会公众普及环境污染的严重性和环境保护的重要性，宣扬绿色消费对自然环境的重要作用，培育全社会倡导绿色消费的良好氛围。企业可以通过营销、促销、媒体宣传等市场手段，强化消费者的环境意识和环保责任感，实现潜在消费群体的绿色消费驱动。②完成绿色消费群体行为塑造。个体的消费行为容易受到群体规范的影响，政府和企业可以开展社区联合购买、汽车共享、节水节能社区项目等方法，激发群体绿色消费行为，激发绿色消费群体行动。③政府和企业要强化个体对绿色消费的效果感知，强调个体的绿色消费行为对自然和社会的重要影响，突出"再小的力量也是一种支持"的概念，让人们意识到自己的绿色消费行为的重要性和迫切性，打破绿色消费社会困境。

第三章　特色文化影响下公众参与绿色消费实践逻辑

　　绿色消费是一种生态化与可持续的消费方式，是人们以最大限度地减轻对自然环境的伤害甚至有利于环境的方式进行消费活动，实现个人消费权益与生态利益保护的兼顾。2021年，《国务院关于加快建立健全绿色低碳循环发展经济体系的指导意见》指出，要健全绿色低碳循环发展的消费体系，促进绿色产品消费。因而，探究公众参与绿色消费的实践逻辑具有深刻的现实意义。余秋雨（2019）指出，文化是一种成为习惯的精神价值和生活方式，它的最终成果是集体人格。中国文化源远流长，儒家思想涵盖人际关系、伦理道德、政治治理、教育修身等方面，以仁、义、礼、智、信为核心；佛家讲究慈悲、修心和因果循环；道家强调自然、无为而治，主张通过修道养生，实现个体和自然的和谐统一。三家思想在历史上相互交流、融合和影响，共同塑造了中国独特的文化和价值观念，成为中国文化的重要组成部分，形成了中国独特的文化面貌。中国特色文化对中国人的价值观塑造具有深远影响（Chan，2001），潜移默化地影响个体的行为决策。社会形象、中庸价值观、实用理性、权威从众是中国文化价值观体系中的重要构成要素。在广义上，社会形象是指一个个体，无论是个人还是集体，通过其言行举止、外貌特征、言语表达及与他人的交往，给他人留下的印象和评价。社会形象被用于描述一个人在社交场合或其他公共领域中所表现出的形象特征。中庸价值观是不偏不倚、追求调和平衡的处世之道。实用理性关心事物或行为的实际结果，体现中国人求真务实的处世观念。权威从众是指个体在认知与行为上服从权威人物、把大多数人的行为当作准则的文化特征。公众的绿色消费行为同样根植于中国文化背景，跳出中国的文化传统来探讨公众的绿色消费行为是存在缺陷的。因此，本章从中国本土文化情境出发，以公众的绿色消费行为为研究对象，结合多元回归分析、结构方程模型、PSM等计量方法，在探究环境意识、环境认知、环境情感、环境自我认同等心理因素对公众绿色消费行为产生影响的基础上，剖析社会形象、中庸价值观、实用理性、权威从众等特色文化对公众绿色消费行为的影响效应及作用机制，以期为制定我国公众绿色消费行为引导策略提供借鉴与参考。

第一节　中国文化在环境意识和绿色消费行为中的背景效应

　　面对严峻的生态环境形势，我国政府近几年相继出台了一系列的法规与政策措施。2014 年，我国政府出台了《中华人民共和国环境保护法》，明确提出环境保护坚持"公众参与"的原则①。2015 年出台的《中共中央　国务院关于加快推进生态文明建设的意见》再次提出推进生态文明建设必须要"构建全民参与的社会行动体系"②。2017 年，党的十九大明确指出解决突出的环境问题必须"坚持全民共治"，构建公众共同参与的环境治理体系③。2018 年发布的《公民生态环境行为规范（试行）》更是对人们在日常生活中的环境行为提出了具体要求④。此外，2020 年，国家发展和改革委员会与司法部联合印发了《关于加快建立绿色生产和消费法规政策体系的意见》，扩大绿色产品消费是其中的重要任务之一⑤。绿色消费行为的实现不能仅仅依靠政府，有学者研究发现民众的环境意识会影响其践行绿色消费行为的意愿（彭远春，2011）。2022 年，党的二十大报告指出，要实施全面节约战略，发展绿色低碳产业，倡导绿色消费⑥。然而，《公民生态环境行为调查报告（2020 年）》结果显示，虽然超九成公众认可绿色消费的重要性，但绿色消费仍然存在"高认知度、低践行度"的现象，公众对于各类绿色消费行为的践行程度都不太理想⑦。由此，一个新的问题引起了研究者的关注：在民众层面，该如何提升环境意识向绿色消费行为的转化呢？基于此，本节主要探讨影响民众绿色消费行为的环境意识及其作用机制，并检验中国文化价值观是否对环境意识影响

---

　　①《中华人民共和国环境保护法（主席令第九号）》，https://www.gov.cn/zhengce/2014-04/25/content_2666434.htm，2014-04-25。

　　②《中共中央　国务院关于加快推进生态文明建设的意见》，https://www.gov.cn/xinwen/2015-05/05/content_2857363.htm，2015-05-05。

　　③《习近平：决胜全面建成小康社会　夺取新时代中国特色社会主义伟大胜利——在中国共产党第十九次全国代表大会上的报告》，https://www.gov.cn/zhuanti/2017-10/27/content_5234876.htm，2017-10-27。

　　④《生态环境部等五部门联合发布〈公民生态环境行为规范（试行）〉》，https://www.gov.cn/xinwen/2018-06/07/content_5296501.htm，2018-06-07。

　　⑤《国家发展改革委　司法部印发〈关于加快建立绿色生产和消费法规政策体系的意见〉的通知》，https://www.gov.cn/zhengce/zhengceku/2020-03/19/content_5493065.htm，2020-03-19。

　　⑥《习近平：高举中国特色社会主义伟大旗帜　为全面建设社会主义现代化国家而团结奋斗——在中国共产党第二十次全国代表大会上的报告》，https://www.gov.cn/xinwen/2022-10/25/content_5721685.htm，2022-10-25。

　　⑦《〈公民生态环境行为调查报告（2020 年）〉发布》，https://www.mee.gov.cn/ywgz/xcjy/gzcy_27007/202007/t20200714_789277.shtml，2020-07-14。

绿色消费行为的路径存在调节效应，旨在为民众绿色消费行为引导策略的制定提供借鉴与参考。

一、文献回顾与研究假说

（一）文献回顾

为了减轻不可持续的消费行为对环境造成的负面影响，诸多学者对民众的消费行为进行了研究（Gintis et al.，2003；Reis et al.，2000）。当民众在消费过程中有意购买和使用绿色产品，并对产品实行资源化、再利用的处理方式，便会形成绿色消费行为（Sheng et al.，2019）。绿色消费行为是一种生态化与可持续的消费方式，诸多学者对影响绿色消费行为的关键变量进行识别。目前学术界对民众绿色消费行为影响因素的研究主要聚焦于人口统计变量、环境意识因素以及外部情境因素三个不同视角。在人口统计变量对民众绿色消费行为的影响方面，有学者认为人口统计变量与绿色消费行为间不存在显著的相关关系（吴波，2014）。也有学者认为个体的性别、年龄、学历以及个人收入等人口统计变量会显著影响民众的消费行为（Fotopoulos and Krystallis，2002）。湛泳和汪莹（2018）指出消费行为受到诸多因素的影响与制约，仅从人口统计变量角度解释民众的绿色消费行为不具备说服力。可见学术界尚未形成关于人口统计变量对绿色消费行为影响作用的一致结论。在环境意识因素对民众绿色消费行为的影响方面，王财玉等（2019）研究发现，环境关心是影响民众绿色消费行为的重要因素，基于环境关心的绿色消费行为根植于道德联想网络，其行为具有较强的稳定性。叶楠（2019）基于拓展的"知—信—行"模型研究认为，环境认知与环境情感是民众绿色消费行为的重要影响因素。此外，也有学者从环境价值观（俎文红等，2017）、环境责任感（盛光华等，2018）等角度分析环境意识对绿色消费行为的影响。在外部情境因素对民众绿色消费行为的影响方面，Iyer 和 Kashyap（2007）指出政府的激励政策会正向影响民众的垃圾回收行为。Kim 等（2012）实证分析发现外部参照群体的环境行为会对民众的绿色购买产生直接影响。

张圣亮和陶能明（2015）认为文化差异是影响民众行为的重要因素之一。儒家思想长期在中国传统文化中占据主导地位，以群体取向与人际关系为基础的儒家价值观对中国民众的消费行为产生了深远的影响。首先，集体主义价值观背景下的中国民众在消费过程中更关注他人的看法，也更看重社会形象。社会形象是中国民众的重要消费动机（Somogyi et al.，2011）。其次，中国民众在儒家"集体主义价值观"的千年影响下逐渐形成了"依存自我"，中国民众更容易出现从众行为。受到传统文化的影响，人们在认知或行为的选择上倾向于与大多数人或者权威人物的态度保持一致。Yang（1981）指出中国人比较在意同一社会群体的人对他们的反映和评价。Cojuharenco 等（2012）研究发现东方文化背景下形成的依存型自我建构是影响民众绿色购买行为的重要因素。此外，Weber（2019）曾指出儒家思想是一种"实践理性主义"，李泽厚先生将其概括为"实用理性"，实用理性是中国民众行为决策的基本方法论（潘煜等，2014）。

绿色消费行为不仅包括绿色产品的购买，也包括绿色产品与能源的使用，以及产品的回收利用。梳理相关文献可知，诸多学者对绿色消费行为的影响因素进行了探究，但多数学者仅聚焦于产品的购买行为与处理行为，鲜有学者关注民众对产品的使用行为。此外，现有研究大多只关注环境意识因素与外部情境因素对民众消费行为的影响，而忽略了中国文化背景的作用。基于此，本节在对影响民众绿色消费行为的环境意识因素进行识别的基础上，将绿色消费行为划分为绿色购买行为、绿色使用行为与绿色处理行为三个行为阶段，分析环境意识因素对不同阶段绿色消费行为的影响，并检验中国独特的文化价值观对上述影响路径的调节作用。

（二）研究假说

1. 环境价值观假说

价值观会影响和支配个体的动机与行为，环境价值观作为价值观的表现形式之一，也会对民众的绿色消费行为产生影响。环境价值观是指个体关于环境保护与环境保护义务的认可或支持程度（Mcmillan et al.，2004）。Stern（2000）认为，相比于环境态度，利他主义和义务感等相对稳定的环境价值观作用于个体的认知系统，能较好地规范个体的环境行为。王建明和赵青芳（2017）认为生态价值观能够通过影响民众的环境情感间接影响民众的循环回收行为。张萍和丁倩倩（2015）通过实证分析也发现环境价值观会显著影响我国城乡居民的环境行为。绿色消费行为以环境价值观为行为导向，基于此，提出如下假说。

H3-1-1：环境价值观对民众不同阶段的绿色消费行为存在显著的影响。

2. 环境责任感假说

环境责任感是指个体对采取措施解决环境问题或防止环境恶化的责任

意识和责任倾向（彭远春和毛佳宾，2018），环境责任感是个体产生环境义务感的重要基础。环境责任感较高的民众在面对环境问题时产生的环境义务感较强，在消费过程中会更多地关注与考虑绿色产品。反之，环境责任感较弱的民众倾向于将环境问题归责于政府或其他组织，忽视了个人的环境行为。Webster（1975）认为环境责任意识会促进民众对生态产品的选择。Miniero 等（2014）也认为环境责任感会驱使民众形成绿色产品购买意愿。也有学者研究发现将环境责任归咎于社会组织或社会大众会显著降低个体的环境行为参与率（杨成钢和何兴邦，2016）。基于此，提出如下假说。

H3-1-2：环境责任感对民众不同阶段的绿色消费行为存在显著的正向影响。

3. 环境情感假说

情感对人们的行为存在着重要的作用，许多情感是行为的动机，能够影响个体的行为表现和决策。有学者认为，情感包括积极情感与消极情感两个维度，愧疚、厌恶等消极情感也能够显著影响民众的消费行为（王建明和吴龙昌，2015a）。Newton 等（2015）研究发现，资源环境情感能够对民众的绿色产品购买行为产生显著的影响。庞英等（2017）通过实验验证了情绪在环境参与度与绿色产品购买意图间存在调节作用，并且不同程度的积极情绪和消极情绪的调节效应有所不同。基于此，提出如下假说。

H3-1-3：环境情感对民众不同阶段的绿色消费行为存在显著的正向影响。

4. 环境知识假说

环境知识是指个体掌握或具有的关于环境方面的知识（吴大磊等，2020）。Goh 和 Balaji（2016）研究发现如果民众掌握较为丰富的环境知识，其更有可能实施绿色消费行为。高键等（2016）实证分析发现环境知识会显著调节民众的绿色产品购买意向。王大海等（2015）认为民众所掌握的生态知识是影响其形成产品态度及购买意向的重要因素。师硕等（2017）认为环境认知包括环境知识掌握程度和环境污染认知程度，且两者都会对女性的环境友好行为产生显著的正向影响。环境知识水平较高的民众往往更倾向于选择绿色消费行为以保护生态环境。基于此，提出如下假说。

H3-1-4：环境知识对民众不同阶段的绿色消费行为存在显著的正向影响。

5. 中国文化价值观假说

文化价值观是指大多数社会成员所认可和倡导的规范与信念（苏凇等，2013）。中国民众的行为会受到中国特有的文化、历史等因素的影响和制约（劳可夫和王露露，2015）。潘煜等（2009）认为集体主义文化背景下的民众在消费过程中会更多地考虑社会因素进而选择绿色产品。Chan（2001）研究发现集体主义价值观会显著正向影响民众的绿色消费行为。上述研究表明，中国特有的文化价值观会对民众的绿色消费行为产生影响。基于此，提出如下假说。

H3-1-5：中国文化价值观在环境意识对不同阶段绿色消费行为的影响路径中存在显著的调节作用。

二、研究设计与信效度检验

（一）变量设计

环境价值观是指个体对于环境保护的思维和价值取向，本节主要参考了 Schwepker 和 Cornwell（1991）的生态环境量表，旨在体现民众对于人与自然、社会和谐统一的信念；环境责任感是指个体对于采取措施以缓解或解决环境问题的责任倾向与义务感，本节主要借鉴与参考了 Richins 和 Dawson（1992）的相关题项；环境情感是指个体面对环境问题时的情感流露与反映，本节主要参考了 Fraj 和 Martinez（2007）的环境情感量表，旨在考察民众对于环境问题的不安与焦虑情绪；环境知识的测量则主要参考了 Bohlen 等（1993）的生态知识量表，体现民众对于环境问题的认知；绿色消费行为包括绿色购买行为、绿色使用行为与绿色处理行为三个阶段，因此本节借鉴王建明（2013）的相关研究，以"我会优先选择购买环保洗涤剂、再生纸制品等"考察民众的绿色购买行为，"我出于环保原因更换了我以前使用的某产品"考察民众的绿色使用行为，"我会回收纸张、玻璃、塑料瓶、易拉罐等可回收物品"考察民众的绿色处理行为，三个题项的综合得分则为民众绿色消费行为水平。

为考察中国文化价值观对民众行为的影响，本节主要参考了潘煜等（2014）基于中国文化背景所开发的民众价值观量表，以"恰当的赞美能表达对他人的尊重"等五个题项评估民众的社会形象，"在做集体决策时，应该遵循少数服从多数的原则"等四个题项评估民众的权威从众，"相比追求真理，对我来说更重要的是现实生活"等四个题项评估民众的实用理性。以上题项均采用利克特五级量表，采用个体主观赋值的方式，从"非常不

同意""不同意""一般""同意"到"非常同意"分别进行 1~5 分的赋值
题项设置及数据统计见表 3-1。

表 3-1　题项设置及数据统计

变量	变量定义	均值	
环境价值观	人类需要了解自然的运行方式并顺应自然	3.950	4.020
	我们应该与自然和谐相处	4.186	
	人类只是自然的一部分	3.925	
环境责任感	除非我们每个人都认识到保护环境的必要性，否则我们的后代必将承受后果	4.001	3.985
	得知政府采取了许多措施来治理生态环境，这让我很欣慰	3.839	
	如果我们每个人都为环境保护做出一点贡献，将会对环境产生重大影响	4.116	
环境情感	我觉得我吃的大部分食物都被农药污染了，这让我很害怕	3.342	3.438
	环境污染对动植物的生存构成了极大的威胁，这让我很愤怒	3.462	
	工业的发展对环境造成了严重的污染，这让我很沮丧	3.510	
环境知识	我知道海洋、河流正在被污染	3.754	3.678
	我知道全球变暖正在发生	3.763	
	我知道臭氧层空洞的危害	3.451	
	我知道农药残留会对土壤造成污染	3.745	
绿色消费行为	我会优先选择购买环保洗涤剂、再生纸制品等	3.611	3.553
	我出于环保原因更换了我以前使用的某产品	3.417	
	我会回收纸张、玻璃、塑料瓶、易拉罐等可回收物品	3.632	
社会形象	不要直接或公开指责对方的过失	4.083	4.052
	我希望将自己最好的一面展现在别人面前，以免让人看不起	4.139	
	取得成绩时，应尽量保持谦虚和低调	3.808	
	恰当的赞美能表达对他人的尊重	4.118	
	即使丈夫的收入足以维持家庭，妻子也最好拥有自己的事业	4.111	
权威从众	跟着大部队选择的方向前进是不会有错的	3.070	3.423
	在做集体决策时，应该遵循少数服从多数的原则	3.628	
	地位高的人说话更有分量	3.551	
	尽管大家有各自的意见，但仍应按照权威的决策行事	3.442	
实用理性	个人的行动须合乎社会道德规范和准则	4.277	4.007
	对于特殊情况，在必要时可以适当地变通原则	3.971	
	相比基础研究，我更愿意学习实用性强的技能	3.907	
	相比追求真理，对我来说更重要的是现实生活	3.874	

（二）资料来源

为深入探究民众环境意识对绿色消费行为的影响机制，本节以华东地区的江苏省与安徽省作为调查样本，同时坚持分层设计和随机抽样的原则有针对性地选择了 2 省 12 市于 2019 年 7～8 月组织开展了实地调查。江苏省与安徽省都位于我国经济较为发达的华东地区，但是发展水平仍存在一定的差异，两省民众的生活方式与消费习惯也不尽相同，因此本次调查选取江苏省与安徽省作为第一阶段的抽样地区。在此基础上，根据省内不同地区经济发展水平的差异，分别选取了四个江苏省代表性城市（无锡市、扬州市、淮安市、连云港市）和八个安徽省代表性城市（分别是宣城市、铜陵市、马鞍山市、安庆市、合肥市、淮南市、淮北市、阜阳市）作为第二阶段的抽样地区。为保证样本与公众实际分布情况的契合性，调研人员在选择受访者的过程中坚持随机抽样的原则，在各城市市区、城郊、城镇和农村多地的广场、社区、街道、超市等公共场所随机选择民众，并保证样本在性别、年龄、受教育程度、家庭规模、家中有无老人小孩、家庭年收入等人口层次中都有一定的配额。总体而言，调查区域可以基本代表华东地区的消费水平。调研过程以面对面访谈的形式展开，由调查人员提问并记录，每份问卷花费 20～30 分钟。同时，课题组成员对调查过程进行严格把控，对于调查过程中的问题进行及时答疑，避免调查过程存在偏差。此次调查共发放问卷 917 份，回收有效问卷 839 份，问卷有效率 91.49%。

（三）信效度检验

本节以 839 份有效问卷的数据为基础，用 SPSS 22.0 软件对环境价值观、环境责任感、环境情感等八个变量进行内在信度检验，分析结果如表 3-2 所示：环境价值观、环境责任感、环境情感、环境知识与社会形象的信度检验指标 Cronbach's α 值分别是 0.774、0.755、0.705、0.873、0.712，均超过了 0.7 的高信度值。绿色消费行为、权威从众、实用理性的 Cronbach's α 值为 0.688、0.639、0.630，也达到了实务研究中 0.6 的可接受值，说明问卷具有比较好的信度。为确保问卷的内容效度，在问卷设计完成后，征求了专家学者的意见，并在正式调查开始前开展了预调查，对问卷进行了修改和完善，本次研究使用的最终量表具有一定的广度和深度。本节选取了 CR、KMO 检验和 Bartlett 球形检验三种检验指标来检验量表的建构效度，其中八个变量的 CR 值均在 0.7 的标准值以上；KMO 值均高于 0.6 的可接受水平，且所有变量的显著性水平都为 0.000，通过 Bartlett 球形检验，表明量表具有良好的建构效度。

表 3-2 量表的信效度检验

变量		环境价值观	环境责任感	环境情感	环境知识	绿色消费行为	社会形象	权威从众	实用理性
变量题项数		3	3	3	4	3	5	4	4
Cronbach's α 系数		0.774	0.755	0.705	0.873	0.688	0.712	0.639	0.630
CR		0.872	0.860	0.838	0.914	0.829	0.815	0.788	0.784
KMO 检验		0.648	0.674	0.611	0.816	0.600	0.775	0.663	0.686
Bartlett 球形检验	卡方检验	778.553	634.203	579.115	1726.421	520.227	755.091	432.564	392.530
	自由度	3	3	3	6	3	10	6	6
	显著性	0.000	0.000	0.000	0.000	0.000	0.000	0.000	0.000

本节选用皮尔逊相关系数检验理论模型涉及的变量之间是否存在足够的区别效度。检验结果如表 3-3 所示，环境价值观、环境责任感、环境情感、环境知识、绿色消费行为、社会形象、权威从众、实用理性的 AVE 的平方根大于各变量间的相关系数，表明变量之间的内部相关性大于外部相关性，因此本节所采用的调查问卷区别效度良好。

表 3-3 变量的区别效度检验表

变量	环境价值观	环境责任感	环境情感	环境知识	绿色消费行为	社会形象	权威从众	实用理性
环境价值观	**0.834**							
环境责任感	0.648**	**0.820**						
环境情感	0.323**	0.443**	**0.797**					
环境知识	0.550**	0.528**	0.286**	**0.853**				
绿色消费行为	0.370**	0.446**	0.376**	0.474**	**0.788**			
社会形象	0.513**	0.470**	0.280**	0.426**	0.431**	**0.688**		
权威从众	0.045	0.094**	0.211**	0.055	0.127**	0.255**	**0.694**	
实用理性	0.516**	0.464**	0.292**	0.424**	0.349**	0.617**	0.328**	**0.691**

注：表中矩阵对角线中的加粗数值是各变量的 AVE 值的平方根，检验符合要求（Fornell and Larcker, 1981）
**表示在 0.01 的水平上显著

三、样本基本特征描述

（一）人口统计特征描述性统计

调查问卷的人口统计特征如表 3-4 所示。从性别分布来看，受访者以女性为主，占比为 55.30%，男性占比为 44.70%；从年龄分布来看，18～25 岁占比为 33.49%，26～35 岁占比为 23.84%，36～45 岁占比为 22.41%，46～55 岁占比为 15.61%，56 岁及以上占比只达 4.65%；从受教育程度来看，近半数的受访者学历为大专或本科，这可能是因为本次实地调查时间为 7～8 月，恰逢高校放假时期；从家庭规模来看，家庭规模为 2～3 人的受访者占比为 35.28%，家庭规模为 4～6 人的受访者占比为 58.88%；在家中有无老人小孩方面，有老人有小孩的家庭占比最高，达到 48.99%，无老人无小孩的家庭占比最低，只达 10.97%；此外，近七成家庭年收入在 8 万元以上，表明被调查对象大多生活水平较高。

表 3-4　样本受访者基本特征及赋值

变量	分类指标及赋值	占比	变量	分类指标及赋值	占比
性别	男 = 1	44.70%	受教育程度	初中及以下 = 1	24.08%
	女 = 0	55.30%		高中或中专 = 2	25.39%
年龄	18～25 岁 = 1	33.49%		大专或本科 = 3	46.25%
	26～35 岁 = 2	23.84%		硕士研究生及以上 = 4	4.29%
	36～45 岁 = 3	22.41%	家庭规模	1 人 = 1	1.43%
	46～55 岁 = 4	15.61%		2～3 人 = 2	35.28%
	56 岁及以上 = 5	4.65%		4～6 人 = 3	58.88%
家庭年收入	5 万元及以下 = 1	12.40%		7 人及以上 = 4	4.41%
	5 万（不含）～8 万元 = 2	21.57%	家中有无老人小孩	有小孩无老人 = 1	19.67%
	8 万（不含）～10 万元 = 3	32.66%		有老人无小孩 = 2	20.38%
	10 万（不含）～20 万元 = 4	25.27%		有老人有小孩 = 3	48.99%
	20 万元以上 = 5	8.10%		无老人无小孩 = 4	10.97%

注：因四舍五入，存在加总不为 100%情况

（二）受访者的心理特征与文化特征描述

根据表 3-1 中各题项的均值指标，在民众的环境意识因素中，环境价值观的均值最高，为 4.020，表明民众对于人与自然的关系有着较为清晰的认知；其次为环境责任感，均值为 3.985，意味着民众面对环境问题具有较强的环境责任感与义务感；环境知识的均值为 3.678，说明民众对于环境问题相关知识的掌握水平仍有待提高；环境情感的均值最低，只有 3.438，表明民众对于当前环境问题的情感反映较弱。民众绿色消费行为的均值为 3.553，意味着民众绿色消费的行动力较低，民众绿色购买行为、绿色使用

行为、绿色处理行为的均值分别为 3.611、3.417、3.632，可见，民众对于不同阶段的绿色消费行为存在着差异，其中，民众的绿色使用行为相对较弱。在中国文化价值观中，社会形象的均值最高，为 4.052；其次为实用理性，均值为 4.007，权威从众的均值最低，只有 3.423，数据表明以儒家思想为代表的中国传统文化的确对民众产生了较为深远的影响。

四、中国文化背景下绿色消费行为影响机制分析

（一）人口统计变量对民众绿色消费行为的实证分析

基于对相关文献的梳理与研读，本节将民众性别、年龄、受教育程度与家庭年收入等人口统计变量对绿色消费行为的影响进行实证分析。首先，根据性别、年龄是否大于 35 岁、受教育程度是否为大专或本科及以上、家庭年收入是否高于 8 万元的标准将样本民众分别划分为两个样本组。其次，利用 Levene 检验法验证两个样本组间的方差是否齐次，若检验结果满足方差齐次的条件，则进行进一步的方差分析，若检验结果不满足方差齐次的条件，则利用 Brown-Forsythe 方法检验人口统计变量对绿色消费行为的影响。检验结果如表 3-5 所示。

表 3-5　人口统计变量的单因素方差分析

项目		均值	Levene 检验		方差分析	
			Levene 值	显著性	F 值	显著性
性别	男	3.464	0.460	0.498	8.166	0.004
	女	3.626				
年龄	年长	3.509	2.543	0.111	1.817	1.178
	年轻	3.586				
受教育程度	高教育	3.727	6.192	0.013		
	低教育	3.377				
家庭年收入	高收入	3.524	0.978	0.323	2.164	0.142
	低收入	3.612				

检验结果表明，性别维度上的分析数据满足方差齐次性要求（Levene 值 = 0.460，$P = 0.498$），进一步的单因素方差分析结果表明，性别对民众的绿色消费行为存在显著的影响 $[F(1, 837) = 8.166，P = 0.004]$，结合不同样本组的绿色消费行为均值指标可知，女性民众更倾向于践行绿色消费行为。年龄维度上的分析数据满足方差齐次性的要求（Levene 值 = 2.543，$P = 0.111$），但单

因素方差分析结果显示，民众的绿色消费行为不因年龄水平而存在显著差异 [$F(1, 837) = 1.817$，$P = 1.178$]。教育维度上的分析数据不满足方差齐次性的要求（Levene 值 = 6.192，$P = 0.013$），因此，本节借助 Brown-Forsythe 方法进行检验，检验结果表明不同的教育背景对民众绿色消费行为的影响存在显著差异（DF1 = 1，DF2 = 808.826，$P < 0.05$），结合不同样本组的绿色消费行为均值指标可知，相比于受教育程度较低的民众，受教育程度较高的民众更倾向于实行绿色消费行为。收入维度上的分析数据满足方差齐次性的要求（Levene 值 = 0.978，$P = 0.323$），但单因素方差分析结果表明家庭收入水平对民众绿色消费行为的影响不存在显著差异 [$F(1, 837) = 2.164$，$P = 0.142$]。

（二）环境意识对民众绿色消费行为的回归分析

本节首先采用多元线性回归验证环境价值观、环境责任感、环境情感、环境知识等环境意识对民众绿色消费行为的影响。模型一为环境意识对绿色消费行为的主效应分析。由于民众的环境意识较为复杂，不同维度的环境意识对绿色消费行为的影响可能并不独立，环境意识之间可能存在交互作用（王建明，2013），因此模型二在模型一的基础上引入了环境意识间的两两交互项。考虑到模型的复杂性与可操作性，本节暂不考虑环境意识间的三阶交互作用。

在环境意识对绿色消费行为的主效应检验中，环境价值观对绿色消费行为的影响没有通过显著性检验，这可能是因为环境价值观作为深层次的影响因素，需要作用于更为表层的心理变量才能达到影响绿色消费行为的效果，这与 Han（2015）的观点一致。环境责任感、环境情感、环境知识对绿色消费行为的正向影响均在 0.001 的水平上显著，见表 3-6。其中，环境知识对绿色消费行为的影响系数最高，表明对环境问题及其相关知识具有一定认知的民众更可能实行绿色消费行为；环境情感对绿色消费行为的影响系数为 0.201，表明对于环境问题存在情感投入的民众更倾向于通过绿色消费行为来缓解环境问题；环境责任感对绿色消费行为的影响系数为 0.183，意味着环境责任感较强的民众更可能采取绿色消费行为方式来履行保护生态环境的义务。从交互效应看，环境责任感与环境知识的交互项对绿色消费行为的影响在 0.01 的水平上正向显著，其余变量之间的交互项对绿色消费行为的影响均不显著。结果表明，对于环境责任感较高的民众来说，传递相应的环境知识能够显著增强民众的环境责任感对绿色消费行为的正向影响；反之亦然，对于环境知识水平较高的民众来说，培养与激发环境责任感，能够使民众更愿意实行绿色消费行为。

表 3-6　环境意识对民众绿色消费行为的回归分析

变量	模型一		模型二	
	β	标准误	β	标准误
环境价值观	0.016	0.042	−0.002	0.043
环境责任感	0.183***	0.043	0.201***	0.044
环境情感	0.201***	0.035	0.178***	0.037
环境知识	0.311***	0.030	0.323***	0.031
环境价值观×环境责任感			−0.044	0.053
环境价值观×环境情感			0.033	0.060
环境价值观×环境知识			−0.092	0.041
环境责任感×环境情感			0.066	0.056
环境责任感×环境知识			0.125**	0.044
环境情感×环境知识			−0.040	0.040
R	0.557		0.568	
R^2	0.310		0.322	
调整后的 R^2	0.307		0.314	
F	93.763		39.389	
显著性	0.000		0.000	

、*分别表示在 0.01、0.001 的水平上显著

（三）环境意识对民众不同阶段绿色消费行为的回归分析

本节将绿色消费行为划分为绿色购买行为、绿色使用行为、绿色处理行为三个行为阶段，同样采用多元线性回归法验证环境意识及其交互项对绿色消费行为的影响。具体结果见表 3-7。

表 3-7　环境意识对民众不同阶段绿色消费行为的回归分析

变量	绿色购买行为		绿色使用行为		绿色处理行为	
	β	标准误	β	标准误	β	标准误
环境价值观	0.012	0.056	−0.062	0.060	0.046	0.060
环境责任感	0.164***	0.058	0.110*	0.062	0.202***	0.061
环境情感	0.154***	0.048	0.137***	0.052	0.127**	0.051
环境知识	0.312***	0.040	0.292***	0.044	0.154***	0.043
环境价值观×环境责任感	−0.012	0.069	0.093*	0.074	0.003	0.073
环境价值观×环境情感	0.028	0.079	0.027	0.085	0.023	0.084

变量	绿色购买行为		绿色使用行为		绿色处理行为	
	β	标准误	β	标准误	β	标准误
环境价值观×环境知识	−0.034	0.053	−0.060	0.057	−0.023	0.057
环境责任感×环境情感	0.072	0.073	0.106[*]	0.079	−0.026	0.078
环境责任感×环境知识	0.154[**]	0.058	0.066	0.062	0.075	0.062
环境情感×环境知识	−0.037	0.052	0.010	0.056	−0.068	0.056
R	0.526		0.435		0.409	
R^2	0.277		0.189		0.168	
调整后的 R^2	0.268		0.179		0.158	
F	31.702		19.305		16.678	
显著性	0.000		0.000		0.000	

*、**、***分别表示在 0.05、0.01、0.001 的水平上显著

在环境意识对绿色购买行为的实证检验中，环境责任感、环境情感、环境知识对绿色消费行为的正向影响均在 0.001 的水平上显著，环境责任感与环境知识的交互对绿色消费行为的影响在 0.01 的水平上显著。绿色购买行为是指民众在产品选购过程中有意选择和购买清洁、无污染产品的行为。研究结果显示，环境责任感、环境情感以及环境知识都会促进民众对绿色产品的购买与选择。此外，交互效应结果显示具有环境责任意识并具备一定环境知识的民众实行绿色购买行为的可能性更大。

在环境意识对绿色使用行为的实证检验中，环境责任感对绿色消费行为的影响在 0.05 的水平上显著，环境情感与环境知识对绿色消费行为的影响在 0.001 的水平上显著。环境价值观与环境责任感的交互项对绿色消费行为的影响通过了 0.05 的显著性检验，环境责任感与环境情感的交互对绿色消费行为的影响也在 0.05 的水平上显著。绿色使用行为是指民众在日常生活中为了保护环境使用环保产品、降低资源消耗的行为。研究结果显示，相比于绿色购买行为与绿色处理行为，环境责任感对绿色使用行为的影响程度较弱。此外，对于环境责任感较强的民众来说，培养民众的环境价值观与环境情感都能显著增强民众的绿色消费行为。

在环境意识对绿色处理行为的实证检验中，环境责任感、环境知识对绿色消费行为的影响在 0.001 的水平上显著，环境情感对绿色消费行为的

影响在 0.01 的水平上显著，环境意识间的交互项均不对绿色消费行为产生显著影响。绿色处理行为是指民众对产品进行合理分类、回收利用的行为。研究结果显示，虽然环境责任感、环境情感与环境知识对不同阶段的绿色消费行为均存在显著的正向影响，但环境责任感对绿色处理行为的影响程度最强，而环境情感与环境知识对绿色处理行为的影响程度最弱。

（四）中国文化价值观的调节效应分析

本节采用层次回归法检验中国文化价值观是否在环境意识对不同阶段的绿色消费行为的影响路径中存在调节作用。在模型一中，仅分析环境意识与中国文化价值观对不同阶段绿色消费行为的主效应；在模型二中，引入中国文化价值观与各环境意识的交互项以检验中国文化价值观的调节效应。为避免多重共线性，本节在检验调节效应时对所有变量进行了中心化处理。

中国文化价值观对环境意识—绿色购买行为的调节效应结果如表 3-8 所示。模型一中，社会形象对绿色购买行为的正向影响在 0.001 的水平上显著，实用理性对绿色购买行为的影响在 0.05 的水平上显著为正，而权威从众对绿色购买行为的影响不显著。这可能是因为绿色产品具有较强的社会属性，因此社会形象能够促使民众购买绿色产品来引起他人的关注与认可进而获得社会赞许。民众在收入约束的前提下会坚持效用最大化的原则选购产品，因此面对具有环境效益的绿色产品，实用理性的价值观也会影响民众的购买选择。模型二中，社会形象、实用理性对环境情感—绿色购买行为路径和权威从众对环境知识—绿色购买行为路径都存在正向的调节作用，意味着对于高社会形象与高实用理性的民众来说，唤醒民众对于环境问题的情感反映可以显著促进其实行绿色购买行为；而对于高权威从众的民众来说，提高环境知识水平可以有效改善民众的绿色购买行为。

表 3-8　中国文化价值观对环境意识—绿色购买行为路径的调节效应分析

项目	社会形象		权威从众		实用理性	
	模型一	模型二	模型一	模型二	模型一	模型二
X_1	−0.045	−0.035	0.036	0.035	0.011	−0.004
X_2	0.096^*	0.093^*	0.138^{**}	0.149^{**}	0.127^{**}	0.146^{**}
X_3	0.162^{***}	0.139^{***}	0.173^{***}	0.158^{***}	0.173^{***}	0.146^{***}
X_4	0.255^{***}	0.260^{***}	0.296^{***}	0.295^{***}	0.284^{***}	0.280^{***}
Y_i	0.263^{***}	0.275	0.033	0.026	0.076^*	0.151
$X_1 \times Y_i$		0.056		−0.051		−0.048
$X_2 \times Y_i$		−0.013		−0.012		0.019

续表

项目	社会形象		权威从众		实用理性	
	模型一	模型二	模型一	模型二	模型一	模型二
$X_3 \times Y_i$		0.071*		0.020		0.116**
$X_4 \times Y_i$		−0.019		0.095*		−0.069
R^2	0.305	0.312	0.258	0.265	0.261	0.273
调整后的 R^2	0.301	0.304	0.254	0.257	0.257	0.265

注：X_1、X_2、X_3、X_4 分别表示环境价值观、环境责任感、环境情感、环境知识，Y_i（$i = 1$，2，3）表示绿色购买行为，Y_1、Y_2、Y_3 分别表示社会形象、权威从众、实用理性，在这个表的第 2 列和第 3 列，$Y_i = Y_1$，表示这个变量是社会形象；在第 4 列与第 5 列，$Y_i = Y_2$，表示这个变量是权威从众；在第 6 列与第 7 列，$Y_i = Y_3$，表示这个变量是实用理性

*、**、***分别表示在 0.05、0.01、0.001 的水平上显著

中国文化价值观对环境意识—绿色使用行为的调节效应结果如表 3-9 所示。模型一中，社会形象对绿色使用行为的主效应在 0.001 的水平上正向显著，权威从众与实用理性对绿色使用行为的影响则未通过显著性检验。这可能是因为，民众在产品的使用过程中更注重绿色使用行为具有的社会属性能够为自身带来的社会赞许。模型二中，社会形象与实用理性对环境情感—绿色使用行为与权威从众对环境知识—绿色使用行为的正向调节作用均在 0.01 的水平上显著。结果显示，相比于社会形象与权威从众对环境意识—绿色购买行为路径的调节作用，社会形象与权威从众对环境意识—绿色使用行为的调节作用更为显著，表明文化价值观对不同阶段绿色消费行为的影响的确存在差异。

表 3-9   中国文化价值观对环境意识—绿色使用行为路径的调节效应分析

项目	社会形象		权威从众		实用理性	
	模型一	模型二	模型一	模型二	模型一	模型二
X_1	−0.085	−0.093*	−0.038	−0.038	−0.053	−0.068
X_2	0.064	0.069	0.088*	0.104*	0.083	0.095*
X_3	0.165***	0.140***	0.170***	0.149***	0.172***	0.146***
X_4	0.265***	0.272***	0.289***	0.294***	0.282***	0.279***
Y_i	0.153***	0.146***	0.028	0.010	0.045	−0.080
$X_1 \times Y_i$		−0.042		−0.023		−0.062
$X_2 \times Y_i$		−0.004		0.007		−0.060
$X_3 \times Y_i$		0.112**		0.001		0.115**
$X_4 \times Y_i$		−0.002		0.104**		0.121

续表

项目	社会形象		权威从众		实用理性	
	模型一	模型二	模型一	模型二	模型一	模型二
R^2	0.188	0.199	0.173	0.182	0.174	0.186
调整后的 R^2	0.184	0.190	0.168	0.173	0.169	0.177

注：X_1、X_2、X_3、X_4 分别表示环境价值观、环境责任感、环境情感、环境知识，Y_i（$i=1$，2，3）表示绿色购买行为，Y_1、Y_2、Y_3 分别表示社会形象、权威从众、实用理性，在这个表的第 2 列和第 3 列，$Y_i = Y_1$，表示这个变量是社会形象；在第 4 列与第 5 列，$Y_i = Y_2$，表示这个变量是权威从众；在第 6 列与第 7 列，$Y_i = Y_3$，表示这个变量是实用理性

*、**、*** 分别表示在 0.05、0.01、0.001 的水平上显著

　　中国文化价值观对环境意识—绿色处理行为的调节效应结果如表 3-10 所示。模型一中，社会形象对绿色处理行为的主效应在 0.05 的水平上正向显著，实用理性对绿色处理行为的主效应在 0.01 的水平上正向显著。这可能是因为，民众对纸张、塑料瓶等物品的回收出售属于绿色处理行为，意味着绿色处理行为对于民众存在一定的经济效益，实用理性的民众也会因此更倾向于实行绿色处理行为。模型二中，社会形象对环境价值观—绿色处理行为路径的正向调节作用在 0.01 的水平上显著，权威从众与实用理性在环境意识—绿色处理行为路径中不发挥调节作用。结果表明对于高社会形象的民众来说，培养民众的环境价值观、提高民众对于人与自然和谐相处的认同感能够有效促进其实行绿色处理行为。

表 3-10　中国文化价值观对环境意识—绿色处理行为路径的调节效应分析

项目	社会形象		权威从众		实用理性	
	模型一	模型二	模型一	模型二	模型一	模型二
X_1	0.015	0.035	0.046	0.043	0.010	0.018
X_2	0.190***	0.182***	0.203***	0.198***	0.189***	0.182***
X_3	0.111**	0.118**	0.104**	0.115**	0.108**	0.107**
X_4	0.131**	0.125**	0.145***	0.141***	0.129**	0.123**
Y_i	0.093*	0.112**	0.061	0.072*	0.107**	0.282*
$X_1 \times Y_i$		0.125**		−0.023		0.058
$X_2 \times Y_i$		−0.033		0.030		−0.028
$X_3 \times Y_i$		−0.058		0.006		0.012
$X_4 \times Y_i$		−0.031		−0.060		−0.169

续表

项目	社会形象		权威从众		实用理性	
	模型一	模型二	模型一	模型二	模型一	模型二
R^2	0.168	0.178	0.166	0.169	0.170	0.174
调整后的 R^2	0.163	0.169	0.161	0.160	0.165	0.165

注：X_1、X_2、X_3、X_4 分别表示环境价值观、环境责任感、环境情感、环境知识，Y_i（$i=1$，2，3）表示绿色购买行为，Y_1、Y_2、Y_3 分别表示社会形象、权威从众、实用理性，在这个表的第 2 列和第 3 列，$Y_i=Y_1$，表示这个变量是社会形象；在第 4 列与第 5 列，$Y_i=Y_2$，表示这个变量是权威从众；在第 6 列与第 7 列，$Y_i=Y_3$，表示这个变量是实用理性

*、**、***分别表示在 0.05、0.01、0.001 的水平上显著

五、主要结论与政策启示

（一）研究结论

本节基于江苏省和安徽省 839 份实地调研数据对中国文化背景下民众环境意识对绿色消费行为的影响机制进行实证分析，在考虑人口统计特征对民众行为影响的基础上，主要研究内容分为以下三个部分：首先，利用多元线性回归实证检验环境价值观、环境责任感、环境情感与环境知识等环境意识对绿色消费行为的影响；其次，将绿色消费行为细分为绿色购买行为、绿色使用行为与绿色处理行为，进一步探究环境意识对不同阶段绿色消费行为的影响；最后，引入社会形象、权威从众与实用理性等价值观变量以检验中国传统文化对民众不同阶段绿色消费行为的影响，旨在为如何引导民众在产品的购买、使用与处理过程中注重生态环境保护与可持续发展提供借鉴参考。具体研究结论如下所示。

（1）人口统计变量会显著影响民众的绿色消费行为。在性别方面，相比于男性，女性民众对生态环境更为亲近，也更倾向于实行绿色消费行为；在受教育程度方面，受教育程度较高的民众往往对环境问题有着较为清晰的认知，能够意识到自身消费行为对生态环境的影响，也更愿意实行绿色消费行为。因此，在环境治理的过程中，应重点关注女性民众与高教育水平的民众，鼓励与促使其活跃于绿色消费领域以促进我国环境问题的改善。

（2）环境意识是产生绿色消费行为的重要动因。从主效应看，除环境价值观外，环境责任感、环境情感、环境知识都会显著影响民众的绿色消费行为；从交互效应看，环境责任感与环境知识的交互项能够对绿色消费行为产生显著的正向影响，这也意味着环境责任感与环境知识能够放大彼

此对绿色消费行为的影响。因此在研究民众绿色消费行为影响因素的过程中，不应仅关注环境意识的独立影响，也需关注心理意识间的交互作用。

（3）环境意识对不同阶段绿色消费行为的影响机制不同。绿色消费行为可以细分为绿色购买行为、绿色使用行为与绿色处理行为三个行为阶段，研究结果显示，环境责任感、环境情感与环境知识都会显著影响三个阶段的绿色消费行为，但是影响程度存在差异。其中，绿色购买行为受环境知识的影响最为强烈，其次为环境责任感、环境情感；绿色使用行为受环境知识的影响最为强烈，其次为环境情感、环境责任感；而绿色处理行为受环境责任感的影响最为强烈，其次才是环境知识、环境情感。因此，在环境治理过程中，需要统筹关注产品的购买、使用与处理三个阶段，并分别识别其关键的影响因素以更好地引导民众实行绿色消费行为。

（4）中国文化价值观对环境意识与不同阶段绿色消费行为路径存在部分调节作用。儒家思想长期占我国传统文化的主导地位，以集体主义文化为基础的价值观也对民众的行为产生了深远影响。在环境意识—绿色购买行为的作用机制中，社会形象与实用理性对环境情感—绿色购买行为路径与权威从众对环境知识—绿色购买行为路径均存在显著的正向调节作用。在环境意识—绿色使用行为的作用机制中，社会形象与权威从众在环境意识—绿色使用行为路径发挥的调节作用相比于在环境意识—绿色购买行为路径中发挥的调节作用更为显著。在环境意识—绿色处理行为的作用机制中，社会形象在环境价值观—绿色处理行为路径存在显著的调节作用。因此，基于中国传统文化的社会背景，明晰社会形象、权威从众、实用理性等文化价值观对不同阶段绿色消费行为的影响机制，从而制定相关的引导策略，能够有效地鼓励与促进民众实行绿色消费行为。

（二）政策启示

（1）政策制定者应关注与培养民众的环境责任感。研究结果表明，环境责任感不仅能对绿色消费行为产生直接影响，环境责任感与环境价值观、环境情感与环境知识的交互项也会对不同阶段的绿色消费行为产生显著的影响。因此，环境责任感是促进民众绿色消费行为的关键变量。环境问题具有社会属性，每位公民都应承担保护生态环境的责任与义务。培养民众的环境责任感需要转变民众关于环境问题"事不关己""政府依赖"等心理，因此，政府及相关部门在宣传教育活动中应注重转变民众的环境问题归责倾向，使民众逐渐意识到自身消费行为对生态环境的影响，提升民众对于环境问题的责任感与使命感。

（2）政策制定者应适当强化民众对环境问题的情感投入。本节的环境情感主要是民众对于环境问题的不安与忧虑情绪，研究结果表明，环境情感对不同阶段的绿色消费行为都存在显著的正向影响。因此政府及相关部门应通过多种手段与方式唤醒民众的环境情感，鼓励民众以亲身体验与实践的方式产生对生态环境的积极情感，增强民众对环境问题的情感投入。同时，政策制定者应关注民众的情感控制能力，避免民众对环境问题产生盲目的乐观情绪或悲观情绪。

（3）政策制定者应通过多种渠道向民众传递具体化、针对性的环境知识。研究结果表明，环境知识是影响民众绿色消费行为的重要变量，对不同阶段的绿色消费行为均存在显著的正向影响。环境知识水平的提高能够促进民众对环境问题的感知，但环境知识涉及内容丰富，因此政策制定者应开展主题教育、社区咨询等形式多样的环境知识普及活动，综合运用电视、广播、网络等传播渠道向民众传递具体化的、有针对性的环境知识，在拓展环境教育范围宽度的同时，重视环境知识内容的深度，可以有效地促进民众的绿色消费行为。

（4）政策制定者应结合中国文化背景特征制定相应的引导政策。中国文化源远流长，博大精深，有着独特的历史文化背景，民众的行为也受到传统文化的影响与规范。忽视中国的文化背景意味着难以结合中国的具体实际，由此制定的政策也难以实现其目标。研究结果表明，社会形象、权威从众与实用理性等传统文化价值观会对环境意识与不同阶段绿色消费行为路径产生显著的调节效应，因此政策制定者应重视中国传统文化对民众行为的影响。文化于潜移默化中影响个体的行为，政策制定者应注重文化建设，努力引导民众形成正确的文化价值观，正确发挥中国文化对民众行为潜移默化的引导作用。

第二节　中庸价值观对绿色消费行为的影响研究

价值观是个人持有的对行为方式和生活意义的长久稳定信念，在人的认知系统中占据中心位置，对行为具有重要的指导作用（潘煜等，2014）。中国人长期受到儒释道家文化的熏陶，形成了某种处理人与自然、人与人、人与自我关系的处世原则，文化价值观对中国人的信仰和行为具有深刻影响（Chan，2001），跳出中国的文化传统来探讨中国人的现实生活和价值取向是不可取的。特别是作为中国传统文化的核心部分、对人民生活的方方面面都产生重要影响的中庸价值观，它强调对待自然不可以超过界限和尺度，体现了人与自然天地乃至世间万物和谐共生的关系（潘煜等，2014），蕴含了深刻的生态价值取向和亲环境内涵，这与绿色消费倡导尊重自然、追求生态平衡的理念不谋而合。因此，在推动生产生活方式绿色转型和高质量发展背景下，从中国本土文化情境出发研究中庸价值观对我国城乡居民的绿色消费行为的影响是十分具有现实意义的。

回溯已有研究，一些学者从宏观上定性分析了中庸思想对生态环境保护的促进意义，但微观层面上中庸价值观与城乡居民的绿色消费行为之间的关系，目前尚未得到学者的深入研究。然而，中庸价值观是否会影响城乡居民的绿色消费行为？如果影响，其影响机制又是怎样的？在经典的行为研究领域，学者普遍认为认知和情感是驱动相应行为的基本成分（Breckler，1984）。近年来，随着环境污染破坏问题日益凸显，人们对环境问题的感知水平逐渐提升，感知环境问题严重性对绿色消费行为具有显著的影响作用（杨贤传和张磊，2018）。此外，也有研究表明，环境情感可以显著预测居民的绿色消费行为（Fraj and Martinez，2007）。但是，在中庸价值观与绿色消费行为之间，环境问题感知与环境情感是否发挥中介作用，目前尚未有学者展开研究。

鉴于此，本节研究采用 839 份江苏省和安徽省城乡居民绿色消费行为调查数据，基于价值观—信念—行为理论与拓展的"知—信—行"模型，引入环境问题感知、环境情感作为中介变量，构建中庸价值观影响绿色消费行为的链式多重中介模型，运用结构方程模型和 Bootstrap 方法探究中庸价值观影响绿色消费行为的机制路径。研究发现，中庸价值观直接正向影响绿色消费行为；环境问题感知和环境情感既分别在中庸价值观与绿色消费行为之间起部分中介作用，又起链式中介作用。本节的边际贡献及可能的创新在于：第一，聚焦于微观层面，探究了中国文化情境下形成的中庸价值观是否会影响我国城乡居民的绿色消费行为。第二，引入环境问题感知和环境情感两个中介变量，从认知和情感双重角度分析了中庸价值观影响绿色消费行为的作用机制，为促进绿色消费行为和推动生活方式绿色转型提供了参考与建议。

一、中庸思想与绿色消费研究的文献回顾

（一）中庸思想的研究

中庸是中国传统文化的重要组成，是古代先贤辩证思维方式的集中体现，其最精妙之"义"，在于对"尺度"的把握（潘煜等，2014）。"不偏之

谓中,不易之谓庸。中者,天下之正道;庸者,天下之定理"(朱熹,2021),"中"即恰到好处地把握对待事物的尺度,"庸"即恒常的道理,中庸是不偏不倚、追求调和平衡的处世之道。中庸思想由孔子于春秋时期创立,历经后世各个时期的补充,中庸思想的内涵进一步丰富,但其传达的"通过对事物恰到好处的'度'的把握,良好协调与事物的关系,在和谐平衡中谋求发展"的基本奥义是共通的(孙健和田星亮,2010)。杨中芳和赵志裕(1997)率先将中庸引入心理学和管理学领域,孙健和田星亮(2010)阐述了中庸之道的现代意义,剖析了中庸对现代组织管理实践的重要价值。随着环境问题的凸显,学者逐渐将中庸思想运用于生态管理中,从宏观层面定性研究了中庸思想与生态环境保护之间的联系。例如,李隼和江传月(2009)阐释了中庸之道蕴含的"天人合一"和"因时而中"的生态伦理原则;丁涛(2019)认为主张保护自然又不反对利用自然的中庸智慧对中国的生态文明建设具有借鉴作用;冯天瑜(2014)认为"弱人本主义"的中庸思想有利于促进工业文明向生态文明转化。但到目前为止,从微观层面上探究中庸价值观与绿色消费行为之间关系的量化研究还较为欠缺,也缺乏较为系统的理论解释。

(二)绿色消费及其影响因素的研究

第二次工业革命后,西方国家大量消费、"竭泽而渔"的模式极大地破坏了自然环境和生态平衡,人们开始关注随之而来的生态环境问题。自1963年国际消费者联盟首次提出"绿色消费"概念、呼吁消费者关注环保责任以来,绿色消费的内涵经历了不断演进和丰富的过程。Elkington 和 Hailes(1987)较为系统地阐述了绿色消费的概念,认为绿色消费是以无污染、无公害、减少资源浪费为特征的消费方式。Steg 和 Vlek(2009)认为绿色消费是一种亲环境行为,消费者以最大限度地减轻对自然环境的伤害甚至有利于环境的方式进行消费。Peattie(2010)认为绿色消费还是可持续消费的一种形式,是消费者认识到环境问题后,在消费过程中实现购买需要和降低环境污染的兼顾与平衡。国际上普遍认为绿色消费遵循 5R 原则:减少污染(reduce)、环保选购(reevaluate)、重复使用(reuse)、循环再生(recycle)以及保护自然(rescue),而中国消费者协会从消费选择、消费过程、消费观念三个方面概括了绿色消费的内涵。目前,虽然众多学者对绿色消费概念的考察角度不一,但都基本认同其传达的"在关注生态和环境可持续发展的前提下满足个人消费需要、实现个人利益与生态利益的兼顾"基本内涵(孙时进和孔云中,2020)。沿着这一思路,绿色消费行为即充分体现绿色消费内涵的消费行为，是在个人消费的购买、使用和处置过程中，以适度消费、减少或避免环境伤害、崇尚与自然和谐相处为特征的新型消费行为。

关于如何促进绿色消费行为，学术界主要从三个角度展开研究，一是关注人口统计学变量（叶楠，2019），如性别、年龄、收入、受教育程度、职业等因素；二是关注价值观（叶楠，2019）、环境认知（于伟，2009）、环境情感（Fraj and Martinez，2007）、环境责任（盛光华等，2018）、生活方式（盛光华等，2017）等心理变量；三是关注时间压力、社会规范、基础设施、政策条件等外部情境变量（陈凯和彭茜，2014）。但总的来看，已有的有关绿色消费与价值观的研究，较多受西方研究趋势影响，集中考察了环境价值观（陈卫东和马慧芳，2020）、物质主义价值观（孙时进和孔云中，2020；杨智和董学兵，2010）对绿色消费意愿和行为的影响，而忽略了中国传统文化价值观的影响。中庸思想在中国传统文化中占据重要地位，对中国人的思维方式和行为产生潜移默化的影响，其蕴含的对待自然要把握合适的度及与自然万物和谐共生的生态思想和亲环境内涵对研究绿色消费行为具有重要价值，但目前从中国传统文化情境出发，探讨中庸价值观与城乡居民绿色消费行为之间关系的量化研究仍较为缺乏。鉴于此，本节聚焦中国文化背景下的中庸价值观，基于价值观—信念—行为理论和拓展的"知—信—行"模型，引入环境问题感知和环境情感作为中介变量，构建一个多重中介模型，探究中庸价值观对微观层面上消费者绿色消费行为的影响机制，据此提出推动生产生活方式绿色转型和绿色可持续发展的可行建议。

二、理论基础与研究假设

（一）理论基础

价值观—信念—行为理论由学者 Stern（2000）提出，并被广泛应用于亲环境行为研究中。该理论指出，价值观是影响个体采纳亲环境行为的远端变量，也是最深层的因素，它通过近端的信念作用于行为。Westbrook 和 Oliver（1991）提出个体行为改变的"知—信—行"模型，描述了个体行为发生所遵循的范式，即以认知为基础，个人具有了对事物的认知后会激发产生信念（情感），形成相应的行为。一些学者进一步提出了拓展的"知—信—行"模型，认为认知不仅通过信念间接影响行为的发生，也会直接作用于行为（贺爱忠等，2013）。拓展的"知—信—行"模型更充分阐述了行为发生的模式，但仍忽略了社会文化和价值观因素对个人行为的塑造作用。因此，为探究中国文化情境下的中庸价值观对城乡居民绿色消费行为的影响机理，本节将价值观—信念—行为理论与拓展的"知—信—行"模型相结合，引入环境问题感知和环境情感两个变量，建立"中庸价值观—环境问题感知—环境情感—绿色消费行为"理论模型，并据此提出本节的假设。

（二）研究假设

1. 中庸价值观对绿色消费行为的直接影响

中庸价值观主要体现在过犹不及、执两用中、和而不同、因时而中四个方面（杨涯人和邹效维，1998）。过犹不及是中庸价值观的核心内涵，对待事物应该有一个界限和尺度，达不到或超过这个特定的界限或尺度都是不可取的。执两用中是指看待事物要全面，考察事物矛盾对立的两端，才能权衡之后取其"中"。和而不同的"和"既是实现"中"的手段，也是"中"追寻的终极状态，体现了人与自然宇宙及至世间万物和谐共生的关系，要求个人在处理问题时，从整体和全局出发，寻求个人利益与系统目标的协调（潘煜等，2014），实现系统整体最优而非局部最优（盛光华等，2017），达到"和"的状态。因时而中则表明中庸具有权变性，要与时俱进，适应外部条件的变化，灵活处理问题。

将中庸价值观应用于处理生态环境问题，中庸价值观集中体现了"天人合一"的观点，蕴含了鲜明的生态价值取向和亲环境内涵。过犹不及暗示对待自然不可以超过一定的界限和尺度，执两用中意味着要在利用自然与保护自然之间寻求平衡，不过度利用自然，反映了追求人与自然和谐相处的亲环境价值观；和而不同要求从整体和全局出发，追求人与自然生态系统的整体利益最优，体现了人与自然和谐相处的生态思想；因时而中要求按照自然的运行规律和承载能力来开发利用自然（李牟和江传月，2009），体现了生态主义思想。

价值观是影响个人对事物的价值判断、指导个体行动的最深层次因素。在绿色行为方面，诸多研究探讨了亲环境的价值观对绿色消费意愿及行为的影响作用。王国猛等（2010）研究发现环境价值观对消费者的绿色购买行为具有显著的正向预测作用。Chan（2001）利用中国消费者样本，发现"人—自然导向"价值观对绿色购买意愿和行为具有显著影响。在环境污染问题日益严峻的大背景下，中庸价值观蕴含了深刻的生态价值取向和亲环境内涵，强调对待自然不可以超过一定的界限和尺度，要在开发自然与保护自然之间寻求平衡，追求人与生态系统的和谐共生。因而，具有强烈中庸价值观的居民在个人消费方面，会考虑消费行为对自然生态环境的影响，兼顾个人消费与生态利益，在不破坏生态、不污染环境的前提下开展消费活动，进行绿色消费行为。基于上述分析，提出以下假设。

H3-2-1：中庸价值观对城乡居民的绿色消费行为具有直接的显著正向影响。

2. 环境问题感知的中介作用

环境问题感知是个人对环境污染问题及其危害的切身感受和认识（段文杰等，2017），它反映了消费者对环境问题的关注度及敏感度。近年来，环境问题感知得到了学者的关注，它被认为是启动亲环境行为的重要外部条件（杜平和张林虎，2020），也有学者研究发现公众对环境污染状况的感知可以显著预测公私领域的亲环境行为（王国猛等，2010）。环境问题感知作为认知变量对研究环境问题和环境行为具有重要作用。

价值观在个人的认知系统中占据核心位置，信念是认知、情感与意志的统一（孙柳，2020），特定价值取向使得个体更容易接受某些信息，形成相应的信念和行为（贺爱忠和刘梦琳，2021）。Stern（2000）提出价值观—信念—行为理论并将其应用于亲环境行为中，他认为个人具有的生态主义价值观显著影响个体对环境污染后果的意识，即生态价值观正向影响环境问题感知。中庸价值观蕴含的生态价值取向使得居民更容易接受与环境污染问题相关的信息，更关注环境污染问题及其危害，促使居民形成对环境污染及其危害的意识，即环境问题感知。因此，提出以下假设。

H3-2-2：中庸价值观对环境问题感知具有显著正向影响。

环境问题感知是亲环境行为的外部启动条件，而绿色消费行为是以兼顾个人消费需要和降低生态环境污染为特征的新型消费行为，在内涵上也属于亲环境行为的一种（Steg and Vlek，2009）。不少学者探讨了环境问题感知与绿色消费行为之间的关系。杨贤传和张磊（2018）通过四个城市区域居民的问卷调查，发现感知环境问题严重性正向促进绿色消费行为。叶楠（2019）运用实证分析方法研究了两种典型绿色消费行为，发现资源环境问题感知正向影响资源节约型绿色消费行为。Ham 和 Han（2013）认为消费者对生态环境问题严重性的认识影响着他们对酒店核心业务和绿色实践的感知，进而影响购买行为。居民的环境问题感知水平越高，越容易感受到环境问题、认识到环境问题的危害，会在消费过程中关注消费对生态环境的影响，进行绿色消费行为。因此，提出以下假设。

H3-2-3：环境问题感知对城乡居民的绿色消费行为具有显著正向影响。

H3-2-4：环境问题感知在中庸价值观与绿色消费行为之间起中介作用。

3. 环境情感的中介作用

环境情感是指个人对环境问题和环境行为所具有的较为稳定、持久的情感反应（王建明和吴龙昌，2015b）。伴随着研究的深入，环境情感这一非理性因素逐渐得到学者的关注，一些学者研究发现亲环境的价值观对环境情感具有显著影响。王丹丹（2013）通过实证分析发现，人—自然导向价值观显著正向影响消费者的环境情感反应。王建明和赵青芳（2017）研究发现，天人合一的价值观显著影响个人对环境的亲近感。张建云（2017）指出，情感是价值观内在的、不自觉的心理表现形式，价值观对个人情感的产生具有导向作用。中庸价值观强调合理把握对待自然环境的尺度，主张不过度利用自然，追求人与生态系统的整体利益最优，蕴含了人与自然和谐共生、天人合一的亲环境价值观，因而个体在面对环境污染问题和环境破坏行为等违反个人价值标准的情况时，拥有强烈中庸价值观的个人更容易被激发产生相应的情感反应，如对环境污染破坏的沮丧、愤怒和忧虑等一系列情感。据此，提出以下假设。

H3-2-5：中庸价值观对环境情感具有显著正向影响。

环境情感与绿色消费行为之间也存在密切的关系。个人的行为并非完全理性的，情感这一非理性因素对个人行为具有重要影响。由于历史文化的差异，东方文化比西方文化更注重情感的作用（王建明，2015），因而想要更加全面地研究我国城乡居民的绿色消费行为，必须考虑情感的非理性影响。在最近的绿色消费行为研究中，环境情感的积极作用得到越来越多学者的支持。Ham和Han（2013）研究发现环境忧虑积极影响消费者对绿色酒店服务的购买行为。王丹丹（2013）通过实证研究发现消费者的环境情感显著影响他们的绿色购买意向，并最终促进绿色购买行为。Mosler等（2008）运用结构方程模型方法发现情感因素显著正向影响绿色处置环节的家庭回收行为。Chan和Lau（2000）的实证研究发现居民的生态情感显著影响居民的绿色购买行为。居民的环境情感越强烈，在消费过程中更有可能考虑消费对环境的影响，采取绿色消费行为，据此，提出以下假设。

H3-2-6：环境情感对城乡居民的绿色消费行为具有显著正向影响。

H3-2-7：环境情感在中庸价值观与绿色消费行为之间起中介作用。

4. 环境问题感知、环境情感的链式中介作用

环境问题感知也是环境情感的前因变量。"知—信—行"模型认为认知是情感的基础，个人形成对外界事物或刺激的认知后会激发相应的情感，引发行为的改变（Westbrook and Oliver，1991）。Nerb 和 Spada（2001）认为个人在面对环境问题时，认知会促进情感的形成。Carmi 等（2015）研究发现在环境恶化趋势下，环境问题感知水平高的个体更容易产生对环境的忧虑情感，做出环保行为。消费者的环境问题感知水平较高，更能感受到环境污染问题的恶化、意识到生态环境问题的危害，则他们更容易被激发产生相应的环境情感。据此，提出以下假设。

H3-2-8：环境问题感知对环境情感具有显著正向影响。

考虑到环境问题感知与环境情感之间紧密的因果关系，中庸价值观与绿色消费行为之间可能存在链式中介路径，即中庸价值观可能通过环境问题感知影响环境情感进而影响居民的绿色消费行为。中庸价值观蕴含的生态价值取向使得个人更容易接受与环境污染问题相关的信息，产生较强的环境问题感知，从而激发形成相应的环境情感，促进绿色消费行为发生。因而，本节认为可能存在着中庸价值观通过环境问题感知、环境情感影响绿色消费行为的链式中介路径。因此，提出以下假设。

H3-2-9：环境问题感知、环境情感在中庸价值观与绿色消费行为之间起链式中介作用。

根据上述理论框架和假设推导，本节构建了一个中庸价值观与绿色消费行为之间的链式多重中介模型，理论模型如图 3-1 所示。

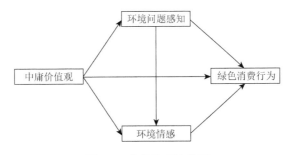

图 3-1　本节的理论模型

三、研究设计与数据检验

（一）量表设计

本节的理论模型涉及中庸价值观、环境问题感知、环境情感、绿色消

费行为四个研究变量，均采用成熟量表进行测量。潘煜等（2014）遵循主位研究思想，开发了中国消费者的价值观度量量表，与西方学者开发的价值观量表相比，这一量表在特征和结构上具有更高的描述能力，本节对中庸价值观的测量借鉴了该量表有关中庸价值观的三个题项。环境问题感知量表借鉴了 Bohlen 等（1993）开发的生态关心量表，该量表已经在生态行为研究领域得到一些应用。环境情感量表参考了 Fraj 和 Martinez（2007）开发的消费者生态行为量表中的情感部分，该量表已经被许多学者应用于绿色消费研究中。关于绿色消费行为的测量量表众多，本节在查阅众多文献（Chan，2001；Maloney et al.，1975）的基础上，结合中国语境对一些题项进行了调整和修正，最终以"我出于环保原因更换了我以前使用的某产品"等三个题项测量绿色消费行为。变量测量题项如表 3-11 所示。在量表设计时，中庸价值观、环境问题感知、环境情感、绿色消费行为四个量表均采用利克特五点计分方式，选项"非常不同意"到"非常同意"（"非常不了解"到"非常了解"）分别被赋予"1"至"5"的得分，以衡量城乡居民在这些变量上的得分水平。问卷最后加入了性别、年龄、受教育程度、家庭规模、家庭年收入、家中有无老人小孩、日常居住地等人口统计变量。

表 3-11　变量的测量

变量名称	测量题项	变量选项赋值
中庸价值观	凡事应掌握分寸，不要走极端（MV1）	1＝非常不同意；2＝不同意；3＝一般；4＝同意；5＝非常同意
	凡事以和为贵，尽可能不要与人起冲突（MV2）	
	取得成绩时，应尽量保持谦虚和低调（MV3）	
环境问题感知	我知道海洋、河流正在被污染（PEP1）	1＝非常不了解；2＝不了解；3＝一般；4＝了解；5＝非常了解
	我知道全球变暖正在发生（PEP2）	
	我知道臭氧层空洞的危害（PEP3）	
	我知道农药残留会对土壤造成污染（PEP4）	
环境情感	环境污染对动植物的生存构成了极大的威胁，这让我很愤怒（EE1）	1＝非常不同意；2＝不同意；3＝一般；4＝同意；5＝非常同意
	工业的发展对环境造成了严重的污染，这让我很沮丧（EE2）	
	对于雾霾天气，我感到沮丧和愤怒（EE3）	
绿色消费行为	在购买产品前，我会关注产品对环境的影响程度（GCB1）	1＝非常不同意；2＝不同意；3＝一般；4＝同意；5＝非常同意
	优先选择购买环保洗涤剂、再生纸制品等（GCB2）	
	我出于环保原因更换了我以前使用的某产品（GCB3）	

注：MV 为中庸价值观（the mean values），PEP 为环境问题感知（perception of environmental problems），EE 为环境情感（environmental emotion），GCB 为绿色消费行为（green consumption behavior）

（二）调查过程

调查采取实地发放问卷的形式进行，调查区域选择华东地区相毗邻的安徽省和江苏省。两省地理位置相近，经济发展水平和居民消费习性有一定的差异，因此，选择安徽省和江苏省的居民进行问卷调研，在一定程度上可以反映中国华东地区城乡居民的绿色消费行为。调查遵循分层抽样的原则，选取安徽省（阜阳市、淮南市、淮北市、合肥市、安庆市、宣城市、马鞍山市、铜陵市）和江苏省（淮安市、连云港市、扬州市、无锡市）共12个城市展开实地调研，覆盖了两省内不同地理方位、不同经济发展水平的多个城市，样本具有较好的代表性。

调研严格遵循问卷调查法的科学流程展开。在正式调查前，本节首先在江苏省无锡市进行了小范围的预调查，根据收回问卷的填写效果，结合专家的建议对问卷中表意不清、语义重复、存在歧义的语句进行修改，问卷质量得到有效提升。正式调查前，本节对所有调查人员进行了培训，确保他们正确理解问卷中各题项的含义，可以准确阐述并展开调研。为减少由于语言交流引起的测量误差，各调查区域的调研均由当地人员承担，以便于使用当地语言交流。调查遵循随机抽样的原则，对每个城市的城区和村镇依据 1∶1 的比例，在这些区域的广场、超市、社区、街道等人流聚集的公共场所选取 18 岁以上的居民，由预先经过培训的调研人员采用问卷和访谈相结合的方式，对随机抽样选中的受访者进行 20～30 分钟的面对面调研。调研于 2019 年 7～8 月进行，共发放问卷 917 份，剔除填写不完整、前后矛盾等无效问卷后，回收有效问卷 839 份，其中城镇居民 426 份，农村居民 413 份，问卷有效率达 91.49%。

（三）样本描述性统计分析

样本描述性统计分析结果汇总见表 3-12。839 名受访者中，女性占比为 55.30%，男性占比为 44.70%，受访女性略多于男性。受访者的年龄主要分布在 18～45 岁。受访者受教育程度集中在"大专或本科"，占比为 46.25%，其次是"高中或中专"和"初中及以下"，"硕士研究生及以上"的高学历受访者占比较低，仅为 4.29%。受访者的家庭规模以 4～6 人家庭和 2～3 人家庭为主，分别占比 58.88% 和 35.28%，7 人及以上的大家庭以及单人家庭占比较少，分别为 4.41% 和 1.43%。从受访者家庭年收入分布看，收入在 8 万（不含）～10 万元区间的占比最多，其次是 10 万（不含）～20 万元，66.03% 的家庭年收入超过 8 万元，说明多数受访者家庭生活水平较高。从受访者的家庭构成来看，89.03%的受访者家庭中有老人或小孩。从日常居住地分布看，市区占比 33.25%，城郊占比 17.52%，乡镇占比 26.94%，农村占比 22.29%，样本区域覆盖性较强。

表 3-12　样本描述性统计分析

变量	分类指标	频数	占比	变量	分类指标	频数	占比
性别	女性	464	55.30%	家庭年收入	5 万元及以下	104	12.40%
	男性	375	44.70%		5 万（不含）～8 万元	181	21.57%
年龄	18～25 岁	281	33.49%		8 万（不含）～10 万元	274	32.66%
	26～35 岁	200	23.84%		10 万（不含）～20 万元	212	25.27%
	36～45 岁	188	22.41%		20 万元以上	68	8.10%
	46～55 岁	131	15.61%	家中有无老人小孩	有小孩无老人	165	19.67%
	56 岁及以上	39	4.65%		有老人无小孩	171	20.38%
受教育程度	初中及以下	202	24.08%		有老人有小孩	411	48.99%
	高中或中专	213	25.39%		无老人无小孩	92	10.97%
	大专或本科	388	46.25%	日常居住地	市区	279	33.25%
	硕士研究生及以上	36	4.29%		城郊	147	17.52%
家庭规模	1 人	12	1.43%		乡镇	226	26.94%
	2～3 人	296	35.28%		农村	187	22.29%
	4～6 人	494	58.88%				
	7 人及以上	37	4.41%				

注：因四舍五入，存在相加不为 100%情况

（四）信效度检验与同源误差检验

运用 SPSS 24.0 对中庸价值观、环境问题感知、环境情感、绿色消费行为四个变量进行信度分析，结果如表 3-13 所示，中庸价值观、环境问题感知、环境情感、绿色消费行为的 Cronbach's α 系数分别为 0.757、0.874、0.774、0.824，各值均在 0.7 以上，表明量表具有良好的信度。

表 3-13　信度与效度检验

潜变量	观测变量	因子载荷	CR	AVE	Cronbach's α
中庸价值观	MV1	0.700	0.757	0.510	0.757
	MV2	0.698			
	MV3	0.744			

潜变量	观测变量	因子载荷	CR	AVE	Cronbach's α
环境问题感知	PEP1	0.840	0.876	0.640	0.874
	PEP2	0.862			
	PEP3	0.717			
	PEP4	0.773			
环境情感	EE1	0.802	0.781	0.547	0.774
	EE2	0.792			
	EE3	0.609			
绿色消费行为	GCB1	0.754	0.823	0.609	0.824
	GCB2	0.856			
	GCB3	0.726			

在此基础上，继续考察量表的效度情况。本节中变量所使用的题项都借鉴了成熟量表，翻译英文量表时基于中国语境做了适当调整，在正式调查前进行了小范围的预调查并结合专家建议对量表出现的问题进行修正，因而认为量表具有良好的内容效度。本节研究采用 Amos 24.0 对各变量进行了验证性因子分析，并计算四个变量的 CR 和 AVE。验证性因子分析结果如表 3-13 所示，所有题项的因子载荷均大于 0.5，四个变量的 CR 均超过 0.7，AVE 也满足大于 0.5 的标准，表明量表的收敛效度较好。本节通过对比每个潜变量的 AVE 值平方根与变量间皮尔逊相关系数的大小，检验量表的区分效度。运用 SPSS 24.0 进行皮尔逊相关分析，结果如表 3-14 所示，各个变量的 AVE 值平方根均大于该变量与其他变量间的相关系数，表明量表具有良好的区分效度。

表 3-14　潜变量的区分效度分析结果

变量	中庸价值观	环境问题感知	环境情感	绿色消费行为
中庸价值观	0.714			
环境问题感知	0.383[**]	0.800		
环境情感	0.313[**]	0.392[**]	0.740	
绿色消费行为	0.329[**]	0.433[**]	0.369[**]	0.780

注：矩阵对角线中的数值是各变量的 AVE 值的平方根

**表示在 0.01 的水平上显著

由于本节各个变量的测量都来自同一受访者的填写结果，为检验同源误差是否严重，研究采用 Harman 单因子检测法进行检验。采用 SPSS 24.0 对所有变量进行探索性因子分析，未旋转时第一个主成分的方差解释率为 38.522%，小于 40%，说明样本数据的同源误差不严重。

四、中庸价值观对绿色消费行为的影响分析

（一）模型拟合优度检验

运用 Amos 24.0 根据研究的理论模型建立结构方程模型，将获得的样本数据与建立的模型进行拟合，检验模型拟合情况。结构方程拟合结果显示，CMIN/DF 为 2.873（<3）；RMSEA 为 0.047，小于 0.05；GFI、AGFI 的值分别为 0.969 和 0.953，均大于 0.9；五个相对拟合指标 NFI、RFI、IFI、TLI、CFI 分别为 0.964、0.952、0.976、0.968 和 0.976，均超过 0.9 的临界值，表明本节的模型与数据拟合良好。

（二）变量间直接关系检验

研究运用结构方程模型检验变量间直接关系的显著性和路径系数。结构方程模型分析结果如表 3-15 所示。结果表明，中庸价值观对绿色消费行为具有显著的正向影响（$\beta = 0.199$，$P < 0.001$），H3-2-1 成立；中庸价值观对环境问题感知具有显著的正向影响（$\beta = 0.483$，$P < 0.001$），H3-2-2 成立；环境问题感知对绿色消费行为具有显著的正向影响（$\beta = 0.302$，$P < 0.001$），H3-2-3 成立；中庸价值观对环境情感具有显著的正向影响（$\beta = 0.229$，$P < 0.001$），H3-2-5 成立；环境情感对绿色消费行为具有显著的正向影响（$\beta = 0.243$，$P < 0.001$），H3-2-6 成立；环境问题感知对环境情感具有显著的正向影响（$\beta = 0.351$，$P < 0.001$），H3-2-8 成立。

表 3-15　结构方程模型分析结果

路径	估计值	标准化估计值	标准误	CR	P	结论
H3-2-1：中庸价值观→绿色消费行为	0.239	0.199	0.057	4.213	***	支持
H3-2-2：中庸价值观→环境问题感知	0.653	0.483	0.060	10.942	***	支持
H3-2-3：环境问题感知→绿色消费行为	0.268	0.302	0.041	6.554	***	支持
H3-2-5：中庸价值观→环境情感	0.271	0.229	0.058	4.633	***	支持

续表

路径	估计值	标准化估计值	标准误	CR	P	结论
H3-2-6：环境情感→绿色消费行为	0.246	0.243	0.046	5.366	***	支持
H3-2-8：环境问题感知→环境情感	0.308	0.351	0.041	7.552	***	支持

***表示在 0.001 的水平上显著

（三）中介效应检验

在以上变量间直接关系均显著的基础上，研究继续检验环境问题感知、环境情感在中庸价值观与绿色消费行为之间的中介作用是否显著。根据温忠麟和叶宝娟（2014）的研究成果，结构方程模型的中介效应检验适合使用 Bootstrap 方法，且选择偏差校正的非参数百分位 Bootstrap 法的检验效果更好。本节首先使用 Amos 24.0 的自定义功能对特定中介路径进行定义，然后基于 Process Bootstrap 程序，将样本量设为 5000，取样方法选择偏差校正的非参数百分位法，置信区间的置信度选择 95%，得到每条中介路径的特定中介效应和总间接效应的置信区间如表 3-16 所示，如果在 95% 的置信水平下，置信区间内不包含 0，则此条中介路径的中介效应存在。结果显示，总间接效应的置信区间不包含 0，三条中介路径的特定中介效应置信区间也不包含 0，表明中庸价值观对绿色消费行为具有显著的间接影响，且存在三条中介路径在中庸价值观与绿色消费行为之间发挥中介作用。具体来说，中庸价值观可以通过环境问题感知影响绿色消费行为，H3-2-4 成立；也可以通过环境情感影响绿色消费行为，H3-2-7 成立；还可以通过环境问题感知、环境情感的链式中介作用影响绿色消费行为，H3-2-9 成立。

表 3-16　中介效应显著性检验的 Bootstrap 分析结果

	路径	Bootstrap 95%置信区间中介效应检验		P	是否显著
		下限	上限		
总间接效应	中庸价值观→绿色消费行为	0.213	0.401	0.000	显著
特定中介效应	H3-2-4：中庸价值观→环境问题感知→绿色消费行为	0.113	0.258	0.000	显著
	H3-2-7：中庸价值观→环境情感→绿色消费行为	0.033	0.120	0.000	显著
	H3-2-9：中庸价值观→环境问题感知→环境情感→绿色消费行为	0.028	0.083	0.000	显著

（四）中介效应比较

由于中庸价值观与绿色消费行为之间存在多重中介，因而对环境问题感知和环境情感在二者之间的作用大小进行比较和分析可以更有针对性地指导管理实践。将特定中介效应与总间接效应进行比较，结果如表 3-17 所示，中庸价值观对绿色消费行为影响的标准化总间接效应是 0.243，强于中庸价值观对绿色消费行为的直接效应 0.199，在三条中介路径的特定中介效应中，环境问题感知的中介效应最强，占总间接效应的 60.08%，环境情感的中介效应次之，环境问题感知、环境情感的链式中介效应最弱。

表 3-17　中介效应比较结果

	路径	标准化的效应值	占总间接效应的比重
直接效应	中庸价值观→绿色消费行为	0.199	
总间接效应	中庸价值观→绿色消费行为	0.243	
特定中介效应	中庸价值观→环境问题感知→绿色消费行为	0.483×0.302≈0.146	60.08%
	中庸价值观→环境情感→绿色消费行为	0.229×0.243≈0.056	23.05%
	中庸价值观→环境问题感知→环境情感→绿色消费行为	0.483×0.351×0.243≈0.041	16.87%

五、研究结论与实践启示

（一）研究结论

本节通过构建一个链式多重中介模型，探究中庸价值观对城乡居民绿色消费行为的影响关系，分析环境问题感知与环境情感在中庸价值观对绿色消费行为影响过程中的中介作用机制。研究结果显示：中庸价值观促进了绿色消费行为的形成，中庸价值观不仅对绿色消费行为产生显著的直接影响，还通过环境问题感知和环境情感的中介作用对绿色消费行为产生间接影响，发挥中介作用的路径有三条：第一条是环境问题感知的中介作用，第二条是环境情感的中介作用，第三条是环境问题感知和环境情感的链式中介作用。

（二）实践启示

在推进生产生活方式绿色转型和高质量发展的背景下，本节探究了中国文化背景下的中庸价值观促进城乡居民绿色消费行为的机制路径，旨在深刻理解中国文化背景下的中庸价值观及其蕴含的生态思想，因地制宜地促进我国城乡居民的绿色消费行为。根据本节的结论，可以提出以下实践启示。

（1）充分发挥中庸价值观对绿色消费行为的价值引领作用。政府和媒体要积极挖掘中庸价值观中有利于生态发展、环境保护的思想理念，通过公益广告、宣传册、网络等宣传方式大力弘扬中庸价值观中过犹不及的适度原则，执两用中开发与保护相平衡的原则，追求与自然和谐相处、生态系统整体利益最优的中和原则，按照自然的运行规律和承载能力来开发和利用自然的因时而中原则，使人们内心产生价值观的认同，唤醒城乡居民"崇尚自然""敬天修德""天人合一"的思想认识，促进居民的绿色消费行为。企业在绿色产品营销推广中要融入与自然和谐相处的中庸价值观念，使民众感受到企业产品与自身价值观的契合，促进居民自觉践行绿色消费行为。

（2）提升居民的环境问题感知水平。政府和媒体要发挥舆论宣传和环境教育功能，增强居民对环境问题严重性的认知。对于政府而言，要通过颁布环境政策法规、开展全民生态环境主题教育、社区宣讲、举办环境问题主题讲座、拍摄公益宣传片与网络短视频等线上线下宣传手段的综合运用，向人民群众普及环境问题现状，让人们充分意识到环境问题及其危害，推动形成环境友好型绿色消费方式。新闻媒体要讲好环境保护故事，大力宣传环境问题危害，适当曝光破坏生态、污染环境、浪费资源的社会事件，警醒民众关注生态环境，在实际生活中践行绿色消费行为。

（3）唤起居民对环境的情感共鸣。将生态环境教育融入文旅产业中，通过公益纪录片、专题影视剧、图书会展、生态旅游展等民众喜闻乐见的形式，激发民众对环境污染问题和环境保护的强烈情感。绿色企业在制定营销策略时要充分展示绿色产品的生态价值，引导人们产生对和谐生态关系的向往和情感共鸣，在全社会形成崇尚绿色消费、保护生态环境的良好社会氛围，鼓励城乡居民通过践行绿色消费行为，身体力行地降低对生态环境的破坏，实现全民消费方式绿色化。

第三节　基于权威从众价值观的绿色消费行为溢出效应

在当前的环境规制背景下，如何促进消费者更多地采取亲环境行为？消费者的亲环境行为之间是否存在联系？以及存在怎样的联系？是本节研究思考的核心问题。不少研究指出，个体的亲环境行为之间存在溢出效应（spillover effect），即个体的亲环境行为具有连贯性，过去或历史的某种特定亲环境行为会改变个体的后续其他行为（Kidwell et al.，2013；吴正祥和郭婷婷，2020），如消费者的节电行为会抑制其对公共政策的支持力度（Werfel，2017），消费者在垃圾分类过程中也会节约用电（徐林和凌卯亮，2017）。现有研究虽得到了较为丰富的研究成果，但较少关注多类亲环境行为之间的溢出效应，更甚少将绿色购买行为作为引导其他亲环境行为的初始行为影响因素。绿色购买行为，也称为亲环境购买行为（刘青，2018），作为绿色消费的重要环节，对我国绿色发展起到积极作用，也是我国第三次消费升级的核心趋势。虽然绿色购买行为已受到学者的长期关注，但在当前提倡绿色消费的社会环境中，亲环境购买的行为效应是值得深入思考的问题。对此，基于以往研究基础，本节以 PSM 的"反事实推断"研究思路，综合考虑多种亲环境行为，在排除权威从众价值观、环境态度、亲环境购买认知等多种因素的干扰作用下，探究城乡消费者的绿色购买行为的溢出效应，并基于内在心理因素，运用有序多分类 Logit 模型分析溢出效应形成机理，从而揭示亲环境行为之间的行为逻辑，以期为环境政策制定提供理论参考和建议，多领域实现绿色发展，促进我国环境治理体系的完善，加快建立健全绿色低碳循环发展经济体系。

一、溢出效应的理论分析及假说提出

（一）绿色购买行为及溢出效应

Stern（2005）认为个体亲环境行为主要包括激进环境行为，如参与环保组织和游街示众；公领域非激进环境行为，如愿意缴纳环境保护税；私领域环境行为，如垃圾回收和购买环保产品；个体通过所在组织影响环境的行为，如企业家开发产品时考虑环境标准。作为亲环境行为的重要组成部分，绿色购买行为被认为是一种具体表现在消费领域和活动中的环境责任行为，是指消费者在购买过程中能够出于环境保护的考虑，选择具有环保属性或特点的产品进行购买，即购买环境友好产品（王国猛等，2010）。亲环境产品的涵盖范围较广，绿色购买行为作为私领域亲环境行为，人们需花费的时间精力较少，可根据自身经济基础，选择合适的绿色产品进行购买，也更容易做到和坚持。环境领域的溢出效应是指个体在某种特定环境领域的亲环境行为可能延伸至其他领域的亲环境行为，即个体在采取某种亲环境行为后，会影响到其他非目标性的亲环境行为的发生，当一种初始目标行为（一般是干预的目标）与另一种看似无关的行为表现相关联时，溢出效应就会发生（Truelove et al.，2014）。在亲环境行为研究中，溢出效应存在两种相反方向的作用，即某种亲环境行为对其他亲环境行为具有增强（正向溢出）或削弱（负向溢出）作用（Susewind and Hoelzl，2014）。例如，Steinhorst 和 Matthies（2016）研究发现，向消费者传递节电窍门，不仅会促进他们的节电行为，而且会增加了他们采取气候友好行为的意图。但正向溢出效应并不是总发生，Tiefenbeck 等（2013）研究得出，消费者减少用水量的同时，反而会消耗更多的电能。Nash 等（2019）揭示了在中国环境背景下亲环境行为溢出效应的存在。Ha 和 Kwon（2016）发现了亲环境行为溢出效应的潜力，采取一个亲环境行为会导致采取一个或多个其他亲环境行为。

参考 Larson 等（2015）、周全和汤书昆（2017）的研究，本节将环保生活方式（物品回收行为）、社会环保主义（搜集环保信息、加入环保组织、和亲友互动）、环保媒介使用（参与话题讨论、关注环保相关内容），作为研究绿色购买行为产生溢出效应的后续亲环境行为。其中，仅物品回收行为属于私领域亲环境行为，是购买行为发生后最终采取的一种处置方式，在现实条件下，消费者的物品回收行为执行容易受到环境条件的约束，自行回收处理物品对于大多数消费者来说不现实，但在我国物品回收体系逐渐完善的环境下，研究消费者物品回收行为是否受到绿色购买行为的溢出作用，具有很强的现实意义。张其春（2019）的研究揭示了废弃物回收是城市固体废弃物回收协同治理机制的重要环节，其中，城乡消费者作为辅助治理主体，是协同治理的引擎。Arias 和 Trujillo（2020）研究发现，绿色购买行为中的使用可重复购物袋行为，是影响消费者感知效能与回收利用之间关系的中介因素，因此，一旦亲环境信念触发了简单的亲环境行为，可能会产生溢出效应，有利于采取回收行为。对于公领域亲环境行为，盛光华等（2020）认为在具备更高的环境意识情况下，消费者才更易发生公领域亲环境行为，因此，当消费者在日常行为上能够自觉规范私领域行为，才能逐步上升到参与社会各类的环保活动，为环境保护做出更多的贡献。一方面，同属于亲环境行为范畴，绿色购买行为与其他亲环境行为之间具有较高的相似度，都会受到个体意识和外在因素的影响。另一方面，Lanzini 和 Thøgersen（2014）通过对被试者自我报告的过去行为进行分析和研究，揭示了绿色购买行为对其他环保行为的积极溢出效应，然而，溢出效应主要影响低成本的亲环境行为。鉴于物品回收行为、搜集环保信息、加入环保组织、和亲友互动、参与话题讨论、关注环保相关内容这六种行为，相对于需要资金、时间、精力等多方面成本支出的绿色购买行为，属于低成本的亲环境行为。因此，本节提出以下假设。

H3-3-1a：绿色购买行为能够正向影响环保生活方式行为。

H3-3-1b：绿色购买行为能够正向影响社会环保主义行为。

H3-3-1c：绿色购买行为能够正向影响环保媒介使用行为。

（二）亲环境行为溢出机制及环境自我认同

亲环境行为溢出效应为何会产生？其中引发了消费者何种心理机制？这是以往研究亲环境行为溢出效应的焦点问题。正向溢出效应的产生机制可以用行为一致性理论来阐释，负向溢出效应则一般认为是道德许可效应产生的结果（徐林和凌卯亮，2017）。行为一致性理论认为个体在执行各类亲环境行为时，遵循一致性准则，强调维持自身本能上的行为一致；道德许可效应认为个体在执行较难的亲环境行为后，会感知自己在其他违背环境和社会规范时，得到了道德许可，从而形成了行为"先好后坏"现象（吴正祥和郭婷婷，2020）。相对于道德许可效应引发的负面溢出现象，本节认为亲环境购买作为私领域亲环境行为，其行为产生相对容易，对其他低成本的亲环境行为更容易发生正向溢出，即行为一致性。在中介变量的机制研究中，环境自我认同（environmental self-identity）是被学者普遍关注的因素，是在亲环境行为中产生积极溢出效应的有效杠杆（Fanghella et al.，2019）。徐林和凌卯亮（2019）认为，环保认同感是驱动个体自觉践行环保主义的重要内在因素。环境自我认同是指个体在多少程度上认为自己是环保的人，具有越强环境自我认同的个体越倾向于采取亲环境行为，即个体感知到自己过去采取了亲环境行为后，该感知会促使他之后采取更多的亲环境行为（van der Werff et al.，2014）。现有证据表明，环境自我认同在亲环境行为溢出效应中存在中介作用，并且可以通过提醒个人过去的亲环境行为来操纵环境自我认同，环境自我认同感的强化会促进个体采取更多或更进一步的亲环境行为（Poortinga et al.，2013；Nilsson et al.，2017）。Xu等（2020）研究发现，国内旅游环境下的亲环境行为存在一致性和正向溢出效应，且环境自我认同起到部分中介作用。Lacasse（2016）通过让被试者回忆和感知自己过去采取的亲环境行为，并表现出不同水平的环境自我认同，进行行为频率分组，结果发现，环境自我认同水平更高的被试者更倾向于采取更多的亲环境行为，甚至是其他领域的亲环境行为，再次证明了环境自我认同对亲环境行为溢出效应的中介作用。但 Margetts 和 Kashima（2017）通过多项实验对不同目标人群的绿色购买行为溢出效应进行检验，得出了环境自我认同在正向溢出效应路径中起到中介作用，但仅在执行所需资源相似的亲环境行为时，才会起到中介作用。Chan 等（2020）在对香港市民开展的"地球一小时"活动参与意愿调查中，再次得出环境自我认同对行为意向的积极影响。由此可以推断，环境自我认同在亲环境行为发生正向溢出时，可能起到中介作用，因此本节提出以下假设。

H3-3-2：环境自我认同能够促进绿色购买行为的正向溢出效应。

二、研究方法与变量选择

（一）数据来源及样本特征

本节的数据来源于 2019 年 7～8 月在位于华东地区的江苏省和安徽省开展的实地调研，采用了面对面访谈和问卷调查法相结合的方式，在正式调研之前，于江苏省无锡市进行小范围的预调研，根据被试者反馈和访谈执行中发现的问题，对问卷的相关语句和选项设置进行了修正，以保证问卷的合理性和有效性。在正式调查时，为保证问卷的代表性，遵循分层设计原则，选择了涵盖江苏省苏南（无锡市）、苏中（扬州市）、苏北（淮安市、连云港市）的四个代表性城市，和安徽省皖南（马鞍山市、铜陵市、宣城市）、皖中（合肥市、安庆市）、皖北（阜阳市、淮南市、淮北市）的八个代表性城市，作为不同地理位置的样本来源，同时采取随机抽样方法，以保证样本的代表性和研究结论的可靠性。由经过培训的调研人员在城乡区域同时进行，随机选取 18 岁以上的城乡消费者进行面对面访谈和填写问卷，以保证每位被试者充分理解问题，并避免问卷填写的随意性。共发放问卷 917 份，剔除无效问卷后，获得有效问卷 839 份，问卷有效率为 91.49%。

调查样本的基本特征如表 3-18 所示，在样本区域中，男女比例约为 4/5；总体年龄层次在 18～45 岁的中青年阶段，最多为 18～25 岁，占 33.49%，但各年龄层次分布较为均衡；在受教育程度方面，大专或本科占 46.25%，硕士研究生及以上仅有 36 人，初中及以下（包括无教育经历）和高中或中专分别占 24.08%、25.39%；日常居住地选项设置市区、城郊、城镇、农村四个选项，可以看出城乡人口样本分布均衡；被试者的职业涵盖了多个行业领域，但明显看出，在校学生人数占有较大比例，为 26.70%，这与样本的年龄和受教育程度分布相呼应。本节研究的核心为亲环境行为，受教育程度较高的学生群体在相关概念方面可能具有更高的认知水平，在行为和态度等方面的测量上具有较强的参考意义；在家庭年收入方面，5 万元及以下和 5 万（不含）～8 万元分别占有 12.40%、21.57%，总体而言，家庭年收入在 8 万元以上的占 66.03%，说明大部分被试者的家庭经济水平较高，可以在绿色购买行为方面具有一定的经济承担能力。

表 3-18　样本人口基本统计特征描述

变量	分类指标	频数	占比	变量	分类指标	频数	占比
性别	女性	464	55.30%	职业	党政机关/部队/事业单位工作人员	79	9.42%
	男性	375	44.70%		专业技术人员（包含教师、医生、律师等）	84	10.01%
年龄	18～25 岁	281	33.49%		企业/公司工作人员	164	19.55%
	26～35 岁	200	23.84%		退休人员	34	4.05%
	36～45 岁	188	22.41%		家庭主妇（夫）	84	10.01%
	46～55 岁	131	15.61%		在校学生	224	26.70%
	56 岁及以上	39	4.65%		没有稳定工作	67	7.99%
受教育程度	初中及以下	202	24.08%		其他	103	12.28%
	高中或中专	213	25.39%	家庭年收入	5 万元及以下	104	12.40%
	大专或本科	388	46.25%		5 万（不含）～8 万元	181	21.57%
	硕士研究生及以上	36	4.29%		8 万（不含）～10 万元	274	32.66%
日常居住地	市区	279	33.25%		10 万（不含）～20 万元	212	25.27%
	城郊	147	17.52%		20 万元以上	68	8.10%
	城镇	226	26.94%				
	农村	187	22.29%				

注：因四舍五入，存在相加不为 100%情况

（二）研究方法

1. 研究方法选择

到目前为止，从定性的自我报告到统计或计量经济学分析，从在线和实验室实验到现场实验，各种实证方法已经被用来衡量行为溢出效应，发现溢出效应具有挑战性（Galizzi and Whitmarsh，2019）。现有研究普遍采取实验法进行亲环境行为溢出效应的探索，实验法的确在验证亲环境行为之间的因果关系方面具有一定的优势。但是每种方法都有不同的优缺点，如在以往研究的实验设计中，在初始亲环境行为和后续亲环境行为发生的干预期限问题上，并没有确切的标准。研究大多关注如何让被试者初次参与某种亲环境行为，却忽略了持续参与亲环境行为和意愿（孟陆等，2020）。具体来说，当测量两类行为发生干预期限较长时，如 5 个月（Noblet and McCoy，

2018），难以排除在该时间过程中其他干扰因素对实验结果的影响，而当干预期限较短时，如即时发生的溢出行为（Swim and Bloodhart，2013），却无法说明初始亲环境行为溢出发生的后续亲环境行为，是否为持续的亲环境行为，结果的可靠性和真实性就存在一定的偏倚，从而削弱了现实意义。

本节运用 PSM 这一处理样本观察数据的统计学研究方法，探究绿色购买行为的溢出效应，其最早由 Rosenbaum 和 Rubin（1983）提出倾向得分概念，后被运用于匹配法探究处于"反事实"状态的个体行为差异，作为解决内生性问题和数据偏差问题的"反事实推断模型"。本节所研究的绿色购买行为作为消费领域的环保行为，可能对其他环保行为具有一定的溢出效应，但它们之间是否存在关系受到诸多因素的影响，在社会环境的自然实验中，使用经典回归方法无法消除消费者的禀赋特征，而传统实验法也同样难以避免时间和其他因素的作用，绿色购买行为是否存在溢出效应可能会受到其他因素的影响得不到准确检验。使用 PSM 估计绿色购买行为的溢出效应，一方面，消除了两组消费者的初始禀赋差异，另一方面，通过构建反事实框架，可以清楚地了解到绿色购买行为程度更高的消费者在行为程度低的反事实状态时的其他亲环境行为，以此更准确地显示出绿色购买行为的溢出效应以及溢出方向。

2. 绿色购买行为溢出效应估计

本节研究需要设置处理组和控制组，绿色购买行为作为长期的消费习惯，不能根据一次、两次的行为发生就判定消费者是亲环境购买组或非亲环境购买组，本节根据消费者对过去绿色购买行为习惯的回忆和自述，将消费者分为高程度的绿色购买行为组和低程度的绿色购买行为组。构建加入控制变量的绿色购买行为溢出效应基础模型，以度量绿色购买行为对其他亲环境行为的影响，表达式为

$$Y_{ij} = \beta_0 + \beta_1 T_i + \beta_2 Z_i + \varepsilon_i \tag{3-1}$$

其中，Y_{ij} 表示样本 i 的第 j 种亲环境行为；T_i 表示消费者是否为处理组的虚拟变量，$T = 1$ 表示处理组，$T = 0$ 表示控制组；Z_i 表示影响溢出效应的控制变量；ε_i 表示随机误差项；β_0 表示常数项；β_1 表示绿色购买行为的处理效应；β_2 表示控制变量对亲环境行为的边际效应。

在 PSM 的研究过程中，第一，需要计算倾向得分（propensity score，PS）。本节运用 Logit 模型估计倾向得分，如式（3-2）。消费者的绿色购买行为是"自选择"结果，由消费者的禀赋特征变量 X 决定，倾向得分就是在给定资源禀赋 X_i 的条件下，所选样本个体在处理组的概率，如下所示：

$$\mathrm{PS}_i = P_i(T_i = 1 | X_i) = \frac{\exp(\beta X_i)}{1 + \exp(\beta X_i)} = E(T_i = 0 | X_i) \qquad （3\text{-}2）$$

其中，$P_i = (T_i = 1 | X_i)$ 表示样本为处理组的概率，即 PS 值；X_i 表示匹配变量；β 表示参数向量；$E = (T_i = 0 | X_i)$ 表示反事实状态下处理组样本的每次可能结果期望值。

第二，选择合适的匹配方法，根据 PS 值将处理组样本（$T = 1$）与控制组样本进行匹配，匹配算法有很多，为增加结果的稳健性，本节选择四种匹配算法进行匹配，首先，采用的是 k 近邻匹配的一对一匹配，寻找与自身倾向得分最接近的反事实状态组样本作为匹配对象。其次，采用 k 近邻匹配的一对四匹配，进一步实现均方误差最小化。最后，再用半径匹配、核匹配对研究结果进行稳健性检验，以提高结论的可靠性。

第三，计算处理组样本的平均处理效应，即本节主要观测的绿色购买行为溢出效应，绿色购买行为是否能够促进或者抑制其他亲环境行为：

$$\begin{aligned}
\mathrm{ATT} &= E(Y_{1i} - Y_{0i} | T_i = 1) \\
&= E\left\{ E\left[Y_{1i} - Y_{0i} | T_i = 1, p(X_i) \right] \right\} \qquad （3\text{-}3） \\
&= E\left\{ E\left[Y_{1i} | T_i = 1, p(X_i) \right] - E\left[Y_{0i} | T_i = 0, p(X_i) \right] \big| T_i = 1 \right\}
\end{aligned}$$

其中，$p(X_i)$ 表示处理组样本 i 的倾向得分值；$E[Y_{1i} | T_i = 1, p(X_i)]$ 表示高程度绿色购买行为的消费者的其他亲环境行为，在 $T_i = 1$ 的条件下可直接观测；$E[Y_{0i} | T_i = 0, p(X_i)]$ 表示低程度绿色购买行为的消费者的其他亲环境行为，需要通过 PSM 模型来构建反事实框架加以估计。本节重点估计消费者绿色购买行为对其他不同亲环境行为的影响效果，即消费者具备低程度绿色购买行为的情况下其他亲环境行为 Y_{0i} 与具备高程度绿色购买行为的情况下其他亲环境行为 Y_{1i} 之间的差异，因此处理组的平均处理效应通过式（3-3）来估计。

3. 绿色购买行为溢出效应的机理分析

为探究绿色购买行为溢出效应存在原因，即绿色购买行为对其他亲环境行为的影响机理，需在式（3-1）中加入可能引起溢出效应的其他解释变量，本节加入了环境自我认同变量，如下所示：

$$Y_{ij} = \beta_0 + \beta_1 T_i + \beta_2 Z_i + \alpha W_i + \varepsilon \qquad （3\text{-}4）$$

其中，W_i 表示消费者的环境自我认同程度；α 表示环境自我认同对其他亲环境行为的边际效应。

（三）变量选择及信效度检验

　　处理变量为绿色购买行为，量表参考劳可夫和吴佳（2013）绿色购买行为量表，题项包括"在购买产品前，我会关注产品对环境的影响程度""我出于环保原因更换了我以前使用的某产品"等 5 个题项的行为量表，经信效度检验，绿色购买行为量表的 Cronbach's α 系数为 0.827，KMO 值为 0.840，两者均在 0.8 以上，说明该量表具有良好的信度和效度，能够用以衡量消费者的绿色购买行为。经样本的行为选项筛选，最终确定低程度绿色购买行为组为控制组（样本量为 563 份），高程度绿色购买行为组为处理组（样本量为 276 份）。对两组样本的绿色购买行为进行组间变量差异性 T 检验，检验得出 T 绝对值为 40.8808，$\Pr(|T| > |t|) = 0.0000$（Pr 为 probability，表示概率，代表一个事件发生的可能性），在 0.001 的显著性水平上存在显著差异，说明分组有效，组间足以显示行为程度的差异。

　　构建 PSM 模型的关键在于匹配变量的选择，本节所研究的绿色购买行为向其他亲环境行为的溢出效应，均属于亲环境行为范畴，若无法消除两者之间共同影响因素的作用，就无法真实探究其溢出效应以及内在机理。以往有关亲环境行为影响因素的研究，从个体的性别、年龄、家庭年收入、职业、受教育程度等人口学特征和经济社会地位等方面进行，已得到了消费者亲环境行为差异影响因素较为一致性的结果（王丽萍，2016）。在更广泛的深入研究中，学者聚焦到心理因素，并且得出个体心理因素能够对消费者亲环境行为具有较高的解释力。例如，环境态度对消费者亲环境行为差异的解释力达到 39%（Grob，1995）。余晓婷等（2015）研究发现环境态度是影响亲环境行为的重要影响因素。尽管研究表明，参与一种亲环境行为并不一定会对另一种行为产生溢出效应（Dolnicar and Grün，2009）。原因在于某些因素是许多类型的亲环境行为所共有的，这些因素在解释个人亲环境行为时所起的作用取决于行为的类型（Casaló et al.，2019）。Casaló 和 Escario（2018）研究指出，环境态度强度在这些结果的不一致性中起着重要作用，个体的主观认知与所有亲环境行为相关。另外，亲环境行为应根植于特定的文化环境（王建华等，2020）。在中国传统文化背景下，生态环境的恶化和社会环保的呼声，是激发消费者亲环境行为的重要环境因素，如劳可夫和王露露（2015）、龚思羽等（2020）的研究证实了中国传统文化价值观对亲环境行为的积极作用。

　　根据相关文献及研究内容的综合考虑，本节从消费者先天特征和涉及后天形成的行为习惯角度，选择人口统计学变量，并加入涵盖消费者内在特征的个人价值观、态度和认知因素作为匹配变量，实现最优的匹配效果，同时消除影响溢出效应的干扰因素作用。消费者内在特征共设计 19 个能够反映潜在变量的观察变量，用以测量消费者内在动机的 3 个主要匹配变量，即消费者权威从众的个人价值观、环境态度和亲环境购买认知。环境自我认同作为探究绿色购买行为溢出效应内在机理的核心解释变量；权威从众价值观量表参考了潘煜等（2014）中国文化背景下的消费者价值观量表，鉴于文化精深和本节研究的重点，仅选择权威从众这一方面，用以描述和排除行为差异之间可能存在的从众因素的影响；环境态度量表参考了 Schwepker 和 Cornwell（1991）的态度量表，选取其中衡量以环境为中心的人与自然关系认知量表部分；亲环境购买认知参考了 Moser（2015）的购买行为量表；环境自我认同作为探究绿色购买行为溢出效应内在机理的核心解释变量，且环境自我认同参考了 van der Werff 等（2013）关于环境自我认同的测量项目，并进行调整和修改，旨在衡量消费者对绿色产品购买的环境友好作用的认同感。表 3-19 为变量信效度检验和测量样本的均值情况，并进行了均值的差异性检验。检验量表信度的 Cronbach's α 系数中，最低为权威从众价值观（0.624），在可接受水平，其余均达到了较高的系数水平，KMO 值均处于 0.7～0.9，说明具有较高的结构效度。在测量样本的数据统计中，经分组后，两组的均值存在一定的特点，在权威从众价值观方面，高程度绿色购买行为组和低程度绿色购买行为组之间差距在 0.2 左右，但差异性结果显示在 1% 的水平上仍存在差异。在环境态度、亲环境购买认知和环境自我认同方面，高程度绿色购买行为组和低程度绿色购买行为组之间的均值存在较大的差距，T 值均在 0.01 的水平上显示两组存在差异性，可以反映出绿色购买行为与匹配变量和核心解释变量之间存在一定的相关关系，但仍需进一步验证。

表 3-19　主要变量信效度检验与测量样本概况

测量变量		题项数量（19）	信效度检验		测量样本均值及 T 检验		
			Cronbach's α 系数	KMO 值	高程度绿色购买行为组	低程度绿色购买行为组	差异性 T 检验
核心匹配变量	权威从众价值观	4	0.624	0.704	3.566	3.349	3.890***
	环境态度	6	0.699	0.824	4.106	3.575	14.199***
	亲环境购买认知	5	0.871	0.853	4.400	3.366	24.033***
核心解释变量	环境自我认同	4	0.748	0.749	4.294	3.409	20.126***

***表示 1% 的显著性水平

三、绿色购买行为溢出效应结果分析

（一）绿色购买行为影响因素分析

本节运用 Stata 15 软件实施 PSM 模型的应用，表 3-20 为将消费者绿色购买行为作为因变量，匹配变量作为自变量的二元 Logit 模型回归结果。二元 Logit 回归模型整体在 0.01 的水平上显著，伪 R^2 为 0.391，模型拟合优度为－545.917，说明作为自变量的这 9 个匹配变量对绿色购买行为因变量具有很强的解释力。从表 3-20 中各匹配变量的回归结果可以看出，基本人口统计学变量性别、年龄、受教育程度、职业、日常居住地、家庭年收入在对绿色购买行为的回归结果中并不显著，说明人口基本特征并不是影响消费者绿色购买行为的主要因素。权威从众价值观、环境态度和亲环境购买认知对消费者绿色购买行为具有显著的正向影响，且均在 1% 的水平上显著，该结果证实了消费者基本价值观、环境态度和行为相关认知对亲环境行为的发生具有不可忽视的影响。

表 3-20　绿色购买行为二元 Logit 模型回归结果

匹配变量	系数	标准误	Z 值	P>|Z|	95%的置信区间	
性别	0.015	0.202	0.07	0.941	−0.381	0.411
年龄	−0.023	0.096	−0.24	0.813	−0.212	0.166
受教育程度	0.053	0.141	0.37	0.710	−0.225	0.330
职业	−0.053	0.051	−1.03	0.304	−0.154	0.048
日常居住地	0.303	0.202	1.49	0.135	−0.094	0.700
家庭年收入	−0.143	0.087	−1.64	0.102	−0.314	0.028
权威从众价值观	2.244	0.189	11.86	0.000	1.874	2.615
环境态度	0.381	0.138	2.76	0.006	0.111	0.651
亲环境购买认知	0.823	0.206	3.99	0.000	0.419	1.228
常数项	−13.549	1.233	−10.99	0.000	−15.966	−11.132
样本量	839					
Prob>chi2	0.000					
伪 R^2	0.391					
对数似然值	−323.698					

（二）绿色购买行为溢出效应的估计结果分析

为了增加结果的稳健性和结论的可靠性，本节选择了 k 近邻匹配的一对一匹配、一对四匹配、半径匹配、核匹配这四种匹配算法，分别将两组样本进行匹配。本节大量的低程度绿色购买行为组样本，为高程度绿色购买行为组样本尽可能提供了可匹配对象，在四种匹配算法中，样本损失较低，k 近邻匹配的一对一匹配、一对四匹配、核匹配高程度绿色购买行为组样本损失量为 9，半径匹配损失为 31，样本损失在可接受范围内，整体匹配效果良好。表 3-21 为消费者绿色购买行为向物品回收行为、搜集环保信息、加入环保组织、和亲友互动、参与话题讨论、关注环保相关内容这六种后续亲环境行为转变时发生溢出效应的总体效应估计结果。结果显示，除了物品回收行为，两组样本在匹配后的亲环境行为均存在显著差异，且在 1% 的水平上显著，说明了消费者的绿色购买行为确实存在溢出效应，为正向溢出，且在四种匹配算法下，结果一致，H3-3-1a 不成立，H3-3-1b、H3-3-1c 成立。在物品回收行为方面，我们未观察到显著差异，这表明绿色购买行为并未在促使更多物品回收方面产生显著的正向影响。其可能原因是在日常生活环境中，垃圾箱随处可见，对于大多数消费者来说，回收可回收物品相对于直接丢弃的处理方式，可能会带来不便，消费者的物品回收意识不足。该结论与凌卯亮和徐林（2021）的研究结论存在一致性，当后续行为难度越高时，行为正向溢出现象越不易发生。

表 3-21   绿色购买行为溢出效应的总体效应估计结果

结果变量	匹配算法	ATT	标准误	T 值	结果变量	匹配算法	ATT	标准误	T 值
Z1	匹配前	0.754	0.071	10.59***	Z3	匹配前	0.724	0.09	8.08***
	$k=1$ 近邻匹配	0.270	0.157	1.72*		$k=1$ 近邻匹配	0.828	0.211	3.93***
	$k=4$ 近邻匹配	0.128	0.127	1.00		$k=4$ 近邻匹配	0.84	0.165	5.10***
	半径匹配	0.141	0.126	1.11		半径匹配	0.802	0.163	4.92***
	核匹配	0.164	0.117	1.40		核匹配	0.855	0.152	5.61***
Z2	匹配前	1.080	0.073	14.82***	Z4	匹配前	0.979	0.070	13.93***
	$k=1$ 近邻匹配	0.730	0.164	4.46***		$k=1$ 近邻匹配	0.506	0.162	3.12***
	$k=4$ 近邻匹配	0.676	0.132	5.14***		$k=4$ 近邻匹配	0.466	0.125	3.73***
	半径匹配	0.634	0.131	4.83***		半径匹配	0.454	0.128	3.54***
	核匹配	0.667	0.122	5.47***		核匹配	0.488	0.119	4.11***

续表

结果变量	匹配算法	ATT	标准误	T 值	结果变量	匹配算法	ATT	标准误	T 值
	匹配前	1.046	0.075	14.01***		匹配前	1.055	0.079	13.35***
	$k=1$ 近邻匹配	0.607	0.171	3.54***		$k=1$ 近邻匹配	0.925	0.182	5.09***
Z5	$k=4$ 近邻匹配	0.626	0.135	4.63***	Z6	$k=4$ 近邻匹配	0.717	0.144	4.99***
	半径匹配	0.559	0.134	4.16***		半径匹配	0.784	0.146	5.36***
	核匹配	0.686	0.125	5.50***		核匹配	0.786	0.136	5.80***

注：Z1、Z2、Z3、Z4、Z5、Z6 分别表示物品回收行为、搜集环保信息、加入环保组织、和亲友互动、参与话题讨论、关注环保相关内容；ATT 表示 average treatment effect on the treated，平均处理效应
*和***分别表示 10%和 1%的显著性水平

（三）平衡性检验

平衡性检验是检验匹配变量在处理组和控制组的分布情况，通过检验两组样本的匹配变量分布是否相同来评估匹配质量，如果存在高度不平衡，则认为该研究不适合采用匹配法。各匹配变量在匹配前后的样本分布情况如表 3-22 所示，限于篇幅，仅展示 k 近邻的一对一匹配情况。除了家庭年收入在匹配前后的两组样本中差异较低，均在 2%以内，其他匹配变量匹配

表 3-22　匹配前后各匹配变量的平衡性检验结果

变量	匹配前（U）/匹配后（M）	均值		标准偏误	偏差降低	T 检验	
		高程度绿色购买行为组	低程度绿色购买行为组			T 值	P 值
性别	U	0.395	0.472	−15.7%	71.0	−2.13%	0.034
	M	0.404	0.382	4.5%		0.53%	0.596
年龄	U	2.221	2.400	−14.8%	79.0	−2.00%	0.046
	M	2.214	2.176	3.1%		0.36%	0.718
受教育程度	U	2.558	2.183	44.1%	70.0	5.89%	0.000
	M	2.551	2.438	13.2%		1.63%	0.104
职业	U	4.457	4.799	−15.5%	78.1	−2.13%	0.034
	M	4.498	4.573	−3.4%		−0.39%	0.698
日常居住地	U	0.601	0.462	28.2%	35.6	3.83%	0.000
	M	0.588	0.678	−18.2%		−2.16%	0.031
家庭年收入	U	2.942	2.959	−1.5%	−31.3	−0.21%	0.837
	M	2.948	2.970	−1.9%		−0.20%	0.838

续表

变量	匹配前（U）/匹配后（M）	均值		标准偏误	偏差降低	T 检验	
		高程度绿色购买行为组	低程度绿色购买行为组			T 值	P 值
权威从众价值观	U	4.400	3.366	169.7%	98.3	22.26%	0.000
	M	4.380	4.398	−2.9%		−0.38%	0.701
环境态度	U	3.566	3.350	29.3%	87.5	4.09%	0.000
	M	3.535	3.562	−3.7%		−0.39%	0.694
亲环境购买认知	U	4.106	3.575	100.9%	86.4	13.32%	0.000
	M	4.085	4.013	13.8%		1.72%	0.086

前的标准偏误显示，各匹配变量在匹配前均在 10%以上，最高甚至达到了169.7%，而在匹配后，匹配变量得到了均衡，标准偏误大幅度降低。对于每个匹配变量，两个样本组之间均不再有系统差别。匹配后的 T 值和 P 值也显示各匹配变量均不再显著，已经不能解释绿色购买行为与各解释变量之间的关系。总体匹配质量的检验结果如表 3-23 所示，样本经过不同的匹配算法，伪 R^2、LR（likelihood ratio，似然比）值、均值偏差、中位数偏差均有显著下降，B 值和 R 值作为检验平衡性的重要指标，体现出较为理想的匹配效果。半径匹配与核匹配显示出比 k 近邻匹配更好的匹配效果，整体样本的 B 值在匹配前为 177.8，经匹配后，下降为 20.4～30.2，匹配后的R 值均在 1 左右。因此，可以认为 PSM 的四种匹配算法均显著降低了两组样本间匹配变量的差异，匹配较为成功。

表 3-23　总体匹配质量的平衡性检验

匹配算法	伪 R^2	LR 值	P 值	均值偏差	中位数偏差	B 值	R 值
匹配前	0.391	415.78	0.000	46.6	28.2	177.8	0.69
k = 1 近邻匹配	0.016	12.04	0.211	7.2	3.7	30.2	0.92
k = 4 近邻匹配	0.014	10.28	0.328	9.3	9.6	27.9	0.97
半径匹配	0.007	5.09	0.826	5.2	4.3	20.4	1.07
核匹配	0.008	6.24	0.716	7.0	5.9	21.7	1.02

（四）绿色购买行为溢出效应机理分析

以上研究显示，绿色购买行为对部分亲环境行为具有显著的溢出效应，但绿色购买行为如何促进其他的部分亲环境行为，需要进一步探究。

本节从消费者内在动机考量，纳入环境自我认同作为核心解释变量，分析绿色购买行为对亲环境行为的影响机理，即绿色购买行为溢出效应形成机理。参考 Baron 和 Kenny（1986）的中介效应检验程序，本节首先检验了绿色购买行为对环境自我认同的影响，考虑到环境自我认同水平采用了"1～5"赋值，本节运用有序多分类 Logit 模型对这种具有多值选择的有序变量进行回归，经有序多分类 Logit 回归检验，亲环境购买对环境自我认同的相关系数为 0.847，稳健标准误约为 0.175，$Z = 4.82$，$P(P > |Z|) = 0.000$，结果显示出，在 1%的显著性水平上，绿色购买行为对环境自我认同具有显著正向影响。进一步探究绿色购买行为与环境自我认同对其他亲环境行为的影响，有序多分类 Logit 回归结果如表 3-24 所示。对于可回收物的回收行为，同 PSM 的结果类似，绿色购买行为对物品回收行为没有显著的溢出效应。而对搜集环保信息、加入环保组织、和亲友互动、参与话题讨论和关注环保相关内容回归的结果显示，绿色购买行为通过影响消费者的环境自我认同，从而对这五种亲环境行为产生影响，环境自我认同是绿色购买行为溢出效应发生的重要解释变量，H3-3-2 成立。

表 3-24　绿色购买行为对亲环境行为的影响机理

项目	Z1	Z2	Z3	Z4	Z5	Z6
绿色购买行为	0.227 (0.180)	0.786*** (0.184)	0.847*** (0.180)	0.793*** (0.186)	1.119*** (0.183)	0.993*** (0.183)
环境自我认同	0.596*** (0.130)	0.651*** (0.129)	0.330*** (0.123)	0.556*** (0.129)	0.458*** (0.128)	0.433*** (0.128)
Prob＞chi2	0.000	0.000	0.000	0.000	0.000	0.000
伪 R^2	0.122	0.147	0.050	0.146	0.113	0.108

注：Z1、Z2、Z3、Z4、Z5、Z6 分别表示物品回收行为、搜集环保信息、加入环保组织、和亲友互动、参与话题讨论、关注环保相关内容；括号内为稳健标准误；控制变量估计结果略

***表示 1%的显著性水平

四、研究结论与政策建议

（一）研究结论

本节以江苏省和安徽省 12 个代表性城市的 839 份样本数据为例，利用 PSM 模型，通过构建反事实框架，并综合考虑以往研究中亲环境行为共同影响因素，在排除干扰因素的影响下，实证探究了绿色购买行为的溢出效应，并采用有序多分类 Logit 回归的方法，进一步分析消费者绿色购买行为溢出效应的形成机理，得到的主要结论如下所示。

（1）人口统计特征对消费者绿色购买行为的影响，包括性别、年龄、受教育程度、日常居住地、职业和家庭年收入，并没有显著性。这印证了劳可夫和王露露（2015）的观点，即当前消费者人口统计特征对其绿色购买行为并不是很显著。另外，权威从众价值观、环境态度和亲环境购买认知能够显著影响消费者的绿色购买行为，揭示了基于消费者内在动机的文化背景、行为相关态度和相关认知是影响绿色购买行为的显著因素。

（2）在排除消费者不同资源禀赋和权威从众价值观、环境态度及亲环境购买认知的行为影响因素情况下，消费者过去绿色购买行为程度的差异显示出其他亲环境行为的差异，即绿色购买行为对搜集环保信息、加入环保组织、和亲友互动、参与话题讨论、关注环保相关内容存在正向溢出效应，但对物品回收行为没有显著的行为溢出。该结果表明，绿色购买行为并不会对其他所有亲环境行为发生溢出效应，如本节所考虑的物品回收行为。该结果与以往部分研究结论存在部分差异，如 Ha 和 Kwon（2016）研究得出，个体过去的回收行为可以通过其环保动机信念和环保关注，对购买绿色产品的行为产生正向影响。因此，绿色购买行为与回收行为之间的溢出结论，还有待在未来研究中深入探讨。

（3）绿色购买行为的溢出效应发生机制表明，绿色购买行为通过提升消费者的环境自我认同，能够显著影响搜集环保信息、加入环保组织、和亲友互动、参与话题讨论、关注环保相关内容等亲环境行为，环境自我认同在绿色购买行为正向溢出效应中起到了中介作用，这与以往有关亲环境行为正向溢出机制的研究结论一致，本节在亲环境购买领域提供了新的实证证据。

（二）政策建议

基于以上研究结论，本节提出如下有关环境保护的政策建议。

一是加大环境保护和绿色发展理念的宣传与推广，从提升消费者环境保护意识、亲环境产品认知等方面入手，引导和促进消费者的绿色购买行为。二是关注消费者的意识动态，如应定期进行消费者问卷调查、面对面访谈或开展实时互动活动等，一方面，充分了解消费者的需求和意见；另一方面，增强消费者自身的环境保护责任意识和以往绿色购买行为的环境认同感，激励消费者持续或更多地实现其他亲环境行为。三是持续完善引导消费者亲环境行为的规章制度，通过政府激励手段，制定更有效的环保政策，实现由被动接受到主动参与的阶段转化，完成从鼓励消费者亲环境行为到支持消费者自主发生亲环境行为条件支持的角色转换。

第四章　环境共治视角下绿色生产转型的多环节实现机制

生态环境的自然属性、经济属性和社会属性相互交织，形成"社会—经济—环境"复合生态系统。农业本身就是一个生态系统，农业生产和生态环境关系具有天然的一致性，其生产过程大多就在露天环境中完成，是与生态环境关系最密切的产业，生态环境的三重属性通过农业生产的全过程得以体现。随着经济社会的迅速发展，我国作为一个发展中的农业大国，农业环境出现了农药污染、化肥污染、农业生产自身污染等诸多问题，已危及到了农业可持续发展、人民群众的财产安全和身心健康。从农业污染来看，农业面源污染范围广、检测难度大、监管成本高，且排放具有分散性、隐蔽性特征，不仅影响水土质量，而且容易促使农业生产者以掠夺环境为代价获得农业收入，造成污染程度的加深。因此，农业生态环境治理显得尤为重要。目前，我国农业生态环境十分严峻，如何切实破解农业生态治理难题，实现农业生态环境协同治理，是当前必须认真研究和深入探索的重大课题。我国学术界围绕农业生态治理的研究主要涵盖农业生态治理面临的难题、恶化的原因以及治理的途径等，但关于实现农业生态环境协同治理的研究却较为鲜见。因此，只有理性审视当前农业生态治理，尝试构建新时代农业生态环境治理的实践路径，才能解决农业生态环境问题，全面推进乡村振兴，实现从农业大国向农业强国的转型。为此，本章从农业生产源头入手，立足于农业生产多个环节和不同农业生产主体，探究微观农业主体绿色生产转型的内外部影响因素和内在机理，并厘清内外部影响因素对绿色生产转型的作用机制，以此挖掘出农业绿色生产转型的多环节实现机制，以期为改善农业绿色生产约束条件、促进社会绿色发展、制定高效环境政策提供经验证据与决策参考。

第一节　社会嵌入视角下生产者绿色生产技术采纳行为研究

推进农业绿色发展既是国家重大战略举措之一，也是经济社会发展的主流声音和农业生产转型的实践导向（喻永红等，2021）。其中，农业绿色生产是绿色经济发展的动力，也是实现绿色和可持续生态发展的前提（Liu et al.，2020）。转变传统农业生产方式，加快农业绿色生产转型，成为当前缓解环境承载压力、推进农业可持续发展的根本途径。农业生产者作为农业生产和农业环境保护的关键主体，其绿色生产行为对农业绿色生产转型、生态环境保护起到了重要作用，农业绿色发展应从农业生产者微观主体出发，促进其采取绿色生产行为。然而，从源头解决农业生产环境问题、探究农业生产者绿色生产方式引导策略，必须从生产者的行为特征出发，研究并遵循其生产行为特征规律，一方面，作为社会系统个体，农业生产者具备基本学习、环境感知能力，其行为选择容易受到外部环境因素的影响，并以利益"均衡点"为依托，对激励和制约因素进行理性分析；另一方面，其自身异质性特征往往对其农业生产决策起到决定性作用。鉴于此，本节基于对农业生产者微观主体考察，运用社会嵌入理论，以多种绿色生产技术采纳表征绿色生产行为，从嵌入因素与自主因素两个方面，实证分析生产者绿色生产技术采纳行为的影响因素，据此提出相关政策建议，以期为加快农业绿色生产转型、推进农业绿色发展提供重要理论和实践价值。

一、绿色生产技术采纳行为研究的文献回顾

农业绿色生产作为一种可持续的发展方式，对保护生态环境、节约资源、缓解农业污染、推进农业绿色发展具有显著促进作用，是深化农业供给侧结构性改革的重要途径（刘可等，2019）。转变传统农业生产方式、全面实现农业绿色生产转型成为当前农业发展主流导向，而农业绿色生产技术是加快这一过程的核心驱动力量。近年来，国内外学者对农业绿色生产的研究视角从宏观农业绿色生产率（Fang et al.，2021；展进涛等，2019），逐渐转向关注微观主体行为，主要体现在对农业生产者绿色生产技术的采纳意愿、采纳行为、采纳程度及其影响因素等方面展开的积极探索，研究所涉及的影响因素集中于生产者个体特征、家庭特征、生产经营特征、技术认知和风险感知、外部环境因素等方面。在个体特征和家庭特征方面，性别、年龄、受教育程度、家庭经济水平、家庭人口等因素是影响生产者采纳绿色生产技术的主要因素（Gao et al.，2017；张复宏等，2017），且在规模异质性情况下，个体特征与家庭特征对不同绿色生产技术采纳行为的影响存在一定差异（孔凡斌等，2019）。在生产经营特征方面，Li 等（2021）采用 Logit 模型分析得出，小农采用农业绿色生产技术的决定因素主要包括家庭特征、农业经营特征、社会特征和认知特征，且非农就业人数较多的农户采纳绿色生产技术能够显著提高农业生产技术效率。但也有研究表明，非农就业能够通过减少生产者土地规模、提高地块集中化水平和生产专业化水平，抑制生产者绿色生产行为（畅倩等，2020）。在技术认知和风险感知方面，仇焕广等（2020）通过不同风险感知情况下农户风险偏好对保护性耕作技术采纳的差异性影响考察发现，风险感知正向调节风险偏好对农户技术采纳的影响。Li 等（2020）构建结构方程模型实证得出，农户感知收益是对绿色生产意愿发挥关键作用的决定性因素。针对保持耕作技术，刘丽等（2020）也实证检验了技术认知对技术采纳意愿的正向作用，且风险感知对技术采纳意愿影响程度存在代际差异。部分研究表明，生产者对绿色生产技术的不同环节认知，对其技术采纳行为的影响存在差异（徐涛等，2018）。在外部环境因素方面，焦翔等（2021）基于包含绿色生产技术采纳的多种绿色生产行为特征研究发现，绿色生产行为不仅受到个体特征（如生态农场负责人的年龄、受教育程度等）和生产经营特征等内在因素的影响，而且受到政府绿色生产补贴、监管者质量管控等外部环境因素的影响。杨钰蓉和罗小锋（2018）研究表明减量替代政策对生产者不同有机肥替代技术采纳意愿的影响具有显著差异。通过专业合作社组织参与，不仅能够促使生产者采纳绿色生产技术，而且对小农户技术采纳行为的带动效果更为明显（万凌霄和蔡海龙，2021）。此外，也有学者从生产者行为双向选择思路，探究了绿色生产行为与产业组织模式选择的相互作用（张康洁等，2021a，2021b）。

　　尽管已有较多研究对微观农业生产者绿色生产技术采纳影响因素进行了丰富的探究，为本节的研究设计提供了一定的理论价值，但也能够发现既有研究仍存在拓展空间。一是在研究视角方面，现有研究从各种可能的角度去量化分析绿色生产技术采纳的影响因素，大多关注生产特征和各类自然禀赋特征对绿色生产技术采纳的影响（Fang et al.，2021），或者重点考察某一因素对技术采纳的影响（许佳彬等，2021；Niu et al.，2022）。一方面，对影响因素的分析较为笼统，大部分缺乏理论支撑；另一方面，在不同技术特征条件下，影响因素存在一定差异，较少研究系统归纳出多维内外部因素，探究其对生产者绿色生产技术采纳行为的影响。仅有少数研究立足于社会嵌入视角（张玉琴等，2021；朱利群等，2018；Cheng et al.，2018），但未对绿色生产技术采纳行为进行扩展探究。二是在研究内容方面，现有研究较多针对某种绿色生产技术采纳意愿与行为进行影响因素分析，重点研究生产者是否采纳，而对生产者多种绿色生产技术采纳程度的研究较少。绿色生产过程包括产前、产中、产后等多个环节，鉴于技术之间的互补性和差异性，生产者可能会对多种绿色生产技术联合采纳，因此考虑生产者对多种绿色生产技术采纳行为程度，更符合现实情况。三是在研究范式方面，现有研究较多运用 Probit 模型（孔凡斌等，2019；仇焕广等，2020）、Logistic 模型（Li et al.，2021；许佳彬等，2021）进行实证估计，少数研究采用选择实验（喻永红等，2021）、IV-Probit 模型（Niu et al.，2022）、双栏模型（孙杰等，2019）探讨绿色生产技术采纳行为的影响因素。在传统研究范式影响下，鲜少研究对生产者绿色生产技术采纳行为的影响因素解释结构进行进一步分析，以致无法探知众多影响因素的层级结构和相关关系。一般解释结构模型（interpretive structure modeling，ISM）早已运用到农业技术采纳研究领域（朱萌等，2016），对抗解释结构模型（adversarial interpretive structure modeling，AISM）也在近几年被运用到影响因素分析中（方曦等，2021），在解析影响因素结构关系方面具有显著优势。为此，本节拟从社会嵌入视角，考虑并科学量化多维度社会嵌入因素和自主因素，建立有序多分类 Logit 模型，实证检验其对多环节绿色生产技术采纳行为的影响，并进一步借助 AISM 对各影响因素的层级结构和相关关系进行综合分析。

二、理论分析与研究假说

（一）理论分析

　　Schultz（1964）的农户行为理论认为，农业生产者在生产经营过程中的一切生产活动，均会以追求利润最大化为首要目标，综合考虑生产成本、农产品价格、投入要素配置等方面因素，进行理性生产行为决策。同时，作为社会系统中的个体，农业生产者具备"社会人"身份，特别是在不同环境下，生产者行为决策会存在明显差异，在不同程度上受到政治制度、社会网络、文化习俗等诸多社会结构因素的作用。在这种社会学与经济学理论演进过程中，波兰尼于 1944 年提出了"嵌入性"（embeddedness）概念，强调了经济主体的社会嵌入性特征，即社会嵌入理论初步形成（波兰尼，2009）。随后，Granovetter（1985）进一步深化与完善该理论，对经济学"社会化不足"和社会学"社会化过度"之间的理论张力进行调和，并构建了基于整体社会网络结构的嵌入性分析框架：关系嵌入和结构嵌入，开辟出宏观社会结构和微观社会行动之间相互联系的理论通道，也为"非完全理性"的农业生产者行为现象提供了新的研究视角。

　　基于农户行为理论和社会嵌入理论，农业生产者行为本质上属于经济学"零嵌入"和社会学"强嵌入"的双重制约结果，即在受到"零嵌入"自主因素影响的同时，也受到"强嵌入"嵌入因素的制约。自主因素主要体现了经济学理性行为立场，生产者需要依据自身条件，包含其各项资源禀赋，以利润最大化为目的，进行生产行为决策。在自主因素作用下，生产者行为也会受到嵌入因素的影响，嵌入因素则体现了社会学非理性行为立场，生产者在其所处的社会环境中，在不同程度上受到政治制度、社会网络等因素的促进或制约作用，直接或间接导致生产行为的发生和发展。在嵌入因素的维度划分方面，诸多学者对该理论进行了拓展，Zukin 和 DiMaggio（1990）的社会嵌入思想，从社会氛围、个体意识、政策环境、组织关系方面综合考虑，将文化、认知、政治制度和社会结构四个方面的情景因素融入社会嵌入理论之中。Uzzi（1997）认为社会嵌入主要表现出信任、信息共享和协商问题三个方面的特殊性。Halinen 和 Törnroos（1998）从企业视角指出，社会嵌入为企业与各种关系网络的相互依赖，关系嵌入对企业间的信任和关系的稳定性与持久性具有重要影响。

从农业生产者的绿色生产技术采纳行为来看，第一，生产者需要考虑自身条件，对绿色生产技术所带来的经济收益进行理性评估；第二，在当前农业绿色发展趋势下，多项农业支持政策和农业供给侧结构性改革意见的提出，为生产者营造了较为完善的政策环境；第三，在中国传统文化背景下，文化往往以潜移默化的影响方式对个体习惯起着不可忽视的作用；第四，在不同地区资源禀赋、社会发展阶段差异条件下，生产者社会关系网络与多重社会结构的建构，为其打通了复杂性的市场信息与生产资料获取渠道；第五，基于社会学习过程，生产者将外部信息转化为内在认知，在一定程度上决定着生产行为的发生和变化。为此，本节依托社会嵌入理论，重点借鉴 Granovetter（1985）与 Zukin 和 DiMaggio（1990）的社会嵌入观点，尝试从政策、文化、认知、关系、结构五个维度的社会嵌入因素出发，结合自主因素，解析生产者对绿色生产技术采纳的影响因素及其解释结构。

（二）研究假说

政策嵌入主要体现在政策对生产者绿色生产技术采纳行为的影响，包括国家及地方政府层面的各项激励性政策、约束性政策和引导性政策。2012～2022 年中央一号文件针对农业产业发展，从"搞好生态建设"到"推进农业农村绿色发展"，逐渐聚焦和加强对农业生态环境领域的绿色发展政策。在宏观政策支持下，各级地方政府为推进生产者采纳绿色生产技术，采用多种方式落实国家政策，包括制定绿色补贴标准、提供技术指导、培育新型农业经营主体等。农业绿色发展政策给予了生产者逐步转变生产方式的契机。已有研究表明，政策因素可以显著促进生产者对绿色生产技术的采纳（杨钰蓉和罗小锋，2018），尤其是地方政府的态度与作为，将直接影响生产者是否具备良好的外部绿色生产环境。总体来说，当前农业政策对生产者绿色生产技术采纳行为起着正向引导作用。因此，从政策嵌入角度出发，本节提出以下假设。

H4-1-1：政策嵌入因素显著正向影响生产者绿色生产技术采纳行为。

文化嵌入主要在于中国农业生产者共通的价值观、社会规范对绿色生产技术采纳行为的影响。中国历史悠久，文化内涵博大精深，尤其是在传统乡土社会演进中，以地缘、血缘为纽带，逐渐形成具有地域特征的农村社会文化，在地方习俗、宗教信仰、语言习惯等诸多方面表现出显著的地区差异，以此造就了中国独特鲜明的整体文化特征（费孝通，2019）。在中国传统文化背景和地域文化影响下，农业生产者拥有着相同或相似的集体价值观，有利于打破信息壁垒，在一定程度上缓解了信息不对称问题。加上当地文化规范、邻里效应与代际效应的存在，使其较容易形成一致的行为特征。由此分析，当生产者文化嵌入程度越高时，其越可能受到共同价值观与社会规范的驱使，使其越容易接受他人关于绿色生产技术采纳的决策建议，甚至是在采纳后对他人的采纳行为具有显著影响。因此，本节提出以下假设。

H4-1-2：文化嵌入因素显著正向影响生产者绿色生产技术采纳行为。

认知嵌入是指农业生产者在社会学习过程中所形成的内在认知特征，对其绿色生产技术采纳行为的影响。社会认知理论认为，认知是一切行为发生的基础。生产者对绿色生产技术的各方面认知，既包括对其经济效益的认知，也包括对其环保作用、社会效益的认识，其认知水平也在一定程度上反映出生产者的环保意识和专业知识。同时，基于生产者非完全理性特点，认知低下与认知偏差均会限制其对绿色生产技术的采纳，而积极的认知水平才能够促使生产者采纳绿色生产技术。有研究表明，技术认知水平较高的生产者对绿色生产技术的采纳概率更高（许佳彬等，2021）。因此，从积极认知嵌入角度出发，本节提出以下假设。

H4-1-3：认知嵌入因素显著正向影响生产者绿色生产技术采纳行为。

关系嵌入是指生产者社会关系网络对其绿色生产技术采纳行为的影响，主要表现在邻里效应与代际效应对绿色生产技术采纳的作用。一方面，社会关系网络作为生产者重要的社会资本，生产者以此扩宽自己的信息获取渠道，通过与周围邻居、亲戚朋友等的长期频繁交流，不断获取绿色生产技术相关信息；另一方面，社会关系网络具有复杂性和独特性，关系密度和关系频率决定着生产者关系嵌入程度，进一步地，以信任为桥梁的关系嵌入，通过学习模仿机制，能够直接影响生产者绿色生产技术采纳行为（Niu et al.，2022）。此外，家庭代际关系奠定了生产者绿色生产技术采纳行为一致性的基础，父母对子女的行为起着主要导向作用，并且邻里沟通频率对个体信息获取具有积极影响，能够显著提升生产者绿色生产技术的采纳程度（Gao et al.，2017）。因此，本节提出以下假设。

H4-1-4：关系嵌入因素显著正向影响生产者绿色生产技术采纳行为。

结构嵌入与关系嵌入具有一定的联系与区别，结构嵌入反映的是生产者在所处社会关系网络中的结构属性对其绿色生产技术采纳行为的影响。结构嵌入体现在生产者的网络位置与网络密度两个方面，网络位置衡量了与生产者互相影响的其他主体类型和网络成员社会资本存量，进而决定了生产者能否在该网络位置中获得丰富的绿色生产技术相关信息；网络密度则是衡量了网络成员之间的信息流动效率，信息流动效率越高，越有利于内部资源共享（程琳琳等，2019）。例如，有研究表明，生产者加入合作社能够显著促使其主动或被动采纳绿色生产技术（万凌霄和蔡海龙，2021）。Liu 等（2022）研究指出，合作社作为与生产者共享同一社交网络的培训组织，能够通过其技术扩散功能促进生物农药的采用。由此可以推测，生产者结构嵌入程度越高，越可能获得绿色生产技术相关资源，进而越可能采纳绿色生产技术。因此，本节提出以下假设。

H4-1-5：结构嵌入因素显著正向影响生产者绿色生产技术采纳行为。

三、数据来源及其特征描述

（一）数据来源

本节的研究数据来自课题组 2021 年 7～8 月对江苏省 4 个地区（无锡市、宿迁市、淮安市、泰州市）从事种植业的农业生产者的实地调查，主要针对粮食作物生产者。以江苏省为研究区域的原因为：第一，江苏省是经济大省，也是农业大省，《中国统计年鉴 2021》数据显示，2020 年江苏省地区生产总值排名全国第二，而粮食产量位居第七，仅以 1.12% 的土地面积贡献了全国 5.57% 的粮食产量，且农业农村经济基础水平较高，现代农业建设领跑全国，在探索农业现代化过程中起着重要作用。第二，《中国农村统计年鉴—2021》数据显示，2020 年江苏省农用化肥施用量约 280.8 万吨，农药使用量约 6.6 万吨，虽然相较于 2019 年略有下降，但仍处于较高水平，农业污染问题不容小觑。第三，课题组以往研究已在江苏省各地区开展大量的调研工作，对当地的农业生产经营情况有较为丰富的了解。因此，选择江苏省的农业生产者调研数据作为本节的实证数据，在农业现代化建设规划和实践经验方面具有一定的代表性与参考价值。样本采取分层随机抽样的原则，由经过培训的专项人员，首先，按照地区生产总值、农业产值、农作物播种面积等指标，从江苏省的苏南（无锡市）、苏北（宿迁市、淮安市）、苏中（泰州市）分别选取代表性城市作为初级抽样单位；其次，根据各市的种植地区分布、农业产值和相关农业生产情况公开信息，分别选取了 2～5 个县（市、区），每个县（市、区）随机选取 1～3 个镇，每个镇随机选取 1～3 个村；最后，由事先经过系统培训的专项人员以问卷调查和面对面访谈相结合的方式，于每个村随机选取 5～20 个农户进行入户询问，深入了解生产者农业生产经营的基本情况与现实问题。调查过程中随机发放并回收问卷813 份，经对无效问卷剔除，最终得到有效问卷 708 份，问卷有效率 87.08%。

（二）样本概况

本次调研获取有效样本的生产者基本特征如表 4-1 所示。

表 4-1　受访者基本统计特征描述

变量	变量解释	频数	占比	变量	变量解释	频数	占比
性别	男	430	60.73%	土地转让经营	是	221	31.21%
	女	278	39.27%		否	487	68.79%
婚姻状况	已婚	640	90.40%	种植结构调整	是	330	46.61%
	未婚	68	9.60%		否	378	53.39%
年龄	30 岁及以下	44	6.21%	农业收入占比	0～20%	162	22.88%
	31～40 岁	176	24.86%		20%（不含）～40%	231	32.63%
	41～50 岁	228	32.20%		40%（不含）～60%	134	18.93%
	51～60 岁	168	23.73%		60%（不含）～80%	90	12.71%
	60 岁以上	92	12.99%		80%（不含）～100%	91	12.85%
受教育程度	小学及以下	113	15.96%	耕地面积	5 亩及以下	316	44.63%
	初中	257	36.30%		5（不含）～10 亩	144	20.34%
	高中或中专	200	28.25%		10（不含）～15 亩	45	6.36%
	大专	82	11.58%		15（不含）～20 亩	51	7.20%
	本科	48	6.78%		20（不含）～50 亩	56	7.91%
	硕士研究生及以上	8	1.13%		50 亩以上	96	13.56%

续表

变量	变量解释	频数	占比	变量	变量解释	频数	占比
身体健康状况	很差	27	3.81%	家庭年收入	5 万元及以下	69	9.75%
	较差	42	5.93%		5 万（不含）～10 万元	199	28.11%
	一般	178	25.14%		10 万（不含）～15 万元	205	28.95%
	较好	241	34.04%		15 万（不含）～20 万元	126	17.80%
	很好	220	31.07%		20 万元以上	109	15.40%
家庭人口数	1～3 人	121	17.09%	农业劳动人数	1 人	99	13.98%
	4 人	151	21.33%		2 人	382	53.95%
	5 人	195	27.54%		3 人	136	19.21%
	6 人	137	19.35%		4 人	55	7.77%
	7 人及以上	104	14.69%		5 人及以上	36	5.08%

注：1 亩约等于 666.7 平方米；因四舍五入，存在相加不为 100%情况

统计特征主要呈现了三个方面：个体特征、家庭特征以及生产特征。在个体特征方面，受访者以男性居多，男女比例约为 3/2，符合当前中国农业生产劳动力以男性为主的社会特征。已婚状态受访者占比达 90.40%，结合年龄分布来看，主要集中在 31～60 岁的年龄段，符合已婚年龄基本情况，30 岁及以下年龄层次的受访者仅占 6.21%，总体年龄分布仍是以中年人群为主。80%以上的受访者的受教育程度处于高中或中专及以下，说明大多数的受访者文化程度偏低。因农业生产依靠较强的体力劳动，因此调查了生产者的身体健康状况，通过自评健康状况等级可以看出，选择"较好"以及"很好"的频数较高，均在 200 以上。在家庭特征方面，受访者的家庭年收入大多处于 5 万（不含）～15 万元水平，占 57.06%，20 万元以上的家庭占 15.40%；家庭人口主要以 4 人及 5 人为主，其中以从事农业劳动人数为 2 人的家庭为主。在生产特征方面，将土地转让给其他农户或经济组织经营或使用的生产者为少数，占比为 31.21%，未转让占 68.79%；耕地总面积在 5 亩及以下最多，占比为 44.63%，说明此次调查对象中小农户占有较大比例；关于种植结构调整情况，对农作物的面积、位置等定期调整的受访者较少，53.39%的受访者从不调整；农业收入占家庭总收入大多在 60%以下，这可能与家庭成员兼业情况有关，但以农业为主要收入来源的家庭仍占有一定比重。

四、模型构建与变量说明

（一）模型构建

1. 有序多分类 Logit 模型

农业生产涉及多个环节，且现已推广应用的绿色生产技术尚未全覆盖农业生产者，因此造成了生产者在采纳绿色生产技术时，对不同环节的绿色生产技术产生了不同的偏好，所采纳的绿色生产技术不同程度地干预着农业生产活动。鉴于此，本节充分考虑产前、产中、产后的生产过程，并根据农业农村部 2018 年印发的《农业绿色发展技术导则（2018—2030 年）》推广应用的绿色生产技术，在绿色投入品、耕地质量提升与保育技术、农业控水与雨养旱作技术、化肥农药减施增效技术和农业废弃物循环利用技术等方面，选择多项绿色生产技术，对生产者技术采纳行为进行调查，包括生物农药、有机肥、保护性耕作、节水灌溉、测土配方施肥、绿色防控、秸秆还田七项技术。在实际调查中发现，大多数生产者会采纳不止一项绿色生产技术，为了衡量生产者对绿色生产技术的采纳程度，本节以生产者对七项绿色生产技术的采纳项数作为该变量的数据指标。由于生产者对绿色生产技术的采纳数量会出现具有一定顺序的多分类情况，因此本节采用有序多分类 Logit 模型进行实证分析，并将有序多分类 Probit 模型作为稳健性检验的方式。

为确定生产者绿色生产技术采纳行为的影响因素，在具体模型构建中，因变量为生产者绿色生产技术采纳行为，每项技术采纳赋值为"1"，未采纳赋值为"0"，把七项技术的采纳情况进行累计，得出 8 种情况（0, 1, 2, 3, …, 7）。建立有序多分类 Logit 模型，如下所示：

$$\text{Logit}(P_i) = \text{Ln}\frac{P(y \leq j)}{P(y \geq j+1)} = \alpha_j + \beta X_i \qquad (4\text{-}1)$$

其中：

$$P_i = P(y = j | X_i) = \frac{1}{1 + e^{-(\alpha + \beta X_i)}} \qquad (4\text{-}2)$$

其中，y 表示生产者绿色生产技术采纳数量情况；P_i 表示某种情况发生的概率（如 $y = j$）；X_i（$i = 1, 2, \cdots, n$）表示可能影响生产者绿色生产技术采纳行为的因素；β 表示一组对应 X_i 的回归系数；α_j 表示第 j 种情况回归模型的截距。

2. AISM 模型

通过有序多分类 Logit 回归分析得到影响生产者绿色生产技术采纳行为的显著因素后，本节利用 AISM，进一步解析各显著影响因素之间的关联关系和多级阶梯结构，AISM 是在 ISM 基础上加入生成对抗网络的对抗思想，用以分析复杂社会经济系统中各因素之间关系和结构的分析方法（倪标和黄伟，2020；杨力等，2021）。相较于经典的 ISM 方法采用从优到劣的方式求解，AISM 采用以结果优先和原因优先对立的层级抽取规则（结果优先的层级划分得到 UP 型拓扑层级图，原因优先的层级划分得到 DOWN 型拓扑层级图），由关系矩阵得出可达矩阵，最终以有向拓扑层级图的方式呈现出各节点间的因果关系，直观且清晰地呈现出结果。因此，本节拟通过综合比较两组有向拓扑图，系统分析生产者绿色生产技术采纳行为的影响因素，探索各影响因素之间的相互关系和层级结构，模型基本过程如下所示：

$$A \xrightarrow{A+1} B \xrightarrow{\text{连乘}} R \xrightarrow{\text{对立的层级抽取规则}} \{\text{UP}|\text{DOWN}\} \longrightarrow \text{层级图}$$

关系矩阵 $A = [a]_{m \times m}$，表示各影响因素之间的比较结果，其中：

$$a_{pq} = \begin{cases} 1, & p \to q \text{有直接二元关系} \\ 0, & p \to q \text{无直接二元关系} \end{cases} \tag{4-3}$$

基于关系矩阵 A 计算可达矩阵 R，I 为单位矩阵，B 为相乘矩阵，B 连乘可得 R，即

$$B^{K-1} \neq B^K = B^{K+1} = R \tag{4-4}$$

对 R 进行缩点运算得到可达矩阵 R'，再通过缩边运算可得到骨架矩阵 S，即

$$S = R' - (R' - I)^2 - I \tag{4-5}$$

根据可达集合 R、先行集合 Q、共同集合 $T = R \cap Q$ 进行层级抽取，层级图的划分包括：①以结果优先划分层级的 UP 型层级图，对于要素 e_i 满足 $T(e_i) = R(e_i)$；②以原因优先划分层级的 DOWN 型层级图，满足 $T(e_i) = Q(e_i)$。

（二）变量说明

（1）自主因素。生产者的资源禀赋作为生产活动的基本条件，对其生产决策起着至关重要的作用，在分析生产者对绿色生产技术采纳行为的影响因素过程中，生产者的资源禀赋特征也是需要着重考虑的自主因素。借鉴已有研究对自主因素的分解（张玉琴等，2021；朱利群等，2018），本节纳入生产者的个体特征、家庭特征和生产特征三个方面的自主因素作为特

征向量。以生产者性别、年龄、婚姻状况、受教育程度和身体健康状况表征个体特征，以家庭人口数、家庭年收入、农业劳动人数表征家庭特征，以农业收入占比、耕地面积、土地转让经营、种植结构调整表征生产特征。

（2）嵌入因素。基于社会嵌入理论以及对相关研究的理论分析可知，各类嵌入因素渗透于生产者所处社会环境中，对其绿色生产技术采纳行为可能起到不同的影响，本节通过考虑政策嵌入、文化嵌入、认知嵌入、关系嵌入和结构嵌入五个维度，分析不同嵌入因素对生产者采纳绿色生产技术的影响，各类指标的解释如表 4-2 所示。参考张玉琴等（2021）和谭芬等（2021）相关研究对各类嵌入因素的定义与测量，本节研究的政策嵌入因素立足于生产者受到相关政策或政府相关行为影响情况，把农业补贴、技术指导、生产培训三个方面的嵌入特征作为政策嵌入维度指标。在考量文化嵌入因素时，本节主要基于中国传统文化背景，从传统农户的理性行为角度出发，融入技术风险观念、实用理性和从众心理因素。以上三者作为文化嵌入维度的指标，能够较为充分地反映出文化在生产者农业生产行为观念中的嵌入。认知嵌入维度主要从技术认知、生产认知、污染认知角度测量了生产者的基本认知情况。关系嵌入维度基于生产者的个人主要关系网络，从周围邻居、父母长辈、亲戚朋友三个角度出发，以近邻关系、代际关系、亲友关系衡量关系嵌入程度；结构嵌入维度指标反映了生产者在农业生产环境中所建立的社会网络结构，把劳动分化、组织参与、企业合作作为结构嵌入维度指标，以衡量生产者的社会资本存量。

表 4-2　基于熵值修正 G1 法的社会嵌入指标体系及其权重

变量		指标	重要性	熵值	重要性之比	指标对准则权重
政策嵌入	农业补贴	Q_1 是否受到过农业相关补贴：是 = 1，否 = 0	1	0.9004	1	0.3351
	技术指导	Q_2 是否受到过政府绿色生产技术指导：是 = 1，否 = 0	2	0.9370	1.0163	0.3351
	生产培训	Q_3 是否参加过政府组织的绿色生产培训：是 = 1，否 = 0	3	0.9220	—	0.3298
文化嵌入	风险观念	Q_4 对绿色生产技术的风险态度：非常偏好 = 1，较为偏好 = 2，中立 = 3，较为规避 = 4，完全规避 = 5	1	0.9851	1	0.3338
	实用理性	Q_5 从事绿色生产带来心理安慰：完全不同意 = 1，不太同意 = 2，一般 = 3，比较同意 = 4，非常同意 = 5	2	0.9905	1.0039	0.3338
	从众心理	Q_6 绿色生产需要放弃其他更高收益机会：完全不同意 = 1，不太同意 = 2，一般 = 3，比较同意 = 4，非常同意 = 5	3	0.9867	—	0.3325

变量		指标	重要性	熵值	重要性之比	指标对准则权重
认知嵌入	技术认知	Q7 绿色生产技术对环境保护作用评分：1～5 分	1	0.9866	1.0352	0.3411
	生产认知	Q8 过量使用农业会带来高收入：非常同意 =1，比较同意 =2，一般 =3，不太同意 =4，完全不同意 =5	2	0.9531	1	0.3295
	污染认知	Q9 知道当前农业环境的污染严重：完全不同意 =1，不太同意 =2，一般 =3，比较同意 =4，非常同意 =5	3	0.9855	——	0.3295
关系嵌入	近邻关系	Q10 与周围邻居交流农业生产相关知识的频率：从不 =1，偶尔 =2，一般 =3，经常 =4，总是 =5	1	0.9776	1	0.3579
	代际关系	Q11 父母长辈认为我应该进行绿色生产：完全不同意 =1，不太同意 =2，一般 =3，比较同意 =4，非常同意 =5	2	0.9885	1.2594	0.3579
	亲友关系	Q12 亲戚朋友是否采取绿色生产行为方式：是 =1，否 =0	3	0.7849	——	0.2842
结构嵌入	劳动分化	Q13 是否兼业：是 =1，否 =0	1	0.9142	1.0686	0.3557
	组织参与	Q14 是否加入了农业合作社：是 =1，否 =0	2	0.8556	1.0685	0.3328
	企业合作	Q15 是否与龙头企业合作：是 =1，否 =0	3	0.8008	——	0.3115

为了对不同维度的嵌入因素进行科学评价，为探究各类嵌入因素对生产者绿色生产技术采纳行为的影响提供可靠支撑，本节采取熵值修正 G1 法对社会嵌入指标体系进行组合赋权。单一赋权法无法综合主观和客观赋权方法的优势，而相较于一般主观和客观权重合成使用的线性加权等传统组合赋权法，熵值修正 G1 法更明确了主观和客观权重占比的问题，客观熵值赋权和主观 G1 赋权通过指标重要性之比结合统一，使得权重既反映了专家意见，也体现了数据信息的变化（李刚，2010）。建立各类嵌入因素的指标体系后，邀请相关领域专家对不同维度的指标进行重要性排序，最后再运用熵值修正 G1 法。本节构建生产者绿色生产技术采纳行为的社会嵌入指标体系及其权重如表 4-2 所示。

五、绿色生产技术采纳行为影响因素及其解释结构

（一）绿色生产技术采纳行为的影响因素

本节运用 Stata 15 软件对 708 份有效样本数据进行有序多分类 Logit 回归处理。考虑到本节所研究的社会嵌入因素、自主因素各个解释变量之

间可能存在的多重共线性，首先，利用方差膨胀因子（variance inflation factor，VIF）和条件指数（conditional index，CI）检验，得出各个解释变量 VIF 均在 2 以内，均值为 1.38，远小于 10，容许度（tolerance）远大于 0.1，CI 最大值为 26.55，两种检验方法均说明了模型不存在严重的多重共线性问题。其次，将考虑的所有嵌入因素和自主因素对生产者绿色生产技术采纳行为进行式（4-1）估计，得到模型 1，结果如表 4-3 所示。

表 4-3　生产者绿色生产技术采纳行为的影响因素有序多分类 Logit 回归结果

变量		模型 1			模型 2		
		系数	标准误	Z 值	系数	标准误	Z 值
嵌入因素	政策嵌入	0.7645***	0.2449	3.1216	0.7795***	0.2336	3.3365
	文化嵌入	0.0741	0.1412	0.5249	—	—	—
	认知嵌入	0.7058***	0.1264	5.5843	0.7368***	0.1156	6.3752
	关系嵌入	0.3337**	0.1652	2.0200	0.3792***	0.1466	2.5861
	结构嵌入	0.9372***	0.2849	3.2891	0.9491***	0.2699	3.5170
自主因素 个体特征	性别	−0.1899	0.1634	−1.1622	—	—	—
	年龄	−0.2680***	0.0860	−3.1144	−0.2663***	0.0750	−3.5496
	婚姻状况	0.7881***	0.2954	2.6673	0.8299***	0.2914	2.8476
	受教育程度	−0.0212	0.0830	−0.2564	—	—	—
	身体健康状况	−0.4130***	0.0898	−4.6005	−0.4215***	0.0861	−4.8960
家庭特征	家庭人口数	0.0218	0.0562	0.3885	—	—	—
	农业劳动人数	0.2240**	0.0948	2.3614	0.2543***	0.0789	3.2222
	家庭年收入	−0.2755***	0.0691	−3.9865	−0.2519***	0.0647	−3.8941
生产特征	农业收入占比	0.0383	0.0656	0.5830	—	—	—
	耕地面积	0.0443	0.0499	0.8872	—	—	—
	土地转让经营	0.0726	0.1762	0.4119	—	—	—
	种植结构调整	−0.1650***	0.0619	−2.6661	−0.1558***	0.0605	−2.5750
Prob＞chi2		0.0000			0.0000		
伪 R^2		0.0895			0.0879		
对数似然值		−971.7651			−973.4664		

注：运用有序多分类 Probit 模型进行稳健性检验，显示与有序多分类 Logit 回归结果中各解释变量的显著性一致

***、**分别表示在 1%、5%的水平上显著

在嵌入因素中，政策嵌入、认知嵌入和结构嵌入均在 1%的显著水平上

对生产者绿色生产技术采纳行为产生正向影响，关系嵌入在5%的水平上显著正向影响生产者绿色生产技术采纳行为，H4-1-1、H4-1-3、H4-1-4、H4-1-5得到验证。这说明了政策嵌入、认知嵌入、关系嵌入和结构嵌入的程度越高，生产者越容易采纳绿色生产技术。政府对多种绿色生产技术支持政策的增加以及执行力度的加深，为生产者技术采纳提供了有利信息和便捷条件，进而提高技术采纳水平。从经济效益与环境效益认知方面衡量的认知嵌入，体现了生产者个体对技术采纳与环境保护的认知水平，积极的认知有利于形成正向的行为决策，因此检验出认知嵌入程度越高的生产者对绿色生产技术的采纳程度越高。与现有相关研究结论具有相似性，如许佳彬等（2021）研究得出绿色生产政策认知、农业污染危害认知、农业绿色发展认知能够提升生产者绿色生产意愿。关系嵌入表现在重要社会关系网络中的信息交流强度与社会规范作用，频繁的信息交流与强烈的社会规范，可以建立良好的绿色生产技术扩散机制，网络扩大、信任构建与模范引领促使生产者采纳绿色生产技术。同样，在结构嵌入中，依托组织参与、协作关系的形成，生产者在不同结构关系中进一步增强信息互动，在一定程度上缓解信息不对称的问题，逐渐形成信息优势，进而提高生产者绿色生产技术采纳水平。文化嵌入并没有得出显著结果，H4-1-2未通过检验，传统文化价值观念可能无法提高生产者对绿色生产技术的采纳，这与以往部分研究结果存在一致性（张玉琴等，2021），传统文化观念淡化、缺乏对技术统一的认识可能是其主要原因，加上偏差性的收益和风险感知对技术采纳具有抑制作用，对文化嵌入的整体积极作用产生干扰。

在自主因素方面，个体特征的年龄负向影响绿色生产技术采纳行为，且在1%的统计水平上显著，说明年龄越长的生产者越难以采纳绿色生产技术，可以反映出较为年轻的生产者在科技进步的社会环境下，能够对绿色生产技术体现出更高的接受程度。婚姻状况在1%的水平上显著影响着绿色生产技术采纳行为，说明已婚状态的生产者更能采纳绿色生产技术。身体健康状况显著负向影响绿色生产技术采纳行为，身体较为不理想的生产者比身体健康的生产者会更容易采纳绿色生产技术，原因可能在于，出于对自身及他人生命健康的充分关心与重视，使得他们对农业绿色生产转型具备更高的需求，更可能采纳绿色生产技术进行农业绿色生产。在家庭特征中，农业劳动人数显著影响绿色生产技术采纳行为，且劳动人数越多，生产者越可能采纳绿色生产技术，可能原因在于，当家庭劳动人数较多时，在信息获取、技术态度等方面可能会有更多的知识交流，能够对绿色生产技术产生较为清晰和正确的认知，进而更多地去采纳绿色生产技术。家庭年收入对绿色生产技术采纳行为具有显著负向影响，反映出收入越高，生产者对绿色生产技术的采纳程度越低，可能原因在于，绿色生产在环境保护和社会效益提升方面有更高的表现，现有的高收入获取模式下的生产者可能更难去改变。在生产特征中的种植结构调整对绿色生产技术采纳行为有显著负向影响，说明固定农业生产结构的生产者比定期调整农作物种植结构的生产者更容易采纳绿色生产技术。

利用反向筛选法，逐渐剔除不显著的解释变量，直到所有模型内的解释变量均达到5%或1%的显著性水平，最终得到模型2的估计结果。对比模型1，各解释变量的回归结果仅发生细微变化，关系嵌入和农业劳动人数显著性水平有所提升，模型2的各解释变量均在1%的水平上显著影响被解释变量，即政策嵌入、认知嵌入、关系嵌入、结构嵌入、年龄、婚姻状况、身体健康状况、农业劳动人数、家庭年收入和种植结构调整10个因素对生产者绿色生产技术采纳行为的影响具有统计显著性。

（二）绿色生产技术采纳行为影响因素的解释结构

根据 AISM 运用步骤，本节将模型2回归结果得出的政策嵌入、认知嵌入、关系嵌入、结构嵌入、年龄、婚姻状况、身体健康状况、农业劳动人数、家庭年收入和种植结构调整10个显著因素，分别用 $X1$、$X2$、$X3$、$X4$、$X5$、$X6$、$X7$、$X8$、$X9$ 和 $X10$ 表示。在进一步分析讨论并咨询相关专家意见的基础上，参考相关研究（方曦等，2021），根据式（4-3）的赋值规则建立关系矩阵 A，如表 4-4 所示。

表 4-4　影响因素关系矩阵 A

影响因素	$X1$	$X2$	$X3$	$X4$	$X5$	$X6$	$X7$	$X8$	$X9$	$X10$
$X1$	—	0	0	1	0	0	0	0	0	0
$X2$	0	—	0	0	0	0	1	0	0	0
$X3$	0	1	—	0	0	0	0	1	0	0
$X4$	0	0	0	—	0	0	0	0	0	0
$X5$	1	0	0	0	—	0	0	0	0	1
$X6$	0	1	0	0	0	—	0	0	0	0
$X7$	0	0	0	0	0	0	—	0	0	0
$X8$	0	0	1	0	0	0	0	—	1	0
$X9$	0	0	0	1	0	0	0	0	—	0
$X10$	0	0	0	0	0	0	0	0	0	—

关系矩阵 A 加单位矩阵 I 可得相乘矩阵 B，经式（4-4）对 B 进行布尔代数运算法连乘得到可达矩阵 R。根据 AISM 模型层级抽取原则，分别以原因优先和结果优先的方式抽取，原因优先抽取因素所在的可达矩阵行为 1，结果优先抽取因素所在的可达矩阵列为 1（张涑贤等，2019），结合一般骨架矩阵，得到有向拓扑层级图，如图 4-1 所示（计算过程略）。

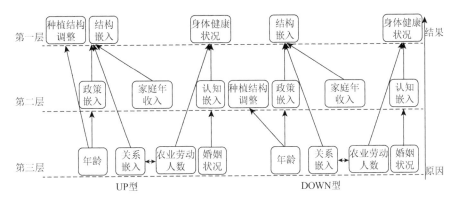

图 4-1　对抗有向拓扑层级图

由 AISM 得到的对抗有向拓扑层级图，可以看出以下几个特点。

（1）生产者绿色生产技术采纳行为的影响因素共有三级层次结构。整体来看，影响因素共分为了最上层的表层因素、中间层的潜在因素、最下层的根源因素三级层次，且在 UP 型和 DOWN 型有向拓扑层级结构中，各因素之间的有向线段指向一致。其中，存在一个"活动要素"，即种植结构调整，造成两种层级结构的差异。种植结构调整作为活动要素，在 UP 型拓扑层级图中为表层因素，而在 DOWN 型拓扑层级图中为潜在因素。此外，结构嵌入与身体健康状况为生产者绿色生产技术采纳行为的表层因素，政策嵌入、家庭年收入、认知嵌入构成了潜在因素，年龄、关系嵌入、农业劳动人数、婚姻状况为根源因素。值得注意的是，分别以原因优先和结果优先的方式抽取绿色生产技术采纳行为的影响因素，得到了不同的层次结构结果。

（2）在对抗有向拓扑层级关系中存在因果回路。由 UP 型和 DOWN 型拓扑层级图可知，关系嵌入与农业劳动人数两个因素构成一个回路，说明关系嵌入和农业劳动人数互为因果、相互影响。关系嵌入程度取决于生产者的社会关系网络，关系密度和关系频率越高，关系嵌入程度越高，那么在农业生产过程中，关系嵌入程度的提高则可能促进关系体系中的劳动力转移，相反，当农业劳动人数增加时，有助于形成庞大的社会关系网络，构建出更为复杂的沟通线路，进一步影响生产者关系嵌入程度。

（3）根源因素分别对不同潜在因素和表层因素具有影响。一是年龄会影响政策嵌入与种植结构调整，不同年龄层次的农业生产者在政策感知方面可能存在差异，且年龄与种植年限存在联系，不同的种植经验在进行农业种植结构调整过程中，容易造成决策差异。二是关系嵌入影响着结构嵌入，两者为社会关系网络中密不可分的两类因素，关系嵌入能够为结构嵌入提供影响基础。三是农业劳动人数与个体身体健康状况的联系，生产者身体健康状况成为绿色生产技术采纳行为的表层因素，从根源上表现出家庭对农业劳动力投入的作用。四是婚姻状况对认知嵌入的影响，认知水平的提高不仅依靠生产者的认知能力，而且需要主动或被动接受来自各个渠道的相关信息，将知识转化为认知，已婚情况在一定程度上影响了生产者的信息获取渠道，以及出于对不同家庭人口特征和发展规划的考虑，生产者可能采取一定的认知提升措施。

六、主要结论与政策建议

（一）主要结论

促进微观农业生产者绿色生产技术采纳，是当前缓解农业生产资源紧张、解决农业污染问题、加快农业绿色生产转型的关键方式。本节以江苏省 708 份微观种植业生产者样本为例，基于社会嵌入理论，实证探究农业生产者绿色生产技术采纳行为的影响因素。一方面，构建出农业生产者社会嵌入指标体系，基于熵值修正 G1 法计算各维度嵌入因素的权重，并测算嵌入程度，进而运用有序多分类 Logit 模型实证分析各维度的嵌入因素和多类自主因素对生产者绿色生产技术采纳行为的影响；另一方面，基于有序多分类 Logit 回归结果，利用 AISM，进一步探究生产者绿色生产技术采纳行为影响因素的层次结构。研究发现，政策嵌入、认知嵌入、关系嵌入、结构嵌入对生产者绿色生产技术采纳行为具有显著影响，此外，绿色生产技术采纳行为也会受到年龄、婚姻状况、身体健康状况、农业劳动人数、家庭年收入和种植结构调整等自主因素的影响。AISM 得到的对抗有向拓扑层级图显示：①生产者绿色生产技术采纳行为的影响因素共有三级层次结构，UP 型和 DOWN 型有向拓扑层级结构存在差异；②在对抗有向拓扑层级关系中存在因果回路，关系嵌入和农业劳动人数互为因果、相互影响；③根源因素分别对不同潜在因素和表层因素具有影响。

（二）政策建议

基于本节的研究结论，为促进生产者绿色生产技术采纳行为、完善农业绿色发展技术体系、推动农业绿色生产转型，提出以下政策建议。

（1）加快农业技术研发推广，全面促进农业生产者技术采纳。调查研究发现，生产者对绿色生产技术容易多项同时采纳，因此，提高绿色生产技术采纳水平，不仅要关注某项技术的推广应用，而且应为农业生产者提供不同生产环节的多种绿色生产技术，使单项技术的效用和多项技术的组合效率得到有效推广。现有绿色生产技术在一定程度上满足当前的绿色生产需要，但是技术采纳水平体现了当前技术仍然不足以满足不同农业生产者的绿色生产需要，需加快农业绿色生产技术研发，为生产者提供更多的技术选择。生产者可根据自身资源禀赋条件与技术偏好，选择适合的绿色生产技术，并通过对多种绿色生产技术的组合效应了解，提高对多项技术的同时采纳概率。

（2）加大农业政策执行力度，切实提高农业生产者认知水平。实证分析结果表明，政策嵌入与认知嵌入能够显著提高生产者绿色生产技术采纳行为。在地方政府政策落实方面，要加大多种政策的执行力度，如组织技术宣传活动、提供技术培训，为生产者提供良好的绿色生产技术认知环境，使其主动或被动学习农业绿色发展政策知识、了解绿色生产技术效益。在多种举措中增强生产者环境保护意识、农业资源节约意愿，建立具有区域特色的绿色生产良好氛围。此外，应多方面提高生产者对绿色生产技术的认知水平，搭建良好的信息交流平台和绿色生产资料获取渠道，为生产者提供多样化绿色生产技术服务。

（3）培育新型农业经营主体，带动小农户农业生产模式转化。实证分析结果表明，关系嵌入和结构嵌入有助于提高生产者绿色生产技术采纳水平，同时，结构嵌入为最表层影响因素。注重培育农业企业、专业合作社等新型农业经营主体，使其带动小农户的生产模式走向规范化和绿色化，尤其是需要更新传统专业合作社作用，通过组织绿色生产技术培训、提供绿色生产资料、帮助形成企业协作模式等方式，充分发挥组织参与对生产者绿色生产技术采纳行为的积极作用。此外，利用多种结构嵌入模式，增强结构成员间的沟通交流，为生产者拓宽社会关系网络，增加信息获取渠道，如发挥组织内优秀成员模范作用，定期开展经验分享与组织交流会，促进更多的生产者对绿色生产技术的采纳，推进传统生产模式向农业绿色生产模式的全面转型。

第二节　绿色认知对生产者农业废弃物资源化处理的影响路径探索

　　农业绿色生产转型的本质是转变农业生产方式，注重资源节约与环境保护，强调生产过程和产成品的绿色化（莫经梅和张社梅，2021）。当前，以家庭为单位的农业生产方式是中国的基本面，它决定了中国农业绿色生产转型需要实行"以点带面、以面带全"的发展策略。农户作为农业生产经营的重要基础，不能成为农业绿色发展这场革命的"旁观者"和"落伍者"（沈兴兴，2021）。农户融入农业绿色生产转型意味着需要由低效率的粗放型生产方式转变为应用更多绿色技术的绿色生产方式。种植业绿色生产技术主要包括测土配方施肥、绿色防控技术、废弃物资源化利用等。其中，农业废弃物资源化作为循环农业的核心环节，引起了我国政府、社会和学界的高度重视。政府部门连续多年在中央"一号文件"中明确提出要实现农业废弃物资源化，2020 年印发的《数字农业农村发展规划（2019—2025 年）》，提出"建立秸秆、农膜、畜禽粪污等农业废弃物长期定点观测制度"[①]，这为农业废弃物资源化提供了强有力的指导。目前国内外对农业废弃物资源化利用技术的研究已取得较大进展，主要可以归纳为肥料化、饲料化、能源化、基质化、原料化五种方式。

一、农业废弃物资源化处理行为的文献回顾

　　作为农业废弃物生产及循环利用的重要主体，农户对农业废弃物资源化利用技术的认知与行为是促进农业绿色可持续发展的关键所在。为此，诸多学者从内部因素驱动与外部因素激励视角对农户的农业废弃物资源化利用技术采纳意愿与行为展开研究。例如，学者研究发现农业废弃物环境污染认知（Obubuafo et al.，2008）、资源化利用收益认知（Catelo et al.，2001）、相关政策认知（Xue et al.，2021）等内部认知因素会对农户的技术采纳意愿与技术采纳行为产生正向影响，并且社会网络（Glaeser et al.，1992）、农业废弃物处理的便利条件（王建华等，2019）与政府政策支持（Kim et al.，2010）等外部因素也会影响农户的技术采纳行为。尽管意愿是预测个体行为的重要参考点，但大多数人的意愿与随后的行为间存在较大的差距

---

　　① 《农业农村部　中央网络安全和信息化委员会办公室关于印发〈数字农业农村发展规划（2019—2025 年）〉的通知》，http://www.moa.gov.cn/govpublic/FZJHS/202001/t20200120_6336316.htm，2020-01-20。

（Abraham et al.，1999；Sheeran，2002）。这种意愿—行为差距在农户绿色生产行为方面取得了进一步验证（畅倩等，2021；赵和萍等，2021）。尽管农户具有较高的绿色生产意愿，但经常难以将其转化为实际的行为，这意味着，农户的意愿与行为间存在偏差。余威震等（2017）基于绿色认知视角对农户绿色技术采纳意愿与行为不一致展开研究，此外，有学者聚焦于农户的绿肥种植（石志恒和张可馨，2022）与有机肥施用（许佳彬等，2021）等行为领域。在农业废弃物处理方面，农户秸秆还田意愿与行为的背离也受到诸多学者的关注（郅建功等，2020；姜维军和颜廷武，2020）。社会心理学认为，意愿形成与意愿实施是两个阶段（Higgins and Kruglanski，1996；Beckmann and Kuhl，1984）。尽管农户在内外部因素的影响下形成技术采纳意愿，但在意愿转化为行为的过程中仍有可能受到限制性因素的约束，从而导致意愿与行为的不一致。因此，为了科学把握农户农业废弃物资源化利用技术采纳行为的形成路径与影响机制，不仅需要探究影响农户形成技术采纳意愿的影响因素，也需要在此基础上进一步分析农户在形成技术采纳意愿后的决策变化，识别影响意愿向行为转化的重要因素。

　　本节在借鉴前人研究成果的基础上，尝试从以下几个方面进行补充研究。现有文献多注重分析单一内在因素或外部环境对农户农业废弃物资源化利用技术采纳意愿与行为的影响，或者仅关注农户技术采纳意愿与行为的不一致，将其作为被解释变量，寻求导致农户技术采纳意愿与技术采纳行为出现偏差的约束性条件，但目前仍然缺乏一个综合性的研究框架，同时探究影响农户技术采纳意愿形成与技术采纳意愿实施的重要因素，以深入刻画农户行为决策不同阶段的内在机理。本节将计划行为理论与整合技术接受模型（unified theory of acceptance and use of technology，UTAUT）相结合并构建结构方程模型，从认知层面探究促进农户形成农业废弃物资源化利用技术采纳意愿的影响因素，在此基础上，深入分析农户技术采纳意愿难以转化为技术采纳行为的原因，以阐释农户农业废弃物资源化利用技术采纳意愿与技术采纳行为之间的关系及其影响机制，并应用江苏省701户的农村调查数据进行实证检验。

二、理论分析与研究假说

（一）理论分析

　　计划行为理论建立在社会认知理论的认知自我调节框架基础上（Ajzen，1991；Bandura，1991），基于信息加工的角度，以期望价值理论为出发点探讨个体对事物的评价与预期，解释个体行为的一般决策过程（段文婷和江光荣，2008）。计划行为理论认为个体行为受到行为信念、规范信念、控制信念等三种信念的影响。行为信念是指个体对有关行为结果发生的可能性与行为结果的评估；规范信念是指个体预期到重要他人对是否执行某特定行为的期望；控制信念是指个体对可能会阻碍或促进行为执行的因素的认识。它们作为在特定时间和环境下能被获取的突显信念，是行为态度、主观规范和知觉行为控制的认知与情绪基础。具体而言，行为信念使得个体对执行特定行为产生有利或不利的态度；规范信念促使个体在行为决策时感知到社会压力的约束；控制信念使得个体能够察觉执行特定行为的难易程度。行为态度、主观规范和知觉行为控制虽然从概念上可以进行区分，但它们可能拥有共同的信念基础，因此它们既相互独立，又彼此相关。

相较于理性行为理论，引入知觉行为控制的计划行为理论考虑到个体执行特定行为不仅受行为意愿的影响，也会受到个人能力、机会及资源等实际控制条件的制约。计划行为理论认为准确的知觉行为控制能够反映实际控制条件的状况，因此可以将其作为替代测量指标对实际控制条件进行衡量。但由于知觉行为控制包括个体对于执行特定行为的信心与行为控制等认知因素，认知的复杂性使得知觉行为控制的准确性难以保证。因此，有学者认为计划行为理论的发展需要进一步提高知觉行为控制的测量方法与技巧（Rhodes and Courneya，2003）。此外，虽然行为意愿是影响个体行为的最直接因素，但通过对理性行为理论与计划行为理论相关研究的元分析结果表明，意愿与行为的相关性平均只有 0.47（Armitage and Conner，2001）和 0.44（Sheeran and Orbell，1998），并且意愿对行为方差的解释力仅为 28%。为此，以往学者尝试通过增加调节变量来阐明意愿与行为间的差异（Kashima et al.，1993）。例如，有学者认为，个体之间存在的差异能够表现出对意愿与行为关系的调节作用，从而影响意愿对行为的预测能力（Rausch and Kopplin，2021）。计划行为理论结构如图 4-2 所示。

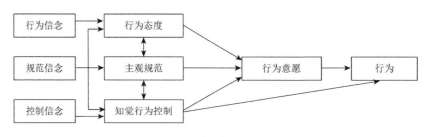

图 4-2　计划行为理论结构图

本节以农户对农业废弃物资源化利用技术的采纳行为为研究对象，探究农户融入农业绿色生产转型的驱动机制。为了更好地解释农户对农业废弃物资源化利用技术采纳行为的形成路径，本节在计划行为理论的基础上，借鉴了整合技术接受模型。整合技术接受模型对理性行为理论、计划行为理论、技术接受模型、复合的技术接受模型与计划行为理论、个人计算机利用模型（model of personal computer utilization，MPCU）、动机模型以及创新扩散理论与社会认知理论等相关结论进行整合，将影响个体行为的因素归纳为绩效期望、努力期望、社会影响和便利条件四个核心变量，并选择个体特征作为调节变量。其中，绩效期望是指个体对采纳技术后形成的收益感知；努力期望是指个体感知到的采纳特定技术的简单程度；社会影响是指社会与周围群体的态度与看法对个体采纳特定技术的影响；便利条件是指个体采纳特定技术的支持条件，包括经济条件、技术条件和解决困难的方法等。整合技术接受模型对个体技术采纳行为的解释度达到70%，被广泛运用于信息技术领域（Oye et al.，2014；Escobar-Rodríguez et al.，2014），但目前已有部分学者开始借助技术接受模型对农户的技术采纳行为展开研究（郑继兴等，2021；高杨等，2016）。整合技术接受模型如图4-3所示。

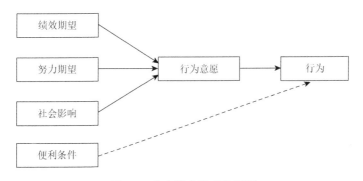

图4-3　整合技术接受模型图

Spence（1994）认为个体对特定技术的采纳过程包括认知、兴趣、评价、尝试、采纳或拒绝五个阶段。农户在采纳新技术前，首先会基于收集到的相关信息，形成关于新技术的认知、兴趣与评价，在此基础上决定是否采纳。为了深入分析农户农业废弃物资源化利用技术采纳行为的形成机制，本节选择计划行为理论与整合技术接受模型作为研究框架，主要基于如下考虑：一是由于整合技术接受模型是在包括理性行为理论、计划行为理论等八种理论的基础上整合形成的，因此计划行为理论与整合技术接受模型在理论基础上存在较强的一致性，这为两者的融合分析创造了条件。二是整合技术接受模型与计划行为理论有着不同的考量重点，计划行为理论主要基于心理学视角，结合个体认知分析个体行为的产生机制，并且能够将认知划分为不同表现形式，刻画不同认知之间的互动关系；整合技术接受模型则聚焦于技术采纳行为，在考虑技术实施预期效果的同时关注实施技术的支持条件与客观环境。将计划行为理论与整合技术接受模型相结合，能够在探究认知因素对农户技术采纳行为的基础上，进一步分析农业废弃物资源化利用的客观环境对农户行为的影响，在一定程度上弥补计划行为理论中知觉行为控制难以准确衡量的缺陷。

（二）假说的提出

农户的技术采纳行为直接受到农户技术采纳意愿的影响，而技术采纳意愿又取决于农户的行为态度、主观规范与知觉行为控制。本节基于计划行为理论与整合技术接受模型，结合农业废弃物资源化利用技术的特征，将行为态度定义为农户对农业废弃物资源化利用所形成的各方面收益的预期，主观规范定义为周围群体对采纳农业废弃物资源化利用技术的影响，知觉行为控制定义为农业废弃物资源化利用的支持条件与农户对采纳农业废弃物资源化利用技术难易程度的评价，三者共同决定了农户的农业废弃物资源化利用技术采纳意愿。家庭禀赋特征是指农户农业收入的稳定性、所拥有的土地规模与文化程度，能够体现家庭的资源禀赋，在农户技术采纳意愿与技术采纳行为间发挥调节作用。影响路径具体可归纳为三个层面：①行为态度、主观规范与知觉行为控制的三者互动；②三者对农户农业废弃物资源化利用技术采纳意愿的影响；③家庭禀赋特征对农户技术采纳意愿与技术采纳行为关系的调节。

行为态度是农户对采纳农业废弃物资源化利用技术可能产生的经济效益、生态效益与社会效益的期待。在计划行为理论中，行为态度是个人对特定行为形成有利或不利的评价，诸多学者用行为态度来描述行为的积极或消极的效应，如采用"秸秆还田技术能够提高耕地质量""参与面源污染治理可以改善周边环境"等指标来测度这一变量（王洋和王泮蘅，2022；朱燕芳等，2020）。对于农业废弃物资源化利用，农户的行为态度体现为对农业废弃物资源化利用后产生的效益预期，即农业废弃物资源化利用是否能够提高农业的经济收入，改善周边的生态环境，促进农业农村的现代化发展；对农业废弃物资源化利用的预期越高，农户对农业废弃物进行资源化利用的意愿越强烈，也越有可能参与农业废弃物资源化利用行为。

主观规范是指那些对农户行为决策具有影响力的个人或团体对于农户是否采纳农业废弃物资源化利用技术所发挥的影响作用大小。农户不是孤立的个体，家人、亲邻是农户重要的社会网络资源（吕杰等，2021），农户在做决策时往往会征求他们的意见。当农户感知到重要他人或群体对农业废弃物资源化利用技术持有乐观的预期，并希望其在实施农业废弃物资源化利用时，农户会更倾向于改变自己的看法，顺从他人的期望。并且，为了避免在获取农业废弃物资源化利用技术相关信息时产生高昂成本，农户会选择参照周围重要群体的生产行为（纪月清等，2016）。因此，周围群体对采纳农业废弃物资源化利用技术的影响便可能转化为农户对农业废弃物资源化利用技术的预期和技术采纳意愿。

知觉行为控制包括便利条件与努力期望。其中，便利条件是指影响农户农业废弃物资源化利用的客观约束条件；努力期望则是指农户在客观约束条件的基础上结合自身的认知形成的对农业废弃物资源化利用难易程度的主观评价。对于农业废弃物资源化利用问题，农业废弃物资源化利用的物流、设施等支持条件越完善，不仅会使得农户认为实施农业废弃物资源化利用越容易，也会使得农户对农业废弃物资源化利用有越高的预期，因而有着越积极的行为意愿。并且，农户的行为包括非意志控制的部分，完善的支持条件为农业废弃物资源化利用提供了便利的环境，能够在一定程度上促进农户在无意识间实施农业废弃物资源化利用行为。

农业废弃物资源化利用技术采纳意愿是农户实施农业废弃物资源化利用行为的直接原因。技术采纳意愿是指农户愿意采纳农业废弃物资源化利用技术的强烈程度，并且可以反映农户的隐性认知，技术采纳意愿越高的农户对农业废弃物资源化利用的总体认知越高（丰雷等，2019），而认知越高的农户越有可能自发、主动地实施农业废弃物资源化利用行为。

家庭禀赋特征是家庭拥有的要素资源与能力，在一定程度上决定个体行为的可能性。当前中国仍然主要以家庭为单位开展农业生产经营活动，家庭禀赋特征主要包括农户的经济收入、土地规模、家庭成员的知识水平等（姚科艳等，2018；Glass，1954）。作为理性经济人，农户会基于自身的价值观与偏好评价技术采纳行为的结果，然后形成技术采纳意愿。但技术采纳意愿的具体实施受限于家庭禀赋，农户会在意愿的基础上根据其拥有的劳动、资金、土地等资源禀赋合理安排要素配置行为，选择是否将技术采纳意愿转化为实际的行为。一方面，资源禀赋丰富意味着农户在生产过程中积累了大量的经验和知识（苑甜甜等，2021），对于农业废弃物资源化利用技术有着较强的信息获取能力和认知水平，能够有效降低学习成本，克服农业废弃物资源化利用技术的操作难题，促使农户的技术采纳意愿转化为实际行为；另一方面，资源禀赋丰富也意味着农户具备较强的风险承担能力，能够应对农业废弃物资源化利用技术可能存在的高成本和高风险性。因此，家庭禀赋的异质性会导致技术采纳意愿对农户技术采纳行为的作用存在很大差别（Mariano et al.，2012）。农户农业废弃物资源化利用技术采纳行为的分析框架如图4-4所示。

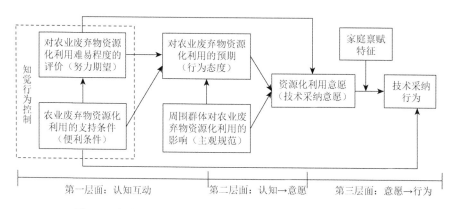

图4-4　农户农业废弃物资源化利用技术采纳行为的分析框架

基于上述分析，提出五个可验证的假说，如下所示。

H4-2-1：行为态度对农户技术采纳行为存在间接影响，农户对农业废弃物资源化利用的预期越高，认为农业废弃物资源化利用的正向作用越大，农户的农业废弃物资源化利用技术采纳意愿会越强，越有可能实施农业废弃物资源化利用行为。

H4-2-2：主观规范对农户技术采纳行为的影响存在两条路径，周围群体对农业废弃物资源化利用行为的影响越大，农户感知到的社会压力越强，越有可能参与农业废弃物资源化利用；并且，周围群体对农业废弃物的宣传与推广能够促使农户对农业废弃物资源化利用持有较高的预期，农户参与农业废弃物资源化利用的意愿也越来越强烈，进而增强农户技术采纳行为的可能性。

H4-2-3：努力期望对农户技术采纳行为的影响存在两条路径，农户认为农业废弃物资源化利用越容易，行为意愿越强烈，越有可能对农业废弃物进行资源化利用；认为农业废弃物资源化利用较为容易的农户对农业废弃物资源化利用有着较高的预期，能够间接影响农业废弃物资源化利用技术采纳意愿和行为。

H4-2-4：便利条件对农户技术采纳行为的影响存在三个路径，完善的支持条件能够降低农户对农业废弃物资源化利用的难度感知，从而影响农户的技术采纳意愿与行为；完善的支持条件也能够直接改善农户对农业废弃物资源化利用的预期，进而影响农户技术采纳意愿与行为；此外，农业废弃物资源化利用的支持条件属于非意志完全控制范畴，在一定程度上能够直接促进农户采纳农业废弃物资源化利用技术。

H4-2-5：家庭禀赋特征在农户技术采纳意愿与技术采纳行为之间发挥调节作用，农业收入越稳定、土地规模越大、文化程度越高的农户，越有可能将技术采纳意愿转化为实际行为；而资源禀赋较为缺乏的农户，尽管具备技术采纳意愿，但受限于制约条件，难以实施技术采纳行为。

三、数据来源及其特征分析

江苏省作为水稻主产区，种植业较为发达。以 2018 年为例，江苏省粮食平均亩产达 906.8 斤，超过粮食产量居于全国首位的黑龙江省。因此，课题组选择江苏省作为样本省份，于 2021 年 7~8 月走访江苏省农业种植区开展农户调查，采用分层随机抽样方法收集调研数据。首先，依据各市的地区生产总值、农业产值、农作物播种面积等指标，选择较具代表性的三个样本市，即无锡市、泰州市、宿迁市；其次，在每个样本市中，根据县（市、区）的地区农业产值进行排序，将所有县（市、区）分为很高、较高、一般、较低、很低五类，从每类中随机抽取 1 个县（市、区）；再次，依据农业种植户数量对样本县（市、区）内的乡（镇）进行排序，在农业种植户数量排名前 50%的乡（镇）中随机选择两个样本乡（镇）；最后，在每个样本乡（镇）中随机选择 20~25 户种植户进行调查，共回收有效问卷 701 份。

从样本分布来看，被调查的 701 位农户中，73.6%的受访者年龄在 45 岁以上；受访者的文化层次偏低，文化程度为初中及以下的受访者占比达到 69.1%，而本科及以上学历的受访者仅占 12.7%；受访者中，近 70%的农户农业收入占家庭总收入的比重低于 40%，并且只有 23.4%的农户加入了农业合作社；在农户技术采纳意愿与采纳行为方面，在 701 位样本农户中，623 位农户存在农业废弃物资源化利用技术采纳意愿。其中，仅有 407 位农户将技术采纳意愿转化为实际的技术采纳行为，占比不足七成（表 4-5）；而超过三成的农户尽管存在技术采纳意愿，却未将其转化为技术采纳行为，表明农户的技术采纳意愿与技术采纳行为之间存在较为严重的背离，技术采纳意愿在向行为转化过程中仍会受到其他因素的约束。

表 4-5 受访者技术采纳意愿与技术采纳行为关系的总体描述

项目	有技术采纳意愿		无技术采纳意愿	
	人数/人	占比	人数/人	占比
已实施技术采纳行为	407	65.33%	31	39.74%
未实施技术采纳行为	216	34.67%	47	62.26%
合计	623	100%	78	100%

四、模型设定及变量说明

（一）模型设定

结构方程模型在理论引导下，通过考察自变量影响因变量的直接效应、间接效应和总效应，揭示多个变量之间复杂的因果关系。相较于传统的多元回归模型，结构方程模型能够借助多个可观测变量显化认知等隐性变量。本节旨在验证行为态度、主观规范与知觉行为控制等认知因素间的互动关系以及认知因素对农户农业废弃物资源化利用技术采纳意愿与技术采纳行为的影响，并检验家庭禀赋特征在农户技术采纳意愿与技术采纳行为间发挥的调节作用，理论模型较为复杂，因此采用结构方程模型进行数据分析。结构方程模型包括结构模型和测量模型，首先，构建表示内外生潜变量间因果关系的结构模型：

$$\eta = \gamma \xi + \zeta \qquad (4\text{-}6)$$

其中，η 表示内生潜变量向量；ξ 表示外生潜变量向量；γ 表示内外生潜变量间关联的系数矩阵；ζ 表示内生潜变量的测量误差。其次，构建表示潜变量与观测变量之间关系的测量模型：

$$X = \Lambda_x \xi + \delta \qquad (4\text{-}7)$$

$$Y = \Lambda_y \eta + \varepsilon \qquad (4\text{-}8)$$

其中，X 表示 ξ 的可测变量；Y 表示 η 的可测变量；Λ 表示多元回归系数矩阵；δ 和 ε 分别表示测量误差。

本节选择 SmartPLS 软件对结构方程模型进行估计，原因在于：SmartPLS 软件基于方差技术，使用偏最小二乘（partial least square，PLS）法，适用于处理复杂的结构模型（Hair，2011），并能得到稳健的估计结果（Wixom and Watson，2001；Henseler et al.，2009）。此外，SmartPLS 结构方程模型不要求观测变量服从正态分布，不仅可用于理论的验证，还可用于理论的发展（Hair et al.，2011）。

（二）变量设置及说明

知觉行为控制包括便利条件与努力期望，对于便利条件变量，农业废弃物资源化利用的设施条件、物流条件、环境条件是影响农户行为的重要因素（盖豪等，2018）。因此，本节通过询问当地是否有固定的农业废弃物回收企业或回收点及其离家的距离、当地是否有足够的场地或资源修建农业废弃物资源化利用设施等题项来测度农业废弃物资源化利用的支持条件。对于努力期望变量，农户会通过评估可能需要付出的努力来对农业废弃物资源化利用进行难易评价（Morris and Venkatesh，2000），因此本节通过询问农户在空闲时间、沟通能力、身体素质方面参与为农业废弃物资源化利用的可能性来测度农户对农业废弃物资源化利用难易程度的评价。对于主观规范变量，农户在进行农业生产时不仅会受到家人亲邻的影响，也会参照周边农户的生产行为，并且政府或合作社、媒体等信息获取渠道也会对农户产生影响（阮荣平等，2017），因此，本节将家人亲邻、周边农户、政府或合作社、媒体宣传作为影响农户的重要群体，通过询问上述四类重要群体对农户农业废弃物资源化利用的影响，来测度农户感知到的社会压力。对于行为态度变量，则通过询问农户对农业废弃物资源化利用可能带来的生态效益、经济效益与社会效益的认同程度进行衡量。以上题项均依据利克特五级量表，按照"非常不同意＝1，不太同意＝2，一般＝3，比较同意＝4，非常同意＝5"进行赋值。

对于技术采纳意愿变量，本节通过询问农户是否愿意采纳农业废弃物资源化利用技术进行衡量，受访者回答选项为"愿意"或"不愿意"，回答"愿意"变量赋值为1，回答"不愿意"变量赋值为0。对于技术采纳行为变量，通过询问农户在日常生产经营中是否采纳农业废弃物资源化利用技术进行衡量，若受访者回答"采纳"，变量赋值为1，反之则赋值为0。对于家庭禀赋特征变量，本节选择农业收入稳定性、土地规模、文化程度三个指标（王学婷等，2021），农业收入稳定性按照"非常不稳定＝1，不太稳定＝2，一般＝3，比较稳定＝4，非常稳定＝5"进行赋值；农户拥有的土地规模按照"5亩及以下＝1，5（不含）～10亩＝2，10（不含）～15亩＝3，15（不含）～20亩＝4，20亩以上＝5"进行赋值，文化程度按照"初中及以下＝1，高中或中专＝2，大专或本科＝3，硕士研究生及以上＝4"进行赋值，具体的变量说明及描述性统计分析见表4-6。

表 4-6　变量说明及描述性统计分析

变量名称		题项说明	均值	标准差
便利条件	设施便利性	当地有固定的农业废弃物回收企业或回收点	3.46	0.977
	物流便利性	当地的农业废弃物回收企业或回收点离您家的距离较近	3.09	1.055
	环境便利性	当地有足够的场地或资源修建农业废弃物资源化利用设施	3.29	0.955
努力期望	空闲时间	我有空闲时间参与农业废弃物资源化利用	3.54	0.994
	沟通能力	我具备参与农业废弃物资源化利用的沟通能力	3.60	0.990
	身体素质	我的身体素质能够参与农业废弃物资源化利用	3.69	1.028
主观规范	家人亲邻	家人、亲戚、朋友会影响我的农业废弃物资源化利用	3.52	1.004
	周边农户	周边的农户会影响我的农业废弃物资源化利用	3.63	0.976
	政府或合作社	政府或合作社会影响我的农业废弃物资源化利用	3.72	1.070
	媒体宣传	媒体的宣传会影响我的农业废弃物资源化利用	3.65	1.034
行为态度	生态期望	农业废弃物资源化利用有利于生态环境保护	3.57	0.832
	经济期望	农业废弃物资源化利用有利于提升经济效益	3.71	0.798
	社会期望	农业废弃物资源化利用有利于农业农村发展	3.76	0.800
家庭禀赋特征	农业收入稳定性	农户的农业收入稳定性	2.09	1.235
	土地规模	农户家中拥有的土地规模	1.54	1.080
	文化程度	农户的文化程度	1.44	0.712
技术采纳意愿		是否愿意采纳农业废弃物资源化利用技术	0.89	0.315
技术采纳行为		在农业生产过程中是否采纳农业废弃物资源化利用技术	0.62	0.447

五、绿色认知对生产者农业废弃物资源化利用的影响机制分析

（一）模型评价

便利条件、努力期望、行为态度与主观规范为形成型构念，对于形成型构念，信度和收敛效度的概念没有意义（Diamantopoulos，2006）。因此，本节在借鉴相关文献的基础上，选择测量模型是否存在多重共线性（VIF）、外部权重和外部载荷及其显著性对模型进行评估。

（1）多重共线性检验。观测变量之间若存在高度多重共线性，则可能导致估计结果有偏。为了确定冗余度，本节选择 VIF 检验观测变量间的多重共线性。如表 4-7 所示，所有题项的 VIF 值均小于 5，表明观测变量之间不存在严重的多重共线性问题。

表 4-7 测量模型的共线性统计量

变量	VIF	变量	VIF
设施便利性	1.916	经济期望	1.312
物流便利性	2.136	社会期望	2.859
环境便利性	1.680	农业收入稳定性	1.000
空闲时间	2.743	土地规模	1.000
沟通能力	1.997	文化程度	1.000
身体素质	2.131	技术采纳意愿	1.000
家人亲邻	2.205	技术采纳行为	1.000
周边农户	3.358	技术采纳意愿×农业收入稳定性	1.000
政府或合作社	2.028	技术采纳意愿×土地规模	1.000
媒体宣传	2.983	技术采纳意愿×文化程度	1.000
生态期望	2.916		

（2）外部权重的显著性检验。各个观测变量的外部权重、外部载荷及其显著性表征观测变量与潜变量的相关关系，以此为标准能够判断是否保留形成型构念的相关指标。表 4-8 显示，所有变量的外部权重均达到了显著水平，且外部载荷均大于 0.5，这说明本节选取的观测变量能够较好地反映潜变量。

表 4-8 观测变量对潜变量的外部权重、外部载荷及显著性检验

形成型构念	指标	外部权重	显著性	外部载荷	显著性
便利条件	设施便利性	0.337	0.000	0.813	0.000
	物流便利性	0.388	0.000	0.863	0.000
	环境便利性	0.435	0.000	0.899	0.000
努力期望	空闲时间	0.435	0.000	0.880	0.000
	沟通能力	0.321	0.000	0.898	0.000
	身体素质	0.380	0.000	0.864	0.000
主观规范	家人亲邻	0.324	0.000	0.872	0.000
	周边农户	0.295	0.000	0.894	0.000
	政府或合作社	0.331	0.000	0.851	0.000
	媒体宣传	0.217	0.000	0.791	0.000
行为态度	生态期望	0.403	0.000	0.763	0.000
	经济期望	0.389	0.000	0.885	0.000
	社会期望	0.391	0.000	0.895	0.000

（二）路径系数的显著性检验

各变量之间的标准化路径系数及显著性检验如表 4-9 所示。为了进一步检验认知因素之间的互动关系，以及认知因素对农户技术采纳意愿与技术采纳行为的影响机理，本节进行了中介效应检验，检验结果如表 4-10 所示。

表 4-9　路径系数的显著性检验

结构模型路径	系数	P 值	显著性
便利条件→努力期望	0.321	0.000	显著
便利条件→行为态度	0.385	0.000	显著
便利条件→技术采纳行为	0.051	0.124	不显著
努力期望→行为态度	0.119	0.020	显著
努力期望→技术采纳意愿	−0.041	0.362	不显著
主观规范→行为态度	0.140	0.001	显著
主观规范→技术采纳意愿	0.092	0.051	显著
行为态度→技术采纳意愿	0.069	0.075	显著
技术采纳意愿→技术采纳行为	0.259	0.000	显著

表 4-10　中介效应检验

结构模型路径	系数	P 值	显著性
便利条件→努力期望→技术采纳意愿	−0.013	0.376	不显著
便利条件→行为态度→技术采纳意愿→技术采纳行为	0.007	0.012	显著
便利条件→努力期望→行为态度	0.038	0.019	显著
便利条件→努力期望→技术采纳意愿→技术采纳行为	−0.003	0.368	不显著
便利条件→努力期望→行为态度→技术采纳意愿→技术采纳行为	0.001	0.085	显著
便利条件→行为态度→技术采纳意愿	0.027	0.083	显著
努力期望→技术采纳意愿→技术采纳行为	−0.011	0.355	不显著
努力期望→行为态度→技术采纳意愿	0.008	0.083	显著
努力期望→行为态度→技术采纳意愿→技术采纳行为	0.002	0.075	显著
主观规范→技术采纳意愿→技术采纳行为	0.024	0.066	显著
主观规范→行为态度→技术采纳意愿→技术采纳行为	0.003	0.079	显著
主观规范→行为态度→技术采纳意愿	0.010	0.022	显著
行为态度→技术采纳意愿→技术采纳行为	0.018	0.079	显著

（1）行为态度对农户技术采纳行为的影响。农户对农业废弃物资源化

利用技术的预期能够对农户技术采纳意愿产生显著的正向影响，且农户技术采纳意愿能够正向影响农户的技术采纳行为。中介效应检验结果表明，农户技术采纳意愿在行为态度与技术采纳行为之间发挥中介作用，H4-2-1 成立。从长远来看，农业废弃物资源化利用具有广阔的经济效益、生态效益与社会效益，农户对农业废弃物资源化利用技术持有较高的预期，会对农业废弃物资源化利用产生较为坚定的结果信念，显著增强了农户的技术采纳意愿，最终产生技术采纳行为。

（2）主观规范对农户技术采纳行为的影响。主观规范对行为态度、技术采纳意愿具有显著的正向影响，并且中介检验结果表明，主观规范能够通过行为态度间接影响农户的技术采纳意愿与技术采纳行为，H4-2-2 成立。我国的农村社会呈现明显的集体主义文化特征，农户较为在乎自己在他人心目中的印象，这也意味着，农户在进行行为决策时会受到周围重要群体的影响。一方面，若家人亲邻、周边农户对农业废弃物资源化利用技术进行宣传与推荐，会促进农户对相关技术形成良好的评价，进而形成技术采纳意愿与技术采纳行为；另一方面，若周围重要群体已经采纳农业废弃物资源化利用技术，会对农户形成示范效应，农户在农业生产过程中倾向于服从群体规范，因此更有可能形成技术采纳意愿与技术采纳行为。

（3）努力期望对农户技术采纳行为的影响。努力期望对行为态度具有显著正向影响，对技术采纳意愿的影响没有通过显著性检验。但中介检验结果表明，努力期望能够通过行为态度对农户技术采纳意愿与技术采纳行为发挥间接作用，H4-2-3 部分成立。可能的原因在于，农户会基于对农业废弃物资源化利用技术的感知风险与感知收益形成对农业废弃物资源化利用技术的整体预期，若农户认为采纳农业废弃物资源化利用技术较容易，则会通过降低感知风险进而增强对农业废弃物资源化利用技术的预期，最终产生技术采纳意愿与技术采纳行为。

（4）便利条件对农户技术采纳行为的影响。便利条件对努力期望、行为态度具有显著正向影响，中介检验结果表明，便利条件能够通过努力期望和行为态度间接影响农户技术采纳意愿与技术采纳行为，但对农户技术采纳行为的直接效应不显著，H4-2-4 部分成立。这可能是因为，虽然从理论层面看，完善的便利条件能够为农户在无意识间参与农业废弃物资源化利用提供可能性，但农业废弃物资源化利用需要农户对相关技术有一定程度的了解，并且农业废弃物处理涉及额外的生产成本，农户作为理性经济人，更可能会在权衡成本与收益之后再进行行为选择。

（三）调节效应检验

本节采用两阶段计算方法检验调节效应，运用 SmartPLS 3.0 软件，使用以均值为中心产生乘积项的方法，以技术采纳意愿为自变量，以技术采纳行为为因变量，以农业收入稳定性、土地规模与文化程度分别为调节变量，采用 Bootstrap 抽样 5000 次，得到调节效应检验结果，如表 4-11 所示。

表 4-11　调节效应检验

结构模型路径	系数	P 值	显著性
农业收入稳定性→（技术采纳意愿→技术采纳行为）			
技术采纳意愿→技术采纳行为	0.264	0.000	显著
农业收入稳定性→技术采纳行为	0.166	0.000	显著
农业收入稳定性→（技术采纳意愿→技术采纳行为）	0.380	0.001	显著
土地规模→（技术采纳意愿→技术采纳行为）			
技术采纳意愿→技术采纳行为	0.280	0.000	显著
土地规模→技术采纳行为	0.271	0.000	显著
土地规模→（技术采纳意愿→技术采纳行为）	0.439	0.056	显著
文化程度→（技术采纳意愿→技术采纳行为）			
技术采纳意愿→技术采纳行为	0.259	0.000	显著
文化程度→技术采纳行为	−0.072	0.102	不显著
文化程度→（技术采纳意愿→技术采纳行为）	−0.137	0.497	不显著

由表 4-11 可知，农业收入稳定性、土地规模在农户技术采纳意愿与技术采纳行为之间存在显著的正向调节作用，文化程度则不发挥调节作用。这意味着，农户的文化程度不会影响农户技术采纳意愿向技术采纳行为转化，但农户的农业收入稳定性与拥有的土地规模能够显著影响农户的技术采纳意愿转化为实际行为，H4-2-5 部分成立。对此可能的解释在于，农业废弃物资源化利用技术涉及饲料化、沼气化等相关工艺，需要农户投入额外成本，这必然会增加农户的经济风险，因此，尽管部分农户在认知因素的作用下形成了技术采纳意愿，但抵御经济风险能力较弱，难以将意愿转化为实际的行为，从而导致技术采纳意愿与技术采纳行为间出现不一致。相反，农业收入稳定性较高、土地规模较大的农户具有一定的经济风险承担能力，能够为农业废弃物资源化利用的后续收益投入前期成本，因此更有可能将技术采纳意愿转化为技术采纳行为。

近年来,我国粮食丰产丰收,多数菜篮子产品供给充裕,市场体系不断完善,但由表 4-6 可知,在本次调查中,受访者对农业收入稳定性的评价均值仅为 2.09,表明多数受访农户认为农业收入的稳定性不高。可能的原因在于,一是由于农业生产具有周期性、滞后性、季节性的特征,并且农业生产在很大程度上仍然处于"靠天吃饭"的窘境,容易受到灾害性天气和动植物疫病等突发因素的影响,生产供给波动风险较大,制约了农户的稳定增收。二是随着我国目前消费升级状态的持续推进,消费者对农产品的需求逐渐从数量向质量转变(刘向东和米壮,2020),但由于供需信息的不对称,农户难以准确把握市场偏好,农产品供给与需求出现不匹配,导致农户经营收入增长较为乏力。三是受到新冠疫情的影响,许多农户的农业生产资料储备不足,农业原材料补货、物流运输、农产品销售均受到很大影响,经济效益明显下滑。农业收入稳定性是促进农户技术采纳意愿向技术采纳行为转化的有效调节因素,但目前我国农业收入稳定性仍有待提升,在一定程度上阻碍了农户技术采纳意愿与技术采纳行为的一致性。

由表 4-11 可知,土地规模是影响农户技术采纳意愿转化为技术采纳行为的重要因素,土地规模越大的农户对农业废弃物进行资源化利用能够具有越好的规模效益,能够促进农户形成技术采纳行为。但目前,我国农业生产经营呈现小规模、细碎化、分散化的特征,"大国小农"仍然是我国最基本的国情(张文宣,2020)。截至 2015 年底,中国仍有 96.1%的农户经营耕地规模在 2 公顷(30 亩)以下(魏后凯等,2017)。本次调查结果也显示,94.86%的受访农户所拥有的土地规模不足 30 亩,平均地块面积仅为 3.94 亩,土地细碎化特征明显。土地的细碎化不仅会在客观层面增加农户的生产成本与劳动强度,提高农户的技术采纳难度,也会在心理层面使得农户形成"破窗效应"(岳梦等,2021),从而降低农户采纳农业废弃物资源化利用技术的可能性,进而阻碍农业生产规模效益的提高与农业绿色生产转型进程。因此,当前我国以小农户经营为主的生产特征在一定程度上是农户技术采纳意愿难以向技术采纳行为转化的原因。

此外,实证结果表明,农户的文化程度对农户技术采纳意愿向技术采纳行为的转化不存在调节作用。可能的原因在于:农业废弃物资源化利用技术涉及较多专业知识,需要农户对农业新技术具有较强的接受与学习能力。但在本次调研中,近九成的受访者文化水平为高中及以下,文化水平整体较低,难以对农业废弃物资源化利用技术形成清晰的认知。

（四）总效应检验

本节在中介效应检验与调节效应检验的基础上对理论模型进行了总效应检验，如表4-12所示。结果表明，在认知因素与家庭禀赋特征中，土地规模对农户技术采纳行为的影响最大，其次是农业收入稳定性与技术采纳意愿。这也在一定程度上表明，尽管行为态度、主观规范与知觉行为控制等认知因素能够显著作用于农户的技术采纳意愿，并且技术采纳意愿能够进一步促进技术采纳行为的形成，但农业收入稳定性与土地规模是影响技术采纳意愿转化为技术采纳行为的重要因素。

表 4-12　总效应检验结果

结构模型路径	系数	P 值	显著性
便利条件→技术采纳行为	0.061	0.078	显著
努力期望→技术采纳行为	0.068	0.009	显著
主观规范→技术采纳行为	0.030	0.050	显著
行为态度→技术采纳行为	0.020	0.051	显著
技术采纳意愿→技术采纳行为	0.288	0.000	显著
农业收入稳定性→（技术采纳意愿→技术采纳行为）	0.369	0.003	显著
土地规模→（技术采纳意愿→技术采纳行为）	0.475	0.078	显著
文化程度→（技术采纳意愿→技术采纳行为）	−0.085	0.746	不显著

此外，本节对结构模型的解释力进行了检验，以往研究表明，R^2 值为0.75、0.5、0.25 分别表示强、中、弱的解释力。在本节的结构模型中，努力期望的 R^2 值为0.304、行为态度的 R^2 值为0.428、技术采纳意愿的 R^2 值为0.512、技术采纳行为的 R^2 值为0.447，这表明模型解释力处于中等水平，能够在一定程度上反映各变量之间的关系。

六、主要结论与研究启示

（一）主要结论

农户形成技术采纳意愿与实施技术采纳意愿是两个阶段，同时探究影响农户技术采纳意愿形成与技术采纳意愿实施的重要因素，是理解农户行为决策不同阶段的行为机理，综合阐释农户农业废弃物资源化利用技术采纳行为的关键，也是深入分析农户融入农业绿色生产转型的驱动机制，实现农户与现代农业衔接的重要关卡。本节应用计划行为理论与整合技术接受模型并构建结构方程模型，探讨农户的认知因素对农户技术采纳意愿与行为的作用机制，深入分析影响农户技术采纳意愿向技术采纳行为转化的因素，并应用江苏省 701 份农村调查数据进行实证检验，得出以下主要研究结论。

（1）农户对于农业废弃物资源化利用技术的认知因素间存在显著的互动关系，具体而言，农业废弃物资源化利用的便利条件能够降低农户对农业废弃物资源化利用的努力期望，进一步提高农户对农业废弃物资源化利用的行为态度，并且主观规范与行为态度呈现正相关。

（2）农户对农业废弃物资源化利用技术的认知因素能够促进农户技术采纳意愿的形成，具体而言，农业废弃物资源化利用的便利条件能够通过农户努力期望与行为态度间接正向影响农户的技术采纳意愿，主观规范能够通过农户对农业废弃物资源化利用的行为态度对农户技术采纳意愿产生间接的正向影响，此外，主观规范能够对农户技术采纳意愿产生直接的正向影响。

（3）家庭禀赋特征在农户技术采纳意愿与技术采纳行为之间发挥显著的调节作用，农业收入稳定性与土地规模能够有效促进农户技术采纳意愿向技术采纳行为转化，但受到新冠疫情、消费升级等影响，农户的农业收入稳定性有待提高，并且由于我国农业生产的小规模、细碎化、分散化特征，农户对农业新技术的响应能力较弱，在一定程度上阻碍了农户技术采纳意愿向技术采纳行为转化，导致农户的意愿与行为出现不一致性。

（二）研究启示

认知因素对农户技术采纳意愿的影响存在着复杂的互动关系，而技术采纳意愿向技术采纳行为的转化受到家庭禀赋特征的影响。为促使农户在形成技术采纳意愿的基础上将其付以实践，需结合农户技术采纳行为决策不同阶段的特征采取相应治理措施，具体建议如下所示。

（1）完善农业废弃物资源化利用的基础设施，深入了解农户的认知结构。建议优化农业废弃物资源化利用的设施条件、物流条件等，为农业废弃物资源化利用提供便利环境。加大农业废弃物资源化利用技术相关知识的宣传力度，向农户介绍农业废弃物资源化利用技术的经济效益、社会效益和生态效益，增强农户对该项技术的预期收益认知，从而改善农户对农业废弃物资源化利用技术的行为态度。搭建农户生产交流平台，强化合作社的指导作用与邻里示范作用，形成相互支撑的农村发展体系，降低农户对该项技术的难度感知，增强农户的采纳意愿。

（2）制定合适与灵活的激励政策，提供农业废弃物资源化利用补助。农户对农业废弃物资源化利用技术采纳率低的重要原因之一是对采纳成本与预期收益的担忧。政府部门应对农业废弃物资源化利用技术提供适当补贴并对补贴款项进行监督，降低农户成本与经济感知风险，激发农户进行农业废弃物资源化利用的积极性，切实保障农户参与农业废弃物资源化利用的经济利益。

（3）优化小农户经营规模结构，提高农户的技术水平。加快推进土地流转，尽量实现以家庭为单位的土地集中连片，降低农地细碎程度，为推广农业废弃物资源化利用技术，提高农户的技术采纳程度创造外部条件。构建农业新技术培训体系，重点培训年轻、文化程度较高或有学习意向的农户，邀请农业专家为农户进行现场指导与教学，充分考虑自然环境特征异质性等因素，向农户提供匹配的技术培训，并积极引进视频资源，从而提高农户对新技术的掌握能力。

第三节　基于媒体影响的生产者绿色生产行为机理分析

新媒体时代，信息爆炸，人们充斥在海量的信息中，媒体对人们的日常生活与决策产生了重要影响。中国互联网络信息中心（China Internet Network Information Center，CNNIC）在京发布第 49 次《中国互联网络发展状况统计报告》[①]。第 49 次《中国互联网络发展状况统计报告》显示，一是截至 2021 年 12 月，我国网民规模达 10.32 亿人，较 2020 年 12 月增长 4296 万人，互联网普及率达 73.0%。我国农村网民规模已达 2.84 亿人，农村地区互联网普及率为 57.6%，较 2020 年 12 月提升了 1.7 个百分点，城乡地区互联网普及率差异较 2020 年 12 月缩小 0.2 个百分点。二是老年群体加速融入网络社会。得益于互联网应用适老化改造行动持续推进，老年群体连网、上网、用网的需求活力进一步激发。截至 2021 年 12 月，我国 60 岁及以上老年网民规模达 1.19 亿人，互联网普及率达 43.2%。老年群体与其他年龄群体共享信息化发展成果，能独立完成出示健康码或行程卡、购买生活用品和查找信息等网络活动的老年网民比例已分别达 69.7%、52.1% 和 46.2%。当前我国面对农业生产资源趋紧和环境承载压力的双重考验，以及消费者对食品安全的强烈诉求，必须破解传统农业发展的困境，

---

①《第 49 次〈中国互联网络发展状况统计报告〉》，https://www.cnnic.cn/n4/2022/0401/c88-1131.html，2022-04-01。

加快农业绿色发展。随着网络的普及率越来越高，农业生产者从事农业生产活动时是否会通过了解到的媒体信息，或者他人了解到的媒体信息付诸实践。目前，较少学者关注媒体信息的传播对于农业生产者绿色生产行为的影响机制，而在网络媒体极速发展的当下，探究其作用路径是必不可少的。因此，在我国经济高质量发展的背景下，探究农户绿色生产行为背后的决定机制，掌握农户绿色生产行为受媒体影响的积极性与行为响应规律，进而激励广大农户践行绿色生产，对推动农业高质量发展意义重大。

一、绿色生产行为研究的文献回顾

绿色生产行为是指农业生产者在农业生产的各个环节（产前、产中、产后）尽可能地节约资源和减少生态环境污染，通过低污染、低能耗的耕作技术与管理模式进行农业生产活动，进而实现农业的可持续发展，其成效取决于生产者的绿色生产意愿与行为（杨钰蓉等，2021）。通过对国内外相关文献进行梳理发现，目前的研究多围绕生产者绿色生产行为的影响因素与作用机制展开，并取得了大量成果。对于绿色生产行为影响因素的研究主要从以下几个方面展开。一是农业生产者的个体特征与家庭特征，主要有性别、年龄、受教育程度、收入、政治面貌等（聂弯等，2020；杨志海和王洁，2020；曹慧和赵凯，2018）；二是农业生产者所处环境的资源禀赋，主要有土地规模、村庄地形是否为平原、土地细碎化程度等（闫阿倩等，2021；程鹏飞等，2021）；三是影响农业生产者进行绿色生产的外部政策因素，主要有环境规制等正式制度、村规民约等非正式制度等（黄祖辉等，2016；杨志武和钟甫宁，2010）；四是影响农业生产者进行绿色生产的内部认知与心理因素，主要有环境素养、价值感知、主观规范等（李芬妮等，2019；余威震等，2019）。对于绿色生产行为作用机制的研究主要聚焦于计划行为理论、价值—信念—规范理论、计划行为理论—VBN①理论及相关理论的拓展模型展开，探讨农业生产者绿色生产行为的形成机理，剖析"影响因素—农户"的"黑盒"（石志恒和张衡，2020；石志恒等，2020；曹慧和赵凯，2018）。但是鲜有研究从假定媒体影响模式下出发，探究媒体信息关注对农户绿色生产行为的影响：农户接触媒体信息后，感知媒体对他人的影响，进而影响自身的绿色生产态度与行为。

当前正处于新媒体迅速发展、信息爆炸的时代，科技的发展、短视频平台的爆火使得农户能轻而易举地接触到农业绿色生产的海量信息。基于

---

① VBN 表示 value-belief-norm，价值—信念—规范。

此，本节基于假定媒体影响（the influence of presumed influence model，IPI）模式，从农户对绿色生产相关的媒体信息关注出发，探究媒体信息关注对农户绿色生产的直接影响与间接影响，识别农业生产者的绿色生产机制，在此基础上，提出相应的对策建议，为引导农户实施绿色生产行为、促进农业可持续发展和推进农业绿色转型奠定理论基础。

二、数据来源及其特征分析

（一）数据来源

数据来自江苏省江南大学食品安全风险治理研究院于 2021 年 7 月至 8 月在江苏省展开的实地调研。作为首批农业农村现代化建设的省份，绿色是实现农业农村现代化的重要指标，根据 2020 年的《中国统计年鉴》，江苏省农业总产值在全国排名第四，农药化肥的使用量排名第五，农业产值虽高但是农药化肥使用造成的农业面源污染也比较严重。此外，农业绿色生产要求农户投入一定的时间成本和金钱成本，因此对农户的经济水平也有一定的要求，江苏省的经济发展水平较高，因此选取江苏省作为第一阶段的抽样地区。之后，按照分层设计与随机抽样的原则，在江苏省的苏南（无锡市）、苏中（泰州市）、苏北（宿迁市）地区选取了三个代表性城市作为第二阶段的抽样地区。随机选取代表性城市分布在各县（市、区）不同村镇的农户作为问卷的调研对象。样本选取范围囊括江苏省 3 个市、14 个县（市、区）、45 个村镇，样本分布较为合理。为保证问卷的有效性，在正式调查前，专家对调查人员进行了统一培训以保证数据的可靠性和准确性，且调查人员于江苏省无锡市进行了小规模的预调查，并结合反馈信息，对问卷进行调整与修正。本次调查共发放问卷 809 份，剔除前后矛盾、信息缺失等无效问卷后，回收问卷 705 份，问卷有效率为 87.14%。

（二）特征分析

本次调研获取有效样本的生产者基本统计特征如表 4-13 所示。

研究对调查数据进行了统计与梳理，从受访者的性别分布上来看，男性受访者占比达 62.6%，女性受访者占比达 37.4%。从年龄分布上看，36～45 岁的受访者占比最多，为 29.9%，18～25 岁的受访者占比最少，为 7.4%，与较少有青年人从事农业生产的情况相一致。从受教育程度的分布来看，初中学历的农户占比最高，为 41.8%，本科及以上学历的受访者占比最低，为 5.0%。从家庭年收入的分布看，5 万元及以下的家庭占比较少，为 8.2%，47.6%的受访者家庭年收入在 10 万元以上，说明大部分受访者的生活水平较高。从受访者农业年收入在家庭总收入的占比看，大部分的农户农业年收入占比为 20% 及以下，只有 9.6% 的农户农业年收入占比为 50% 以上。

表 4-13 受访者基本统计特征描述

变量	分类	频数	占比	变量	分类	频数	占比
性别	男	441	62.6%	受教育程度	小学及以下	142	20.1%
	女	264	37.4%		初中	295	41.8%
婚姻状况	未婚	35	5.0%		高中或中专	156	22.1%
	已婚	670	95.0%		大专	77	10.9%
是否为户主	否	374	53.0%		本科及以上	35	5.0%
	是	331	47.0%	农业年收入在家庭总收入的占比	20% 及以下	360	51.1%
年龄	18~25 岁	52	7.4%		20%~30%	166	23.5%
	26~35 岁	147	20.9%		30%~40%	68	9.6%
	36~45 岁	211	29.9%		40%~50%	43	6.1%
	46~55 岁	186	26.4%		50% 以上	68	9.6%
	56 岁及以上	109	15.5%	家庭年收入	5 万元及以下	58	8.2%
家中是否有党员或干部	否	456	64.7%		5 万（不含）~8 万元	155	22.0%
	是	249	35.3%		8 万（不含）~10 万元	157	22.3%
是否加入农业生产合作社	否	541	76.7%		10 万（不含）~20 万元	250	35.5%
	是	164	23.3%		20 万元以上	85	12.1%

注：因四舍五入，存在相加不为 100% 情况

三、模型构建与变量说明

（一）模型构建

基于假定媒体影响模式构建研究框架，该理论认为接触媒体信息的个体倾向于假设他人也接触到相关的媒体信息，并推测媒体信息对他人的影响，进而可能改变自身的态度与行为。该模型将媒体信息对个人的影响分为直接和间接两个部分，即个体可能会受到媒体信息的直接影响，转变自身的态度与行为，也可能会受到媒体信息的间接影响，通过假设他人接触媒体并受到影响，进而对自身的态度和行为做出改变。

1. 媒体信息关注的直接影响：态度与行为的转变

随着互联网的发展与智能手机的普及，大众媒体作为一种新的传播方式，已经成为广大农业生产者获取农业信息与知识的主要媒介与渠道（李海燕等，2021）。媒体信息在激发公众对气候问题的治理态度和引导其采取

亲环境行为方面有积极影响（Hansen，2011）。媒体信息在向农户传播农业相关知识的同时，也间接传递着一种生态价值观，对农户的绿色生产态度与绿色生产行为有着潜移默化的影响，有利于农户将自身高投入、高消耗的粗放式生产方式向低污染、低消耗的绿色生产方式转变。Ho 等（2015）的研究也指出公众对互联网媒介的使用有助于其采取环境保护行为。此外，环境保护相关的媒体信息有助于形成环境保护的舆论攻势，个体出于自身的道德规范与他人的监督，进而主动采取亲环境行为（Priest，2006）。本节认为，一方面，媒体信息传递出的农业相关知识与环境保护价值观有助于潜移默化地改变农户固有的生产态度与生产方式，进而践行绿色生产行为；另一方面，媒体信息传递出信息表示农业绿色生产是势不可挡的发展趋势，迫于媒体信息的舆论攻势与周围人群的讨论监督，农户不得不向绿色生产转变。据此，研究提出以下假设。

H4-3-1：媒体信息关注对农户绿色生产态度有显著正向影响。

H4-3-2：媒体信息关注对农户绿色生产行为有显著正向影响。

H4-3-3：农户的绿色生产态度对其绿色生产行为有显著正向影响。

2. 媒体信息关注的间接影响：假定媒体影响

假定媒体影响模式认为大众媒体通过两个阶段间接影响个体的态度与行为。第一阶段，人们根据自己对媒体信息的接触与关注（媒体信息关注），推测他人也接触了相关的媒体信息（感知他人接触媒体）并受到了媒体的影响（感知媒体对他人的影响）。说服性媒介推断理论认为，基于自身媒体信息关注和信息加工的经验，个体越是关注媒体信息，就越有可能认为他人也接触到了这些媒体信息并且受到影响（Gunther，1998）。陈振华和曾秀芹（2018）、陈晓彦等（2019）的研究为第一阶段的理论框架提供了经验性证据，研究发现接触广告信息的个体对于感知他人接触广告与感知广告对他人的影响有显著正向作用。

第二阶段，假定媒体对他人的影响会反过来作用于个体自身的态度与行为（绿色生产态度、绿色生产行为）。个体自身态度和行为的改变建立在感知他人态度和行为改变的基础之上，个体在很大程度上是基于对规范标准的考虑和对他人想法的判断而形成、发展、改变自身的态度和行为的（Rosenberg，1986）。韩韶君（2020）对上海市民采取垃圾分类等环境保护行为的实证研究为第二阶段的理论框架提供了经验性证据，即上海市民感知媒体对他人采取垃圾分类的影响显著正向影响市民自身的垃圾分类意向。因此，感知到他人受到绿色生产媒体信息影响的个体，出于对农业未来发展趋势和他人产生进行农业绿色生产想法的考量，会将自身的生产态度与行为向绿色生产转变。据此，研究提出以下假设。

H4-3-4：媒体信息关注对农户感知他人接触媒体有显著正向影响。

H4-3-5：感知他人接触媒体对农户感知媒体对他人的影响有显著正向影响。

H4-3-6：感知媒体对他人的影响对农户绿色生产态度有显著正向影响。

H4-3-7：感知媒体对他人的影响对农户绿色生产行为有显著正向影响。

基于上述的理论模型与研究假设，构建本研究的模型框架（图4-5）。

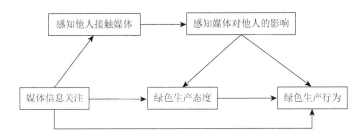

图4-5　媒体信息关注对绿色生产行为的理论模型

（二）变量说明

问卷除性别、年龄、受教育程度、家庭年收入等人口统计特征外，其余题项均采用利克特五级量表，分别是"非常不同意""不同意""一般""同意""非常同意"。对于媒体信息关注，本节参考了韩韶君（2020）分析假定媒体影响下上海市民进行垃圾分类的影响量表；对于感知他人接触媒体与感知媒体对他人的影响，借鉴了Gunther等（2006）研发的相关量表；对于绿色生产态度，借鉴了Ajzen（1991）和Magnusson等（2001）开发的态度量表；对于绿色生产行为，借鉴了李芬妮等（2019）开发的农户绿色生产行为量表，具体题项如表4-14所示。

表4-14　变量定义及数据统计

变量	序号	题项	平均值	标准差
媒体信息关注	X_1	通过手机短视频（抖音、快手等）关注绿色生产的相关信息	3.58	1.310
	X_2	通过微博、微信关注绿色生产的相关信息	3.20	1.374
	X_3	通过手机新闻客户端（今日头条等）关注绿色生产的相关信息	3.44	1.290
感知他人接触媒体	X_4	认为亲戚、朋友对绿色生产相关信息的关注程度	3.62	0.907
	X_5	认为邻居对绿色生产相关信息的关注程度	3.69	0.887
	X_6	认为村干部、领导对绿色生产相关信息的关注程度	3.99	0.924

变量	序号	题项	平均值	标准差
感知媒体对他人的影响	X_7	认为绿色生产信息对亲戚、朋友的影响程度	3.81	0.921
	X_8	认为绿色生产信息对邻居的影响程度	3.73	0.888
	X_9	认为绿色生产信息对村干部、领导的影响程度	4.05	0.936
绿色生产态度	X_{10}	进行环境保护行为是明智的	3.16	1.087
	X_{11}	进行环境保护行为对可持续发展是有益的	3.62	0.969
	X_{12}	支持进行农业绿色生产	3.68	1.072
绿色生产行为	X_{13}	采取少耕技术	3.16	1.087
	X_{14}	施用有机肥/有机农药	3.62	0.969
	X_{15}	回收农用地膜/使用可降解地膜	3.48	1.139

四、媒体对绿色生产行为的影响分析

（一）模型适配度检验

运用 Amos 24.0 软件，对问卷调查数据与结构方程模型之间的适配度进行拟合，模型的适配度检验如表 4-15 所示。在绝对拟合指标中，结构方程模型的 CMIN/DF 是 4.885，符合 CMIN/DF 的理想值是小于 4 或 5 的测量标准；RMESA 是 0.074，小于 0.08；GFI 是 0.934，大于 0.9，均达到了指标的测量标准。同时，CFI、NFI、RFI、IFI 和 TLI 分别为 0.959、0.949、0.930、0.959、0.944，也均达到大于 0.9 的适配标准，模型的拟合程度较好，可以进行路径回归分析。

表 4-15　模型适配度检验表

项目	CMIN/DF	RMSEA	GFI	CFI	NFI	RFI	IFI	TLI
标准	<5	<0.08	>0.9	>0.9	>0.9	>0.9	>0.9	>0.9
拟合值	4.885	0.074	0.934	0.959	0.949	0.930	0.959	0.944

（二）信度与效度检验

变量的信效度检验如表 4-16 所示。本节运用 SPSS 24.0 软件对农户的媒体信息关注、感知他人接触媒体、感知媒体对他人的影响、绿色生产态度、绿色生产行为进行信度分析，研究发现除绿色生产行为的 Cronbach's α 系数为 0.725，大于 0.7 外，其余变量的 Cronbach's α 系数均大于 0.8，说明量表的信度水平较高。通过对变量进行验证性因子分析，研究发现各变量的 KMO 值均大于 0.6；在 Bartlett 球形检验中，P 值均为 0.000，在 1% 的显著性水平上通过检验，且各潜变量的 AVE 均大于 0.5，CR 的值均大于 0.8，说明模型的聚合效度较好。

表 4-16　变量的信度与效度检验

变量		媒体信息关注	感知他人接触媒体	感知媒体对他人的影响	绿色生产态度	绿色生产行为
变量题项数		3	3	3	3	3
AVE		0.784	0.792	0.736	0.859	0.648
CR		0.916	0.919	0.893	0.948	0.846
Cronbach's α 系数		0.861	0.867	0.820	0.917	0.725
KMO 检验		0.707	0.693	0.687	0.715	0.614
Bartlett 球形检验	χ^2 统计量	1042.513	1184.017	792.499	1766.298	506.827
	自由度	3	3	3	3	3
	显著性水平	0.000	0.000	0.000	0.000	0.000

变量的区分效度检验如表 4-17 所示。本节运用皮尔逊相关系数进行检验，结果显示各变量的 AVE 的平方根（$\sqrt{\text{AVE}}$）均大于 0.8，且变量之间的相关系数绝对值均小于 AVE 的平方根（$\sqrt{\text{AVE}}$），说明各变量之间的外部相关性小于其内部相关性，量表具有较强的区分效度。

表 4-17　变量的区分效度检验

变量	媒体信息关注	感知他人接触媒体	感知媒体对他人的影响	绿色生产态度	绿色生产行为
平均值	3.406	3.770	3.861	4.227	3.487
标准差	1.171	0.805	0.784	0.833	0.836
媒体信息关注	0.885				
感知他人接触媒体	0.463**	0.889			
感知媒体对他人的影响	0.475**	0.766**	0.858		
绿色生产态度	0.110**	0.297**	0.333**	0.927	
绿色生产行为	0.206**	0.348**	0.356**	0.561**	0.805

**表示在 0.01 的水平上显著

（三）主效应检验

结构方程模型的主效应检验如表 4-18 所示，研究结果基本支持了本节所提出的理论模型。研究结果主要体现在以下几个方面：第一，媒体信息关注能够显著影响农户的感知他人接触媒体，标准化路径系数为 0.415，在 0.001 的水平上显著，故 H4-3-4 成立；媒体信息关注能够显著影响绿色生产行为，标准化路径系数为 0.105，在 0.01 的水平上显著，H4-3-2 成立；但媒体信息关注对农户绿色生产态度的影响并没有通过显著性检验，H4-3-1 不成立，可能的原因是只是接触关于绿色生产的媒体信息并不会促使农户产生积极的生产态度。第二，感知他人接触媒体能够显著影响农户感知媒体对他人的影响，标准化路径系数为 0.838，在 0.001 的水平上显著，H4-3-5 成立。第三，感知媒体对他人的影响能够显著影响农户的绿色生产态度与绿色生产行为，标准化路径系数分别为 0.285 和 0.197，均在 0.001 的水平上显著，H4-3-6 和 H4-3-7 成立。第四，农户的绿色生产态度能够显著影响其绿色生产行为，标准化路径系数为 0.831，在 0.001 的水平上显著，H4-3-3 成立。理论模型中有效的路径结果如图 4-6 所示，虚线表示该路径的显著性检验未通过。

表 4-18　主效应检验结果

路径	标准化路径系数	标准误	显著性
媒体信息关注→感知他人接触媒体	0.415	0.031	***
感知他人接触媒体→感知媒体对他人的影响	0.838	0.031	***
感知媒体对他人的影响→绿色生产态度	0.285	0.042	***
感知媒体对他人的影响→绿色生产行为	0.197	0.050	***
媒体信息关注→绿色生产行为	0.105	0.035	**
媒体信息关注→绿色生产态度	−0.044	0.030	0.143
绿色生产态度→绿色生产行为	0.831	0.056	***

***、**分别表示在 0.001、0.01 的水平上显著

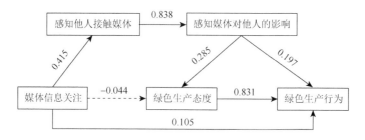

图 4-6　媒体信息关注对绿色生产行为的理论模型分析结果

（四）中介效应检验

在有效路径的基础上采用 Amos 24.0 软件，运用 Bootstrap 区间法对中介效应进行检验，设定 Bootstrap 抽样为 5000 次，设置 95%的置信区间，对模型中的中介效应加以区分，如果 Percentile 置信区间均不包含 0，则说明中介效应存在。

各有效路径的总间接效应和间接效应分析结果如表 4-19 所示。第一，媒体信息关注对农户绿色生产态度的直接效应区间包含 0，但可以通过"媒体信息关注→感知他人接触媒体→感知媒体对他人的影响→绿色生产态度"的路径产生间接影响，Percentile 95%置信区间为[0.066，0.141]，置信区间不包含 0，Z 值为 5.211，大于 1.96，因此媒体信息关注通过感知他人接触媒体到感知媒体对他人的影响进而影响农户的绿色生产态度。可能的原因是，农户只是接触与绿色生产有关的媒体信息并不会促使农户产生积极的生产态度，而农户感知到他人受到媒体的影响后才会影响其自身的绿色生产态度。

第二，媒体信息关注对农户绿色生产行为的直接效应区间不包含 0，且可以通过"媒体信息关注→感知他人接触媒体→感知媒体对他人的影响→绿色生产行为"和"媒体信息关注→感知他人接触媒体→感知媒体对他人的影响→绿色生产态度→绿色生产行为"两条路径产生间接影响，Percentile 95%置信区间分别为[0.030，0.111]和[0.056，0.118]，置信区间均不包含 0，Z 值分别为 3.238 和 5.188，均大于 1.96，因此存在中介效应。

表 4-19　中介效应检验结果

路径	效应值	SE	Z 值	Percentile 95%置信区间		
				下限	上限	P 值
间接效应						
媒体信息关注→感知他人接触媒体→感知媒体对他人的影响→绿色生产态度	0.099	0.019	5.211	0.066	0.141	0.000
直接效应						
媒体信息关注→绿色生产态度	−0.044	0.032	−1.375	−0.105	0.018	0.170
间接效应						
媒体信息关注→感知他人接触媒体→感知媒体对他人的影响→绿色生产行为	0.068	0.021	3.238	0.030	0.111	0.001
媒体信息关注→感知他人接触媒体→感知媒体对他人的影响→绿色生产态度→绿色生产行为	0.083	0.016	5.188	0.056	0.118	0.000

路径	效应值	SE	Z值	Percentile 95%置信区间		P值
				下限	上限	
媒体信息关注→绿色生产态度→绿色生产行为	−0.015	0.011	−1.364	−0.038	0.006	0.161
直接效应						
媒体信息关注→绿色生产行为	0.105	0.041	2.561	0.026	0.189	0.009

注：SE 表示 standard error，标准误

五、主要结论与政策建议

（一）主要结论

本节基于假定媒体影响模式，探究媒体信息关注、绿色生产态度、感知他人接触媒体、感知媒体对他人的影响对农户绿色生产行为的影响机制。实证分析结果表明，媒体信息关注通过感知他人接触媒体和感知媒体对他人的影响对绿色生产行为产生影响，符合假定媒体影响理论的影响机制，但媒体信息关注对绿色生产行为的作用路径不同。本节的具体结论如下所示。

①媒体信息关注对绿色生产态度的影响不显著，但能够直接影响农户的绿色生产行为；②媒体信息关注能够通过感知他人接触媒体和感知媒体对他人的影响两个中介变量对绿色生产态度产生间接影响，遵循"媒体信息关注→感知他人接触媒体→感知媒体对他人的影响→绿色生产态度"的理论路径；③感知媒体对他人的影响作为显著的传导变量，能够显著影响农户的绿色生产态度与绿色生产行为，表明农户强烈感知他人受到媒体的影响时，更容易产生绿色生产态度和绿色生产行为；④认为媒体对他人影响较大的农户，更倾向于感知他人将会采纳绿色生产行为，而这种媒体效果感知也将进一步反作用于农户自身，使其表现出更强烈的绿色生产行为意向，进而实施绿色生产行为。

（二）政策建议

媒体信息关注在指导和推进绿色生产行为的实践中发挥着重要作用，媒体信息会引导个体关注环境问题和自身行为对环境的影响，因而更容易实施对环境友好的绿色生产行为。通过合理的政策措施对个体加以引导，可鼓励和促使个体转变生产方式，逐渐形成绿色生产模式。因此基于上述分析，本节从政府层面、企业层面和生产者层面提出以下建议。

在政府层面，政府可尝试利用媒体的间接作用效果，促使人们形成媒

体对他人影响的感知趋势，进而影响其自身对于生态环境行为采纳的主观规范。政府应借助社交媒体对环境相关知识进行宣传教育，激发农户对环境问题的责任意识，鼓励农户通过多种方式参与环境共治。媒体信息能够通过各种途径影响农户的绿色生产行为，因此在环境教育过程中也要关注对媒体信息有效传播的培养，鼓励农户形成绿色生产理念和生产方式，加强农户绿色生产的自觉性和自愿性。首先，加快农村信息化基础设施建设，扩大农村信息传播覆盖面积；其次，健全媒介传播机制，通过资金投入与政策激励，鼓励更多的媒体人关注、监督、重视农村农业的生态文明建设；最后，针对农村受众的关注热点与媒介素养特点，将生态文明与农民较为重视的致富经、政府政策法规以及农业经营等内容有机结合，制作高质量和科学的生态文明理念内容以保证媒介传播的效果。

在企业层面，绿色生产行为的实现与企业所提供和创造的消费情境密切相关。由实证结果可知，消费者在特定的消费情境下更容易产生绿色生产态度和绿色生产行为，此外感知媒体对他人的影响可以促进媒体信息关注转化为绿色生产行为。企业对于绿色产品的宣传和销售能够倒逼农户实施绿色生产行为，因此，企业在提供绿色产品时，应从生产者的心理需求出发，考虑外部消费情境对生产者心理的影响。企业在宣传绿色产品时可以普及环境知识和绿色产品对环境的益处，同时降低绿色消费成本或提供绿色消费的优惠方案，丰富绿色产品的购买渠道和购买方式，从而鼓励生产者实施绿色生产行为。

在生产者层面，农户作为社会的重要主体，其绿色生产行为是参与环境问题治理的重要外显行为。绿色生产观念的培养不仅需要政府及其相关部门的宣传教育，也需要生产者的自觉主动学习。农户应该认识到自身行为对于环境保护的重要性，以及作为社会公民保护环境的使命感和责任感。在政府部门积极开展环境教育、企业努力实现绿色化变革的基础上，农户应该积极主动地关注环境问题，了解各类媒体信息，提升自身环境认知水平，并积极通过多种方式参与到环境治理的工作中，增强自身的环境行为技能。

第五章　外部性视角下绿色生产转型的政策作用机制

生态环境的准公共物品属性，使得生态环境治理需要依靠政府的有效介入。政府规制作为保障经济建设和社会发展稳定的有效方式，也是规制生产经营主体行为的重要途径，在生态可持续发展过程中发挥着重要作用。对于农业生产经营主体，政府的规制手段分为两类，一是激励农业生产者采取合格的农业生产方式；二是抑制农业生产者使用违法、不道德的生产模式。本章的研究内容围绕政府规制及其实施效能，主要分为三个部分。首先，以生猪养殖户为研究对象，基于政府行为的外部性特征探究政府规制对养殖户畜禽养殖废弃物处理行为的影响机制，探讨政府规制能否有效促进养殖户对畜禽养殖废弃物进行合理处理；其次，科学分析政府规制的多维度内涵，并在明晰养殖户畜禽养殖废弃物资源化利用意愿与行为背离关系的基础上，深入探究政府规制能否缓解养殖户意愿与行为的背离，进而为促进农业生态环境治理提供理论参考；最后，基于农村基础设施的视角研究农业生态效率的提升路径，寻求生态环境治理的保障机制，以期完善和优化生态环境政策治理体系。

第一节　政府行为外部性与养殖户畜禽养殖废弃物处理

改革开放以来，我国农业得到了迅速发展，其中畜禽养殖业由于国民消费需求的驱动，更是在良好的社会环境下对社会经济发展做出了重要贡献。但与此同时，畜禽养殖产业发展也带来了日益严重的畜禽养殖废弃物污染问题。2020 年《第二次全国污染源普查公报》数据显示，2017 年我国畜禽养殖业排放的化学需氧量为 1000.53 万吨，占农业源排放总量的93.76%，粪便在内的养殖垃圾长期为农业面源污染的主要来源（唐莉等，2021），严重阻碍了我国农村经济的发展。从污染防治到资源化利用，我国不断加大畜禽养殖规模化的建设和畜禽粪污的治理力度，2019 年全国畜禽粪污综合利用率达到了 75%。但与日益增长的畜禽产品需求和养殖废弃物产生量相比，我国畜禽养殖废弃物的综合利用率还有待提高。从长远看，促进畜禽养殖废弃物资源化利用，对实现环境保护与畜禽养殖业可持续发展至关重要（Xing et al.，2020），但是当前我国仍存在农户污染物减排意识较差、废弃物处理认知水平较低的情况，给畜禽养殖废弃物资源化利用造成了阻碍（于超等，2018）。同时，我国非规模化养殖场（户）数量巨大，分散型和集中型资源化的畜禽养殖废弃物资源化类型呈现出不同特征，增加了政策支持的难度，也阻碍了资源化利用相关工作进程（孙若梅，2018）。农村治理主体单一、基层治理政策"悬浮化"，是目前我国乡村治理体系和治理能力现代化所面临的现实问题（刘畅和付磊，2020）。在市场经济条件下，为矫正和改善市场机制内在问题，政府会对经济主体活动实施一系列法规条例以约束其行为，该约束被定义为政府规制。在政府发挥职能过程中，如制定和执行政策以弥补市场缺陷时，能够引发一种成本或收益转移的现象，即为政府行为外部性（何立胜，2005）。长期以来，我国主要采取的是以政府为主导的环境管理模式，政府行为在正式制度供给方面表现出较强的外部性（罗富政和罗能生，2016）。那么，在现阶段诸多问题存在的情况下，政府如何利用多种规制手段对养殖户经济主体的畜禽养殖废弃物资源化处理行为产生影响，值得展开探讨。

既往关于畜禽养殖废弃物资源化利用的微观层面研究从不同方面考察了养殖户畜禽养殖废弃物资源化处理意愿和行为，为本节提供了有益的理论借鉴，但也存在有待补充和完善的方面。一是对影响因素的实证分析，现有研究关注到养殖户的个人特征、养殖特征、资源禀赋、价值感知、政策激励等因素（Wensing et al.，2019；黄炜虹等，2017）。养殖户行为容易受到环境因素的影响，如其他个人和社会影响（Gao et al.，2019）。但较少研究关注政府规制对养殖户畜禽养殖废弃物资源化利用的影响，且政府如何通过一系列规制行为，对养殖户产生约束和引导作用，现有研究尚未得出一致的结论。鉴于此，本节从政府行为外部性视角，立足于养殖户感知的政府规制程度，在控制养殖户客观因素的情况下，纳入养殖户的主观心理认知特征，对政府规制与资源化处理意愿和行为之间的关系展开深入研究。二是研究方法方面，大多数研究运用经典计量分析方法，展开实证分析，如 Logit 模型（王桂霞和杨义风，2017；王建华等，2019）、Probit 模型（舒畅等，2017）等，实证检验养殖户畜禽养殖废弃物资源化处理意愿与行为的影响因素。但是该类方法难以克服样本"自选择"和有偏估计导致的样本选择性偏差，可能存在内生性问题，从而引致估计结果的偏误或失效。基于此，本节以"反事实"研究思路，构建 PSM 模型，实证分析政府规制对养殖户畜禽养殖废弃物资源化处理意愿与行为的影响，运用有序多分类 Logit 模型进一步探究不同影响因素的作用机理,从而为制定有效的畜禽养殖废弃物资源化利用政策提供实证依据,最后提出相关政策建议,为完善我国环境治理体系提供决策参考。

一、理论分析与研究假说

(一)政府规制与畜禽养殖废弃物处理

畜禽养殖是最大的农业面源污染来源,尤其是在水土环境治理的重要方面,将畜禽养殖废弃物资源化利用是进行畜禽污染治理的根本途径(金书秦等,2018)。严格来说,畜禽养殖废弃物属于养殖户私人物品,理应由养殖户来妥善处理。农户行为理论认为,养殖户畜禽养殖行为是一个系统化的决策过程,作为"理性经济人"的养殖户,会基于自身价值观与偏好,评价畜禽养殖废弃物处理行为结果,然后选择实现期望效益最大化的行为。养殖户的目的是追求自身经济效益最大化,在畜禽养殖废弃物进行排放和进行资源化利用之间,养殖户面临着边际私人收益(或边际私人成本)与边际生态效益、社会效益(或边际生态成本、社会成本)不完全对等的情形(李乾和王玉斌,2018)。基于外部性理论,若养殖户不必为畜禽养殖废弃物的排放而给他人造成的不利影响付出应有的成本,则边际私人成本小于边际社会成本,将造成畜禽养殖的负外部性。因此,从养殖户的角度,如果不施加外部压力,"经济理性"的养殖户难以通过自身的自觉性来采取畜禽养殖废弃物无害化处理和资源化利用行为。

由于对畜禽养殖废弃物的资源化利用能产生一定的经济效益,但无法盈利,同时对于环保和可持续发展的贡献导致其具备很强的外部性,使得畜禽养殖废弃物资源化利用成为一种准公共产品。鉴于此,政府介入无疑是解决畜禽养殖环境污染负外部性问题和实现畜禽养殖废弃物资源化利用的主要方式(于婷和于法稳,2019)。政府行为外部性使得养殖户畜禽养殖废弃物处理行为的外部性内部化。吴林海等(2017)研究认为,对于养殖户无害化和资源化处理畜禽养殖废弃物,政府监管与处罚型政策是最为直接的政策。也有研究指出,养殖户的培训经历、生态认知对养殖户采取生态养殖行为决策具有显著影响,政府加大培训力度、加强养殖行为监管对养殖户行为规范尤为重要(刘雪芬等,2013)。由此可见,政府有必要采取多种规制手段,促进养殖户对畜禽养殖废弃物资源化利用。然而,有研究表明,政府在付出巨大的监管成本的同时,仍会出现"政府失灵"的现象(李文欢和王桂霞,2019)。养殖户作为畜禽养殖废弃物处理的微观决策单位,其资源化处理行为在很大程度上取决于内在行为意愿的理性选择,一般认为，养殖户意愿越强，资源化利用行为的可能性越大，意愿是其实际行为自发性计划强度，也是行为的先导（宾幕容等，2017）。但以往研究结论存在着不一致性，且养殖户畜禽养殖废弃物资源化处理意愿的提高可能并不仅仅需要依靠政府采取的监管手段。已有研究表明，政府采取多项规制手段，相比于单独实施某项措施，更能够引导农户采取保护环境的行为决策，如通过宣传教育等方式调动农户积极性（李乾和王玉斌，2018；贾秀飞和叶鸿蔚，2016）。赵会杰和胡宛彬（2021）研究得出，引导型规制与约束型规制政策能够显著增强农户感知对农业废弃物资源化利用意愿的影响。鉴于此，本节认为，政府采取多种规制手段，如提供培训机会、开展宣传活动，而非仅仅依靠命令型规制的监管行为，理应能够适应养殖户异质性特征，可能会提高其对畜禽养殖废弃物的资源化处理意愿，本节提出以下研究假说。

H5-1-1：政府规制对养殖户畜禽养殖废弃物资源化处理意愿具有显著正向影响。

计划行为理论认为，个体行为受其意愿决定。养殖户对畜禽养殖废弃物资源化利用的意愿程度越高，其实行资源化处理行为的概率越高。在资源化处理行为选择方面，Si 等（2019）研究认为，环境法规对养殖户畜禽粪便废物回收行为有积极影响，而起主要作用的是强制性和指导性环境法规。孔凡斌等（2016）研究得出政府补贴和技术培训，对养殖户选择环境友好型畜禽养殖废弃物处理方式有正向影响。司瑞石等（2019）的研究纳入政府命令型规制、激励型规制、引导型规制，结果表明，多种政府规制手段对养殖户废弃物资源化处理行为均存在显著影响。在多种畜禽养殖废弃物资源化处理方式选择方面，沼气发酵技术作为我国发展最早、技术最先进的畜禽养殖废弃物处理技术，被认为是畜禽养殖废弃物能源化利用方式的代表，也是我国畜禽养殖废弃物资源化利用实现商品化和产业化趋势的主要表现（陈秋红和张宽，2020）。养殖户对沼气发酵产品的资源化利用可能会因其突出的商品特征和经济收益，更容易受到外部环境因素，包括政府规制的影响。例如，政府提供技术培训，为养殖户学习畜禽养殖废弃物资源化利用知识提供了机会，在了解畜禽养殖废弃物资源化利用的必要性和重要性基础上，进而提高养殖户选择沼气发酵资源化处理方式的概率，政府行为在此过程中表现为正外部性。基于以上分析，本节提出以下研究假说。

H5-1-2：政府规制对养殖户畜禽养殖废弃物采取沼气发酵行为具有显著正向影响。

（二）养殖户认知与畜禽养殖废弃物处理

根据社会认知理论，个体所处的社会环境会修正其认知和观念。社会认知理论是由美国心理学家阿尔伯特·班杜拉（Albert Bandura）于 1952 年所提出，其主要观点强调了社会变量对人类行为的制约作用。该理论主张，人的行为，特别是复杂行为主要靠后天的社会学习形成，并且社会学习形成的认知与环境因素的相互作用对相关行为具有关键影响（Bandura and Walters，1963）。社会认知理论包括社会学习机制和社会认知机制，社会学习机制表明个体可以通过观察他人的模范行为，来直接或间接学习适当的行为（Bandura，1997），社会认知机制强调了个体基于外部环境获取信息，构建自我的相关认知与行为，并尽可能与外部环境保持一致（Bandura，1989）。基于社会认知理论，养殖户身处社会环境中，其畜禽养殖废弃物处理行为难以避免社会环境因素的影响，养殖户在政府规制环境中，通过政府的宣传、培训和监管，能够了解相关的知识，并进一步内化形成相关认知。简言之，政府规制环境为养殖户实现畜禽养殖废弃物资源化利用提供了有利的认知条件。王火根等（2020）指出，农户生态环保意识发挥作用，其主观机制在于提高农户对农业废弃物在资源化利用方面的认知水平。韦佳培等（2011）研究认为，养殖户对畜禽养殖废弃物环境污染认知越强，越可能采纳更科学环保的畜禽养殖废弃物处理方式。对于政府规制对养殖户畜禽养殖废弃物资源化利用的影响的认知，Pan（2016）研究表明，政府多种管理手段对养殖户采用环保养殖方式的影响效果，受到养殖户政策认知等因素的影响。于超（2019）实证得出，包括政府支持力度的外部规范对养殖户相关认知水平有直接正向影响，对养殖户畜禽养殖废弃物的末端治理行为有间接正向影响作用。基于社会认知理论与以往研究结论，本节认为，当养殖户处于政府规制环境中，能够通过提升自身的认知水平，做出符合环境规范的理性选择，从而促进畜禽养殖废弃物资源化利用的参与意愿提高与行为采纳。

鉴于以往研究在考察不同维度的养殖户认知作用时，得出了差异化的结论，并不是所有的相关认知均能起到显著作用（孔凡斌等，2016）。因此，本节拟从多个维度的养殖户认知特征展开对影响机理的实证分析。参考王桂霞和杨义风（2017）的养殖环境污染认知研究，于超（2019）的末端治理认知应包括对粪污和病死猪危害的了解程度、粪污资源化利用处理技术方法等熟悉程度的观点，以及王火根等（2018）基于畜禽粪便在内的生物质能价值认知、生物质能了解程度、环保法规的认知和政策重要性认知研究。本节归纳了三个养殖户认知特征，一是有关畜禽养殖废弃物对环境污染的途径认知，如对水源的污染；二是对畜禽养殖废弃物处理方式的认知，如对沼气发酵方式进行资源化利用等；三是对畜禽养殖废弃物相关法律法规的认知，如《畜禽规模养殖污染防治条例》等，即养殖户对畜禽养殖废弃物污染途径认知、处理方法认知和防治法规认知。在政府规制正向引导的多维认知视角下，本节认为养殖户通过认知程度的提高，促进其对畜禽养殖废弃物处理意愿的提高和对资源化处理方式的采纳。基于以上分析，本节提出以下研究假说。

H5-1-3a：养殖户污染途径认知在政府规制对畜禽养殖废弃物资源化处理之间起到中介作用；

H5-1-3b：养殖户处理方法认知在政府规制对畜禽养殖废弃物资源化处理之间起到中介作用；

H5-1-3c：养殖户防治法规认知在政府规制对畜禽养殖废弃物资源化处理之间起到中介作用。

二、基于"反事实推断"的 PSM 模型构建

（一）研究方法选择

本节所研究的畜禽养殖废弃物资源化处理行为，是养殖户处于社会环境中的准自然实验结果，无论是畜禽养殖废弃物资源化处理意愿还是行为选择，既不是养殖户的随机行为，也不是其被随机分配的结果，而是养殖户处于社会环境中主动或被动自选择获得的结果，受到诸多因素的影响，这种选择性偏差对实证分析可能会带来内生性问题，造成结果的估计偏误。此外，运用传统回归方法研究行为的关键影响因素，难以纳入所有的解释变量，容易造成遗漏变量偏差。只有在自变量严格外生的情况下，线性回归模型才能检验变量之间的因果关系（蔡万象和李培凯，2021），且难以消除养殖户禀赋特征等其他干扰因素的影响。PSM 通过构建"准随机"实验进行无偏估计，在缓解内生性问题上具有显著优势，在以往研究中常用来修正遗漏变量偏差、选择偏差、双向因果和测量误差等来源所产生的内生性问题（王宇和李海洋，2017）。PSM 模型最早由 Rosenbaum 和 Rubin（1983）提出倾向得分概念，后被运用于匹配法探究处于"反事实"状态的个体行为差异，作为解决内生性问题和数据偏差问题的"反事实推断模型"。因此，本节运用 PSM 这一处理样本观察数据的统计学研究方法，探究政府规制对养殖户畜禽养殖废弃物资源化处理行为的影响，并结合有序多分类 Logit 模型，进一步分析影响机理。

（二）畜禽养殖废弃物资源化处理的平均处理效应估计

为探究政府规制对养殖户畜禽养殖废弃物资源化处理意愿和行为的影响，研究需设置处理组和对照组，本节构建了加入控制变量的畜禽养殖废弃物资源化处理意愿和行为基础模型，表达式为

$$Y_{ij} = \beta_0 + \beta_1 T_i + \beta_2 Z_i + \varepsilon_i \qquad (5\text{-}1)$$

其中，Y_{ij} 表示养殖户 i 的第 j 种畜禽养殖废弃物资源化处理意愿和行为；T_i 表示养殖户 i 是否为处理组的虚拟变量，$T_i = 1$ 表示政府规制处理组，$T_i = 0$ 表示政府规制对照组；Z_i 表示控制变量；ε_i 表示随机误差项；β_0 表示常数项；β_1 表示政府规制的处理效应；β_2 表示控制变量对畜禽养殖废弃物资源化处理意愿和行为的边际效应。

在 PSM 的研究过程中，首先，需要计算倾向得分，本节运用 Logit 模型估计倾向得分，如式（5-2）。养殖户感知受到的政府规制程度是"自选择"结果，是由消费者的禀赋特征变量 X 决定的，倾向得分就是在给定资源禀赋 X_i 的条件下，所选样本个体在处理组的概率如下：

$$\text{PS}_i = P_i(T_i = 1 | X_i) = \frac{\exp(\beta X_i)}{1 + \exp(\beta X_i)} = E(T_i = 0 | X_i) \qquad (5\text{-}2)$$

其中，$P_i = (T_i = 1 | X_i)$ 表示样本为处理组的概率，即倾向得分值；X_i 表示匹配变量；β 表示参数向量；$E_i = (T_i = 0 | X_i)$ 表示反事实状态下处理组样本的每次可能结果期望值。

其次，选择合适的匹配方法，根据倾向得分值将处理组样本（$T = 1$）与对照组样本进行匹配，为增加结果的稳健性，本节选择半径匹配、卡尺内最近邻匹配、核匹配、马氏匹配四种匹配算法进行匹配，并根据研究数据及分组处理结果，进行有放回和允许并列的技术处理，以此提高匹配数据的准确性。

最后，计算处理组样本的平均处理效应，即本节主要观测的政府规制，最终探究政府规制下的畜禽养殖废弃物资源化处理意愿和行为：

$$\begin{aligned}
\text{ATT} &= E(Y_{1i} - Y_{0i} | T_i = 1) \\
&= E\left\{ E\left[Y_{1i} - Y_{0i} | T_i = 1, p(X_i) \right] \right\} \\
&= E\left\{ E\left[Y_{1i} | T_i = 1, p(X_i) \right] - E\left[Y_{0i} | T_i = 0, p(X_i) \right] | T_i = 1 \right\}
\end{aligned} \qquad (5\text{-}3)$$

其中，$p(X_i)$ 表示处理组样本 i 的倾向得分值；$E\left[Y_{1i} | T_i = 1, p(X_i) \right]$ 表示高政府规制程度养殖户的畜禽养殖废弃物资源化处理意愿和行为，在 $T_i = 1$ 的条件下可直接观测；$E\left[Y_{0i} | T_i = 0, p(X_i) \right]$ 表示低政府规制程度养殖户的畜禽养殖废弃物资源化处理意愿和行为，需要通过 PSM 模型来构建反事实框架加以估计。本节重点估计政府规制对养殖户畜禽养殖废弃物资源化处理意愿和

行为的影响效果，即养殖户具备低政府规制程度的情况下，畜禽养殖废弃物资源化处理意愿和行为 Y_{0i}，与具备高政府规制程度的情况下，畜禽养殖废弃物资源化处理意愿和行为 Y_{1i} 之间的差异，因此处理组的平均处理效应通过式（5-3）来估计。

（三）畜禽养殖废弃物资源化处理的内在机理分析

为探究政府规制对养殖户畜禽养殖废弃物处理意愿和行为的影响机理，需在式（5-1）中加入可能引起影响效应的其他解释变量，本节加入了多个维度的养殖户认知变量，构建了基于多维认知的中介效应模型，如下所示：

$$Y_{ij} = \beta_0 + \beta_1 T_i + \beta_2 Z_i + \alpha_n W_{in} + \varepsilon_i \tag{5-4}$$

其中，W_{in} 表示养殖户 i 第 n 种认知的程度；α_n 表示第 n 种认知对畜禽养殖废弃物资源化处理行为。

三、数据来源、变量选择与样本特征呈现

（一）数据来源

在充分考虑我国畜禽养殖户的养殖情况和分布特征后，本次数据收集重点以我国的畜禽养殖大省——山东省为调查样本展开。调研采取分层随机抽样的原则，由经过培训的专项人员于 2018 年 7～9 月，在山东省的 6 市 30 县（市、区）同时展开实地调研，采用问卷调查和面对面访谈相结合的方式，深入了解养殖户畜禽养殖废弃物的处理现状与现实问题。山东省是我国畜禽养殖大省，产业发展迅速，产业规模多年稳居全国首位，据《中国统计年鉴 2020》数据，山东省猪牛羊肉类 2019 年的畜产品产量达 704 万吨，远超其他省份，其他畜产品产量也居全国前列。2019 年山东省产出肉蛋奶 1388.5 万吨，同时也产生了 1.6 亿吨的畜禽粪便，且畜禽养殖废弃物量多面广，如果处置不当则易导致河湖污染。近年来，山东省陆续采取多项措施，如启动实施"农牧循环建设工程"、成立"畜禽养殖废弃物资源化利用专项小组"，加快畜禽养殖废弃物资源化利用，在组织规划、扶持配建、监督整改和技术指导服务等方面起到了一定的引领示范作用。因此，本次调研选择山东省为第一阶段的抽样地区，根据近年来的统计数据，全面了解山东省内各城市的畜禽粪污排放总量、污染物排放量与单位耕地面积负荷等情况后，第二阶段的抽样选取了济南市、潍坊市、泰安市、临沂市、德州市和菏泽市作为抽样地区。本次调查共随机发放问卷 540 份，回收问卷 529 份，在剔除数据缺失、填写错位等无效问卷后，最终获得有效问卷 453 份，问卷有效率为 83.89%。

（二）样本特征

本次调研获取有效样本的养殖户基本特征如表5-1所示。从性别来看，男性占有较大比重，这符合养殖户的现实情况，对于养殖收入作为主要经济来源的家庭，男性往往会承担较为繁重的工作，可能参与更多的畜禽养殖行为决策；在年龄方面，集中于40～59岁，占61.59%；在受教育程度方面，大部分养殖户受教育程度在初中及以下，占68.65%；已婚养殖户占90%以上；在家庭年收入方面，收入水平处于5万（不含）～8万元的养殖户最多，8万元以上占46.80%；养殖户类型近3/4为兼职养殖户，全职养殖户仅占25.17%；在畜禽养殖收入占家庭总收入的比例方面，养殖收入占比在20%及以下的养殖户仅占23.18%，大部分养殖户的畜禽养殖收入在家庭总收入中承担较大比重；家庭中从事养殖劳动的人数是1～2人的占比最大，其中1人的占24.06%，2人的占最多比重，为61.59%；从养殖模式来看，养殖户的养殖模式大多仍以个体散户为主，养殖专业户占33.55%，很少上升到规模养殖，但这符合我国大多数养殖地区的基本情况，现正朝规模化养殖发展；从养殖数量和畜禽类型来看，生猪养殖户和鸡养殖户占有较高比例，分别为23.62%、23.84%，对于养鸡大户来说，在养殖数量上会有更多优势，这也是养殖数量在3000以上区间样本约占14%的原因所在；在饲养方式方面，以圈养为主，占70.64%，仅有少数为放养和半放养方式。

表5-1　养殖户基本统计特征描述

变量	变量解释	频数	占比	变量	变量解释	频数	占比
性别	男	282	62.25%	养殖户类型	兼职养殖户	339	74.83%
	女	171	37.75%		全职养殖户	114	25.17%
年龄	30岁以下	38	8.39%	家中养殖劳动人数	1人	109	24.06%
	30～39岁	81	17.88%		2人	279	61.59%
	40～49岁	178	39.29%		3人	39	8.61%
	50～59岁	101	22.30%		4人	18	3.97%
	60岁及以上	55	12.14%		5人及以上	8	1.77%
受教育程度	初中及以下	311	68.65%	养殖模式	个体散户	238	52.54%
	高中或中专	100	22.08%		专业户	152	33.55%
	大专	21	4.64%		小规模场	56	12.36%
	本科	18	3.97%		中规模场	7	1.55%
	硕士研究生及以上	3	0.66%		大规模场	0	0

续表

变量	变量解释	频数	占比	变量	变量解释	频数	占比
婚姻状况	已婚	420	92.72%	养殖数量	100头（只）以下	242	53.42%
	未婚	33	7.28%		100～499头（只）	74	16.34%
家庭年收入	5万元及以下	117	25.83%		500～999头（只）	40	8.83%
	5万（不含）～8万元	124	27.37%		1 000～2 999头（只）	34	7.51%
	8万（不含）～10万元	74	16.34%		3 000～4 999头（只）	24	5.30%
	10万（不含）～20万元	93	20.53%		5 000～9 999头（只）	20	4.42%
	20万元以上	45	9.93%		10 000头（只）及以上	19	4.19%
养殖收入占比	0～20%	105	23.18%	畜禽类型	生猪	107	23.62%
	20%（不含）～40%	71	15.67%		肉牛	24	5.30%
	40%（不含）～60%	96	21.19%		奶牛	20	4.42%
	60%（不含）～80%	104	22.96%		羊	85	18.76%
	80%（不含）～100%	77	17.00%		鸡	108	23.84%
饲养方式	圈养	320	70.64%		鸭	53	11.70%
	放养	29	6.40%		鹅	29	6.40%
	半圈养	102	22.52%		其他	27	5.96%
	半放养	2	0.44%				

注：因四舍五入，存在相加不为100%情况

（三）变量选择与特征呈现

1. 处理变量

政府规制方式的多样性能够有效促进养殖户的行为规范，混合型的政策工具更能够从多途径引导养殖户畜禽养殖废弃物资源化处理行为（李冉等，2015）。已有研究多从政府行为角度界定政府规制变量，如政府的售前检测行为、宣传指导行为、农产品种植监管行为、组织相关培训等（王常伟和顾海英，2013；王建华等，2015）。但是政府行为作为政府规制变量时，考察的是特定政府行为对农户生产行为的影响，却无法探知政府多种组合行为的效果，更无法判断农户是否接受政府规制（程杰贤和郑少锋，2018）。因此，为探究实际受到政府规制的养殖户行为，本节借鉴和丽芬和赵建欣（2010）提出的政府规制测量方法，从养殖户感知角度，以养殖户对政府多种组合行为的感知为标准，测量政府规制变量。此外，借鉴以往研究对政府规制变量的界定，本节从三个方面综合测量，一是政府宣传，问题为"当地政府对畜禽养殖环境污染状况以及畜禽养殖废弃物无害化处理的宣传情

况如何"；二是提供培训，问题为"您是否接受过政府提供的畜禽养殖废弃物无害化处理的相关培训"；三是监督管理，问题为"您在养殖过程中是否受到环保部门的监管压力"。从这三个方面测量避免了经济激励性政策的影响，聚焦于政府实际规制行为和职能作用。此外，为契合现实中政府常采取多种规制手段并行的方式，反映混合型政府规制行为的综合效能，本节运用 K-means 聚类分析，综合三种规制方式，将养殖户分为受到政府规制程度差异化的高、低两组，分别作为处理组和对照组，变量解释与聚类分析情况如表 5-2 所示。

表 5-2　处理变量与 K-means 聚类结果

处理变量		变量解释及赋值	方差分析			
			聚类均方	误差均方	F 值	显著性
政府规制	政府宣传	1＝没有宣传；2＝宣传力度较小；3＝一般；4＝宣传力度较大；5＝宣传力度很大	105.383	0.515	204.629	0.000
	提供培训	1＝完全没有；2＝偶尔；3＝一般；4＝经常	140.993	0.467	302.221	0.000
	监督管理	1＝毫无压力；2＝压力较小；3＝一般；4＝压力较大；5＝压力很大	158.070	0.614	257.431	0.000
聚类结果			处理组		187	
			对照组		266	

2. 结果变量

鉴于畜禽养殖粪尿排放存在典型的外部性（李鹏程等，2020），本节以畜禽粪便为例。结果变量涉及养殖户畜禽养殖废弃物资源化处理意愿和行为选择，在主观意愿方面，调查问卷涉及畜禽养殖废弃物资源化利用的一系列相关问题，针对养殖户资源化处理意愿的问题为"您进行畜禽养殖废弃物资源化处理的意愿程度如何"。对于养殖户畜禽养殖废弃物资源化处理行为选择，本节重点围绕畜禽养殖废弃物的"沼气发酵"资源化处理方式，测量题项为"您对畜禽粪便是如何处理的"，根据养殖户是否选择沼气发酵处理方式选项，来衡量是否采取沼气发酵行为。根据前文处理组和对照组的分组结果，本节将各个维度的畜禽养殖废弃物资源化处理意愿和行为，进行样本均值描述和组间差异性 T 检验，检验结果如表 5-3 所示。对于政府规制分组，处理组和对照组样本畜禽养殖废弃物资源化处理意愿和沼气发酵行为，均显示出 1% 水平上的显著差异。

表 5-3　变量设置及样本均值差异性检验

变量名称		赋值说明	总样本（453 份）	政府规制		
				处理组（187 份）	对照组（266 份）	差异性 T 检验
结果变量	资源化处理意愿	1 = 非常不愿意；2 = 不太愿意；3 = 一般；4 = 比较愿意；5 = 非常愿意	3.387	3.684	3.195	6.327***
	沼气发酵行为	1 = 采用；0 = 未采用	0.150	0.251	0.079	4.807***
中介变量	污染途径认知	1 = 完全不了解；2 = 不太了解；3 = 一般；4 = 比较了解；5 = 非常了解	2.726	2.984	2.545	5.461***
	处理方法认知		2.499	2.866	2.241	8.468***
	防治法规认知		2.497	2.920	2.199	9.275***
匹配变量	性别	1 = 男；0 = 女	0.623	0.626	0.620	0.116
	年龄	年龄区间	3.119	3.005	3.199	−1.862*
	受教育程度	学历	1.459	1.529	1.410	1.512
	婚姻状况	1 = 已婚；0 = 未婚	0.927	0.930	0.925	0.230
	家庭年收入	收入区间	2.614	3.075	2.289	6.383***
	养殖收入占比	占比区间	2.949	3.433	2.609	6.477***
	饲养方式	放养程度	1.528	1.417	1.605	−2.372**
	养殖户类型	1 = 兼职；0 = 全职	0.748	0.663	0.808	−3.435***
	家中养殖劳动人数	劳动力数量	1.982	2.102	1.898	2.449**
	养殖模式	规模化程度	1.629	1.861	1.466	5.462***
	养殖数量	数量区间	2.249	2.701	1.932	4.503***
	畜禽类型	种类虚拟变量	4.044	3.663	4.312	−3.152***

注：匹配变量解释简略，具体参见表 5-1

*、**、***分别表示在 10%、5%和 1%的水平上显著

3. 中介变量

针对政府规制对养殖户畜禽养殖废弃物处理意愿和行为的影响机理分析，本节关注养殖户内在认知特征，包括污染途径认知、处理方法认知、防治法规认知，具体题项分布为"您是否了解畜禽养殖废弃物对于生态环境的污染途径""您对畜禽养殖废弃物无害化处理技术方法的了解情况是""您对有关污染防治的法律法规的了解情况是"。表 5-3 列举了多种认知的分组样本均值和组间差异性检验，政府规制处理组和对照组的养殖户在污染途径认知、处理方法认知、防治法规认知方面，均存在显著差异，且在 1%水平上显著。

4. 匹配变量

构建 PSM 模型的关键在于匹配变量的选择,但国内外学者对匹配变量的选取方面尚存在一定的争议。鉴于以往文献对匹配变量选择,以及其与处理变量、结果变量之间的联系,结合本节研究的主要内容,本节充分考虑养殖户的个人特征、家庭特征、养殖特征,共纳入 12 个基本特征变量作为匹配变量,具体包括性别、年龄、受教育程度、婚姻状况、家庭年收入、养殖收入占比、饲养方式、养殖户类型、家中养殖劳动人数、养殖模式、养殖数量、畜禽类型。表 5-3 列举了各个匹配变量的分组样本均值和组间差异性检验。

四、政府规制手段对养殖户行为的影响机理分析

(一)倾向得分的 Logit 模型估计结果与分析

本节运用 Stata 15 软件实施 PSM 模型的应用,如表 5-4 所示,显示了将政府规制分组后作为因变量,匹配变量作为自变量的二元 Logit 模型回归结果。在个人基本特征性别、年龄、受教育程度、婚姻状况中,只有性别对因变量具有在 5%显著性水平的负向影响,而其他个人特征均无显著影响。家庭经济特征的家庭年收入和养殖收入占比均对政府规制具有显著影响,且均在 1%的水平上显著。对于养殖特征,养殖数量能够显著正向影响养殖户感知政府规制程度,养殖户养殖的畜禽类型与政府规制有显著的负相关关系,且在 1%的水平上显著。由此可知,养殖户感知政府规制程度不仅受到个体特征和家庭经济因素的影响,而且在不同养殖特征条件下,感知的政府规制程度也显著不同,其可能原因在于,养殖不同数量和类型畜禽的养殖户,其市场化程度和政府行为影响方式存在差异,进而在感知政府规制程度方面显著不同。

表 5-4　政府规制的二元 Logit 模型回归结果

匹配变量	系数	标准误	Z 值	P>|Z|	95%的置信区间	
性别	−0.485**	0.234	−2.07	0.038	−0.944	−0.027
年龄	0.050	0.118	0.42	0.671	−0.182	0.282
受教育程度	0.131	0.157	0.84	0.403	−0.176	0.439
婚姻状况	0.086	0.484	0.18	0.858	−0.861	1.034
家庭年收入	0.290***	0.090	3.21	0.001	0.113	0.468
养殖收入占比	0.292***	0.107	2.74	0.006	0.083	0.502

续表

匹配变量	系数	标准误	Z 值	P>|Z|	95%的置信区间	
饲养方式	−0.169	0.132	−1.27	0.203	−0.428	0.091
养殖户类型	0.318	0.299	1.07	0.287	−0.267	0.903
家中养殖劳动人数	0.035	0.138	0.26	0.797	−0.235	0.305
养殖模式	0.155	0.178	0.87	0.382	−0.193	0.503
养殖数量	0.180**	0.083	2.18	0.029	0.018	0.343
畜禽类型	−0.156***	0.058	−2.69	0.007	−0.270	−0.042
常数项	−2.243	0.896	−2.50	0.012	−4.000	−0.486
样本量	453					
Prob>chi2	0.000					
伪 R^2	0.127					
对数似然值	−267.942					

、*分别表示在 5%和 1%的水平上显著

（二）PSM 模型的平均处理效应估计结果与分析

本节采用半径匹配、卡尺内最近邻匹配、核匹配和马氏匹配四种匹配算法，实现对政府规制的平均处理效应估计，通过多种匹配结果的对比分析，增强结果的稳健性。在四种匹配算法中，样本损失量均较低，在可接受范围内，整体匹配效果良好。政府规制对畜禽养殖废弃物处理意愿与行为的平均处理效应估计结果如表 5-5 所示。经四种匹配算法将排除干扰因素的影响后，政府规制对养殖户资源化处理意愿存在显著正向影响，且在 1%的水平上显著，结果稳健性较高，H5-1-1 得到验证。此外，政府规制对养殖户畜禽养殖废弃物采取沼气发酵行为有显著影响，且四种匹配算法结论一致，显著性水平为 1%和 5%，H5-1-2 得到验证。该结果检验了政府行为在畜禽养殖废弃物资源化利用市场中的正外部性，即政府规制程度越高，养殖户对畜禽养殖废弃物资源化处理意愿越高，选择沼气发酵处理方式的行为概率越高，说明政府利用多种规制手段，能够显著促进畜禽养殖废弃物资源化利用。

表 5-5 畜禽养殖废弃物处理意愿与行为的平均处理效应估计结果

结果变量	匹配算法	处理组均值	对照组均值	ATT	标准误	T 值
资源化处理意愿	匹配前	3.684	3.195	0.489***	0.081	6.04
	半径匹配	3.690	3.301	0.389***	0.107	3.64
	卡尺内最近邻匹配	3.690	3.312	0.378***	0.109	3.45

结果变量	匹配算法	处理组均值	对照组均值	ATT	标准误	T值
资源化处理意愿	核匹配	3.698	3.420	0.277***	0.097	2.87
	马氏匹配	3.684	3.332	0.353***	0.096	3.66
沼气发酵行为	匹配前	0.251	0.079	0.172***	0.033	5.20
	半径匹配	0.247	0.158	0.089**	0.043	2.09
	卡尺内最近邻匹配	0.247	0.153	0.094**	0.044	2.15
	核匹配	0.258	0.134	0.124***	0.040	3.09
	马氏匹配	0.251	0.108	0.143***	0.039	3.63

、*分别表示在 5%和 1%的水平上显著

（三）平衡性检验

总体匹配质量的检验结果如表 5-6 所示，样本经过不同的匹配算法，伪 R^2、LR 值均有显著下降，均值偏差与中位数偏差匹配后均小于 20%，B 值和 R 值作为检验平衡性的重要指标，体现出较为理想的匹配效果。因此，可以认为 PSM 的四种匹配算法均显著降低了处理组和对照组样本间匹配变量的差异，匹配较为成功。依据检验结果，运用 PSM 可有效减少处理组与对照组之间匹配变量分布的差异，并消除样本自选择效应所导致的估计偏误。

表 5-6　总体匹配质量的平衡性检验

匹配算法	伪 R^2	LR 值	P 值	均值偏差	中位数偏差	B 值	R 值
匹配前	0.127	78.11	0.000	30.4%	27.1%	88.6	1.12
半径匹配	0.009	4.27	0.934	5.3%	2.7%	22.3	1.02
卡尺内最近邻匹配	0.007	3.38	0.971	5.2%	4.4%	19.8	0.90
核匹配	0.004	1.97	0.999	3.9%	3.4%	14.7	1.19

注：马氏匹配采用的是马氏距离，与其他匹配算法采用的绝对距离不同，故未检验

（四）政府规制对畜禽养殖废弃物处理意愿与行为的影响机理

以上研究表明，政府规制对养殖户畜禽养殖废弃物处理意愿和行为的影响具有差异，本节从养殖户的心理认知层面出发，深层次探究政府规制对畜禽养殖废弃物的资源化处理意愿与行为产生影响的内在机理。在建立基于养殖户多维认知的中介效应模型中，如式（5-4），参考 Baron 和 Kenny

（1986）的中介效应检验程序。考虑到养殖户的多维认知水平采用了"1～5"赋值方法，本节运用有序多分类 Logit 模型对这种具有多值选择的有序变量进行回归，政府规制对养殖户污染途径认知、处理方法认知和防治法规认知的影响结果如表 5-7 所示，均在 1% 的水平上显著。在进一步检验多维认知的中介作用中，基于多维认知的影响机理结果如表 5-8 所示。模型1-1、模型 1-2、模型 1-3 以资源化处理意愿作为因变量，模型 2-1、模型 2-2、模型 2-3 是以沼气发酵行为作为因变量，纳入政府规制、污染途径认知、处理方法认知、防治法规认知和控制变量的回归模型。结果显示，政府规制能够分别通过提升养殖户的处理方法认知和防治法规认知，进而提高对畜禽养殖废弃物的资源化处理意愿和促进沼气发酵行为，且分别在 1% 和 5% 的水平上显著，但是污染途径认知没有显示出显著的中介作用（表 5-8 模型 2-1）。因此，H5-1-3a 未通过检验，H5-1-3b、H5-1-3c 得到验证。养殖户在受到政府规制的过程中，虽然能够显著提高畜禽养殖废弃物污染途径认知，但该类认知与养殖户提高畜禽养殖废弃物资源化处理意愿和采取沼气发酵资源化处理方式并无显著关系，养殖户的污染途径认知未起到显著中介作用。原因可能在于，养殖户环境相关认知容易被忽视，在其实际问题中很难发挥作用，养殖户对于畜禽养殖废弃物污染途径的认知，无法唤醒养殖户出于环境保护而采取资源化处理方式的愿望。这与孔凡斌等（2016）的研究结论部分一致，即养殖户的环境影响认知对其养殖户采取资源化畜禽养殖废弃物处理方式并无显著影响。

表 5-7　政府规制对多维认知的有序多分类 Logit 回归结果

项目	污染途径认知	处理方法认知	防治法规认知
政府规制	0.633*** （0.196）	1.190*** （0.206）	1.398*** （0.210）
Prob＞chi2	0.000	0.000	0.000
伪 R^2	0.075	0.128	0.135

注：括号内为稳健标准误；控制变量包括所有的匹配变量，估计结果略
***表示在 1% 的水平上显著

表 5-8　基于多维认知的影响机理有序多分类 Logit 回归结果

项目	模型 1-1	模型 1-2	模型 1-3	模型 2-1	模型 2-2	模型 2-3
政府规制	0.702*** （0.200）	0.553*** （0.206）	0.564*** （0.208）	1.058*** （0.322）	0.916*** （0.328）	0.922*** （0.331）
污染途径认知	0.182* （0.109）			0.100 （0.183）		

续表

项目	模型 1-1	模型 1-2	模型 1-3	模型 2-1	模型 2-2	模型 2-3
处理方法认知		0.439*** （0.127）			0.478** （0.205）	
防治法规认知			0.342*** （0.120）			0.395** （0.191）
Prob＞chi2	0.000	0.000	0.000	0.000	0.000	0.000
伪 R^2	0.066	0.074	0.071	0.194	0.208	0.205

注：括号内为稳健标准误；控制变量包括所有的匹配变量，估计结果略

*、**、***分别表示在 10%、5%和 1%的水平上显著

五、主要结论与政策启示

（一）主要结论

本节以我国畜禽养殖大省——山东省的 6 市 30 县（市、区）453 份养殖户数据为研究样本，从政府行为外部性视角，利用 PSM 研究方法，通过构建反事实框架，建立政府规制的研究模型，并综合考虑养殖户个人特征、家庭特征、养殖特征，在排除干扰因素的影响下，实证探究了政府规制对养殖户畜禽养殖废弃物处理意愿和行为的影响。进一步基于社会认知理论，纳入污染途径认知、处理方法认知、防治法规认知，采用有序多分类 Logit 回归的方法，进一步分析政府规制对养殖户畜禽养殖废弃物处理意愿和行为影响的内在机理。得到的主要结论有：①性别、家庭年收入、养殖收入占比、养殖数量、畜禽类型对养殖户受到的政府规制程度具有显著影响；②政府规制对养殖户畜禽养殖废弃物资源化处理意愿和沼气发酵行为，均存在显著正向影响；③在进一步的影响机理分析中，养殖户多维认知因素显示出了差异性的中介效应，政府规制能够分别通过提升养殖户处理方法认知和防治法规认知，对资源化处理意愿和沼气发酵行为采纳产生影响，但污染途径认知中介作用不显著，这与以往研究存在一致性。总的而言，多重规制手段下，政府行为在畜禽养殖废弃物资源化利用中表现出正外部性。政府规制能够显著影响养殖户畜禽养殖废弃物资源化处理意愿和沼气发酵资源化处理行为，体现出政府的管理效能。在进一步的影响机理分析中，不同维度的认知，起到了差异的中介作用，因此，要使政府在引导或规范养殖户畜禽养殖废弃物资源化利用方面发挥作用，应准确识别关键的影响途径，在影响养殖户畜禽养殖废弃物资源化处理方面，加大实施更为有效的策略。

（二）政策建议

基于研究结论，本节提出如下有关的政策建议。

一是计划实施更为有效的规制措施。虽然当前我国的畜禽养殖仍以小规模养殖户为主，但在不断规模化养殖的趋势下，政府应根据这一过渡期，结合畜禽养殖废弃物资源化利用的主要方向，实施更为有效的措施，增强职能作用的发挥。例如，加大对养殖户资源化处理行为的宣传和引导，提供资源和设施支持等，为养殖户提供有效的资源和信息，形成养殖户资源化利用畜禽养殖废弃物的良好环境。通过加强养殖户对资源化处理方法的认知和相关政策法规的认知，促使更多的养殖户采纳畜禽养殖废弃物的资源化处理方式。

二是注重养殖户对畜禽养殖废弃物资源化处理方式实际采纳的同时，也应注意提高养殖户的行为意愿，力求从少数养殖户的被动参与，转变为更多养殖户主动响应。建立养殖户互动平台，设立地区模范养殖户，让周边养殖户能够通过观察学习，更广泛地学习畜禽养殖废弃物资源化利用相关知识，在模范养殖户的帮助下，实现畜禽养殖废弃物的资源化利用。

三是善于利用社会组织的社会功能，扩大畜禽养殖废弃物资源化利用的相关主体。政府在养殖户畜禽养殖废弃物资源化利用过程中，应同时扮演畜禽养殖废弃物处理排放的监督者、资源化利用的组织者和社会服务的购买者等"多重角色"，并善于将养殖废弃物资源化利用相关的利益主体组织起来，重新构建产业利益主体之间的关系，切实提高畜禽养殖废弃物的有效利用水平和资源化处理的规模化。例如，将养殖合作社作为畜禽养殖废弃物资源化利用企业与养殖户之间的桥梁，进一步为养殖户资源化处理畜禽养殖废弃物提供途径，各个区域的合作社也可以建立联系，构建更多地区的畜禽养殖废弃物资源化利用体系，促进我国畜禽养殖业的可持续和绿色发展。

第二节　环境规制对生产者环境保护行为的引导作用

全球变暖导致的自然灾害不仅对社会经济与人民生命财产安全造成了严重的威胁，也加剧了国际经济政治风险，已经引起了全球关注。联合国第四次全球气候评估报告指出：全球变暖90%是由人类活动引起的，并要求各国尽快减少碳排放。为应对全球气候变化，加快绿色低碳转型，中国积极制定并实施相关的国家战略，为全球绿色低碳转型提供中国方案。

畜牧业是碳排放的最主要来源，也是影响温室效应的主要因素（Shi et al.，2017）。联合国粮食及农业组织在《牲畜的巨大阴影：环境问题与选择》中指出畜牧业的温室气体排放占全球排放总量的 18% 左右，高于交通运输业的排放量（Steinfeld et al.，2006）。Goodland 和 Anhang（2009）研究指出，全球畜牧业及其副产品的温室气体排放量已占人为温室气体排放总量的 51%，远远超过联合国粮食及农业组织先前的估计值。中国是畜禽养殖大国，近 20 年来中国肉类总产量连续居于世界首位。随着畜禽产量的增长和行业规模的扩大，污染物排放总量呈上升趋势，畜禽养殖废弃物的堆积也造成了大量的温室气体排放。因此，促进畜禽养殖废弃物合理利用，不仅是推动畜禽养殖业可持续发展的重要命题，也是推进碳达峰与碳中和的必然选择。

畜禽养殖废弃物资源化利用，是通过生态、工程等技术方法与管理措施将畜禽养殖废弃物转化为能源品和种植业的投入品，从而实现种植业与养殖业之间的良性循环（孙若梅，2018）。畜禽养殖废弃物经过无害化处理后作为肥料还田，能够改良土壤品质和降低化肥施用量；畜禽养殖废弃物能源化能够为农户提供日常生活所需能源，节省能源支出；此外，部分沼渣的销售还能够为农户带来一定的经济收益。农户作为畜禽养殖废弃物污染的主要制造者、直接受害者以及治理成效的最大受益者，其对畜禽养殖废弃物的处理行为是防治畜禽养殖废弃物污染与降低碳排放量的关键。因此，部分学者对农户畜禽养殖废弃物资源化利用意愿与行为的影响因素进行了探究（Smith et al.，2000；Colman，1994），旨在探寻农户畜禽养殖废弃物资源化利用的行为规律与内在逻辑。一般情况下，个体的实际行为是其行为意愿的具体执行与行动表达（Ajzen，1991）。但诸多领域的研究证实，个体的行为意愿与实际行为之间存在着偏差（van Hooft et al.，2005；Nguyen et al.，2019；Carrington et al.，2014），农户的意愿与行为也不例外（Zhang et al.，2020）。这意味农户的畜禽养殖废弃物处理意愿在转化为行为的过程中可能会受到特定因素的影响产生一定程度的背离，从而严重制约畜禽养殖废弃物污染防治的进程。因此，对农户畜禽养殖废弃物资源化利用意愿与行为的背离进行研究具有重要的现实意义与理论价值。

一、关于农户意愿与行为背离的理论分析

关于意愿与行为关系的研究主要经历了三个阶段。首先，理性行为理论与计划行为理论认为意愿作为行为的先导，对实际行为选择具有直接指引作用（Fishbein and Ajzen，1975）。Westaby（2005）在传统理性行为理

论的基础上引入了行为合理性的概念，提出了行为推理理论，同样假设意愿与行为密切相关。其次，部分学者直接以意愿代替行为进行理论分析与实证研究，逐渐模糊了意愿与行为之间的界限（Lee，1991；Schwepker and Cornwell，1991）。最后，学者发现行为主体"言行不一"的现象普遍存在，意愿与行为之间存在着背离。

为此，Gollwitzer（1999）提出了行动阶段理论，用来解释意愿与行为的偏差。依据 Gollwitzer（1999）的观点，意愿在转化为行为的过程中需要经历执行意愿阶段。执行意愿也称为"如果—那么"计划，包含特定的情境因素和目标定向行为。在执行意愿阶段，个体会在情境因素的影响下制订具体的行为计划从而选择可实施的相关行动，这也意味着情境因素会影响个体意愿向行为的转化，并且通过情境因素的改善能够缓解个体意愿与行为的背离。

在农户行为领域，也有学者探究了情境因素对农户生态意愿与行为背离的影响。郭利京和王颖（2018）研究发现，除了农户个人因素之外，销售环境、社会风气与经济因素等现实情境是阻碍或促进农户生态意愿向行为转化的重要因素。郭清卉等（2021）也指出，地块农田周边交通状况、社会规范等外部情境因素是产生意愿与行为背离现象的主要原因。但通过文献的梳理可以发现，相关研究仅停留在生态意愿与行为背离的发生机制，鲜有文献探究农户生态意愿与行为背离的解决机制，即如何利用情境因素缓解农户生态意愿与行为的背离。并且，学者对农户生态意愿与行为背离的研究主要集中于农户的有机肥施用、秸秆还田、绿色农药购买等行为领域，目前关于农户畜禽养殖废弃物资源化利用意愿与行为背离的文献较为缺乏。

外部性理论与公共物品理论为本节引入环境规制提供了理论依据。畜禽养殖废弃物具有准公共物品的性质，若农户选择将畜禽养殖废弃物进行资源化利用，其行为具有较强的生态效益。若农户选择将畜禽养殖废弃物随意丢弃或直接还田，会对农业生产环境以及人居环境造成一定的破坏，但由于破坏后果难以在短时间内感知与衡量，对畜禽养殖废弃物处理不当的农户并不会因此承担成本。利益是经济行为的根本出发点，强逐利性造成了农户对经济利益的关注普遍高于对农业生产安全和生态环境保护的关注（Popkin，1980）。为了更有效地促进农户对畜禽养殖废弃物进行合理利用，实现畜禽养殖业减污降碳的协同效应，政府部门应当将环境污染的外部性内部化，约束农户对畜禽养殖废弃物的不当处理行为，引导与激励农户的畜禽养殖废弃物资源化利用行为。这就为政府实施不同类型的环境规制政策提供了直接依据（Pigou，1932）。

二、环境规制政策的多维度内涵

环境规制是指政府以环境保护与资源节约为目的，通过干预和管理等规制措施对个体形成约束力量，进而实现环境成本内部化与改善资源配置的目的。为了更好地应对环境问题，环境规制工具逐渐呈现出多元化的发展趋势。约束型环境规制的本质在于通过施加明确的标准对个体行为加以影响，并辅以刑事制裁（Keohane et al.，1998）。基于威慑的方法对违规行为进行监管，并对违规人员进行惩罚，运用法律效力禁止不当行为，强制个体遵守相关制度（Reiss，1984）。一方面，约束型环境规制能够强化对农户行为的法律约束。政府通过制定法律法规对农户的生产行为提出强制性要求，一旦农户行为背离规制目标，必将面临问责与惩罚。依据前景理论，农户对于损失的敏感度高于对于收益的敏感度。在面对收益时，农户是风险喜好者，但在面对损失时，农户主要表现为风险规避。因此，尽管在农户的畜禽养殖废弃物资源化利用意愿转化为实际行为的过程中可能会受到其他约束条件的阻碍，但农户在权衡违规成本后，经济理性将促使其顺应规制目标（Popkin，1980），将畜禽养殖废弃物进行资源化利用。另一方面，约束型环境规制能够破解农户的搭便车现象。农户作为农村环境治理的主体，是污染防治的重要基础和前提。然而，农村环境具有的公共物品属性，使得环境治理可能出现搭便车现象（Fischer and Qaim，2014）。理性的农户虽然具备生态知识与生态意愿，但为了实现自身效用的最大化却不愿为环境治理付出成本与努力，只期望他人为集体利益行动，坐享他人的行动成果。个体理性引致的集体非理性不仅使有限的资源价值严重贬损，也导致环境治理出现了"集体不作为"（王玉玲和程瑜，2015）。约束型环境规制通过明确对农户生产行为的要求，能够将环境污染的外部性内部化，在最大程度上消除农户行为的机会主义，从而缓解农户意愿与行为的背离。因此，本节提出如下假说。

H5-2-1：约束型环境规制能够缓解农户畜禽养殖废弃物资源化利用意愿与行为的背离。

引导型环境规制旨在引导个体采取行动来防止产生违法行为，但并不对个体的行为进行监管和处置（Lodge and Wegrich，2012）。引导型环境规制能够提供一种用户友好且低干预的规制策略，以替代更严厉的管制（Lodge and Wegrich，2012）。不完全信息理论认为，信息的传播与接受都需要花费成本，因此任何市场参与者不可能拥有某种经济状态下的全部知识（Stigler，1972）。政府通过向农户传递畜禽养殖废弃物资源化利用的信息，能够为农户营造决策的信息环境（Liao et al.，2019）。首先，引导型环境规制能够提高农户对于政策的接受度。政府对畜禽养殖废弃物资源化利用的相关政策进行宣传，有利于加强农户对补贴等优惠政策的知晓度与接受度，进而促使农户能够对畜禽养殖废弃物资源化利用的多重效益进行综合评价，提高农户对畜禽养殖废弃物进行资源化利用的概率。其次，引导型环境规制能够提高农户对于畜禽养殖废弃物污染与防治的认知水平。农户对于环境问题的认知水平对其行为决策具有决定性作用（O'Fallon and Butterfield，2005）。通过政府开展的生态教育培训，农户能够了解到畜禽养殖废弃物污染不仅会危害生态安全，也有可能造成疫情传播危害公众生命安全，进一步懂得畜禽养殖废弃物污染的危害性与畜禽养殖废弃物资源化利用的重要性，进而主动调节畜禽养殖废弃物处理意愿与行为的背离，对畜禽养殖废弃物进行资源化利用。最后，引导型环境规制能够提高农户畜禽养殖废弃物资源化利用的技术能力。畜禽养殖废弃物资源化利用涉及堆肥、发酵等相关技术与工艺，是农户实施资源化利用行为的重要约束条件。通过专家现场指导与教学，将理论技能转化为具体实践，帮助农户突破技术瓶颈，提升技术处理水平，能够有效引导农户实施畜禽养殖废弃物资源化利用行为（Liao et al.，2019）。引导型环境规制能够让农户自由选择按照自己而不是政府认为合适的方式行事（Baldwin et al.，2011），政府部门向农户传递畜禽养殖废弃物资源化利用的信息，有利于引导农户采取畜禽养殖废弃物资源化利用行为。因此，本节提出如下假设。

H5-2-2：引导型环境规制能够缓解农户畜禽养殖废弃物资源化利用意愿与行为的背离。

激励型环境规制利用补贴、赠款等形式来影响个体行为。通过经济激励手段对个体行为产生影响被认为是一种可以摆脱高度限制与规则约束的制度（Stewart，1985；Montgomery，1972）。根据激励方法，国家或监管机构可以通过税收或补贴制度对潜在的污染制造者进行诱导，让其按照公共利益行事（Baldwin et al.，2011）。首先，激励型环境规制能够分担畜禽养殖废弃物资源化利用的成本。农户对畜禽养殖废弃物进行资源化利用需要投入发酵床、污水储存池等处理设备，投入品的配置必然会增加农户的成本。政府对参与畜禽养殖废弃物资源化利用的农户给予一定金额的设备补贴，能够分担农户的处理成本，降低农户实施资源化利用的实际支出。其次，激励型环境规制能够分散农户的经营损失。农户在对畜禽养殖废弃物资源化利用的初期需要投入较多经济成本，但资源化利用的经济效益却难以在短期内得到有效保证。政府实施激励规制，能够弥补农户的生产经营损失，降低农户的风险感知。最后，激励型环境规制能够增加资源化产品的收益。政府对销售以畜禽粪污为原料生产的沼气等燃料实施税收全免政策，并对依法实施畜禽养殖废弃物综合利用和无害化处理的生产者减免环境保护税，有助于提高农户资源化产品的经济收益。经济成本与收益是农户实施畜禽养殖废弃物资源化利用的重要关注因素，有资源化利用意愿的农户受限于经济条件可能会放弃实施资源化利用行为。任何经济活动都深受制度因素的影响，激励型环境规制通过补贴与税收政策，能够分担处理成本、分散经营损失与增加产品收益（Baldwin et al.，2011），在最大程度上减轻农户的经济顾虑，缓解农户意愿与行为的背离。因此，本节提出如下假设。

H5-2-3：激励型环境规制能够缓解农户畜禽养殖废弃物资源化利用意愿与行为的背离。

信息缺乏与沟通机制不畅是导致环境问题不确定性的主要原因之一（Liao et al.，2019）。政府实施引导型环境规制，通过加强政策宣传、教育培训与技术指导的方式搭建政府与农户之间的信息共享机制，能够促进约束型环境规制与激励型环境规制对农户行为产生影响。首先，政府对畜禽养殖废弃物资源化利用政策进行宣传，能够帮助农户更加了解法律对于畜禽养殖废弃物处理行为的规定，提高农户对于惩罚政策的接受度与补偿政策的满意度，减少农户对于政策和技术的理解偏差，提高农户对于约束型环境规制与激励型环境规制的遵从效果。其次，环境知识是农户实施环境友好行为最有利的预测因子之一（Frick et al.，2004），如果农户对环境问题一无所知，尽管在约束型环境规制与激励型环境规制的影响下，也不可能有意识地采取环境友好行为。政府加强对农户的生态教育与培训，提高农户对畜禽养殖废弃物污染与防治的认知水平，为农户实施畜禽养殖废弃物资源化利用行为提供了重要的前提条件，可以有效避免有资源化利用意愿的农户受限于环境知识而难以实施资源化行为的情况发生。最后，农户在约束型环境规制与激励型环境规制的影响下形成资源化利用意愿，并具备相应环境知识后，制约农户实施畜禽养殖废弃物资源化利用行为的重要因素是技术能力不足（Afroz et al.，2009）。政府根据养殖规模和地域禀赋等异质性因素向农户提供匹配的技术培训时，培训的针对性与实效性有助于提高农户的技术处理能力，促进农户实施资源化利用行为。因此，本节提出如下假设。

H5-2-4a：引导型环境规制在约束型环境规制对农户畜禽养殖废弃物资源化利用意愿与行为背离的作用机制中发挥正向调节作用。

H5-2-4b：引导型环境规制在激励型环境规制对农户畜禽养殖废弃物资源化利用意愿与行为背离的作用机制中发挥正向调节作用。

环境规制缓解意愿与行为背离的作用机理如图 5-1 所示。

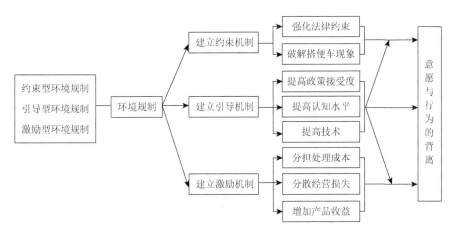

图 5-1　环境规制缓解意愿与行为背离的作用机理

三、模型设定与变量说明

（一）模型设定

为了检验以上假说，在借鉴已有研究的基础上，本节构建了农户畜禽养殖废弃物资源化利用意愿与行为背离的影响因素模型，模型的具体形式如下：

$$Y_i = \beta_0 + \beta_1 X_1 + \beta_2 X_2 + \cdots + \beta_n X_n + \varepsilon \qquad (5\text{-}5)$$

其中，当农户畜禽养殖废弃物资源化利用意愿与行为没有产生背离时，$Y=1$，当农户畜禽养殖废弃物资源化利用意愿与行为产生背离时，$Y=0$；$X_1, X_2, \cdots, X_n$ 分别表示影响养殖户行为选择的因素；ε 表示误差项。由于农户意愿与行为的背离是一个二分变量，本节选择以逻辑分布函数为基础的二元 Logistic 模型进行分析：

$$\mathrm{Ln}\left(\frac{p_i}{1-p_i}\right) = \alpha + \sum_{j=1}^{n} \beta_j X_j + \varepsilon \qquad (5\text{-}6)$$

其中，X_j 表示第 j 个影响农户畜禽养殖废弃物资源化利用意愿与行为背离的因素；α 表示常数项；β_j 表示回归系数；$\mathrm{Ln}\left(\dfrac{p_i}{1-p_i}\right)$ 表示第 i 个农户产生意愿与行为背离与没有产生意愿与行为背离发生比率的对数。

（二）变量说明

1. 被解释变量

相关统计数据显示，目前中国每年产生的畜禽粪污总量近 40 亿吨，占农业源排放总量的 96%。因此，本节以农户对畜禽粪污处理的行为选择为研究对象，探究农户畜禽养殖废弃物资源化利用意愿与行为背离的有效解决机制。首先，农户意愿与行为的背离有两种模式，一是有资源化利用意愿而无资源化利用行为（简称"有意愿无行为"）；二是无资源化利用意愿而有资源化利用行为（简称"无意愿有行为"）。"有意愿无行为"是导致农村环境治理进程受阻的主要原因，如何促进农户的意愿向行为转化是实现畜禽养殖业可持续发展的重要命题。因此，本节的意愿与行为背离仅特指"有意愿无行为"的生产现象。其次，畜禽粪污处理行为分为"随意丢弃""直接还田""堆肥发酵""建沼气池""有机肥加工"以及"鲜装出售"六种类型，其中，"随意丢弃"与"直接还田"将会导致畜禽养殖废弃物污染，而"堆肥发酵""建沼气池""有机肥加工"以及"鲜装出售"则属于畜禽养殖废弃物资源化利用行为。因此，若有资源化利用意愿的农户至少选择其中一种资源化利用方式对畜禽养殖废弃物进行处理，则被定义为农户的意愿与行为未发生背离，赋值为1；若有资源化利用意愿的农户从未选择过任何一种资源化利用方式，则被定义为农户的意愿与行为发生背离，赋值为0。

2. 解释变量

本节选择约束型环境规制、引导型环境规制与激励型环境规制三个维度来对环境规制进行衡量。约束型环境规制利用"您在畜禽养殖废弃物处理过程中是否受到环保部门的监管压力"进行测度，引导型环境规制利用"当地政府对畜禽养殖污染状况以及畜禽养殖废弃物无害化处理的宣传情况如何"进行测度，激励型环境规制则利用"您获得政府关于畜禽养殖废弃物资源化利用生态补偿的难易程度如何"进行测度。环境规制政策的测量均采用利克特五级量表由低到高进行 1～5 的赋值。本节选择受访者性别、年龄、受教育程度等个体特征，家庭年收入、家中养殖劳动人数等家庭特征，养殖户类型、养殖数量等养殖特征作为控制变量。

四、数据来源与农户特征描述

本节所使用的数据来源于课题组 2018 年 7～9 月对山东省 6 市 30 县（市、区）开展的养殖户调查。选取山东省作为样本省份的原因在于：第一，山东是中国畜禽养殖大省，畜牧业规模与产值多年来居于全国首位，虽然仍以中小养殖户为主体，但山东省的规模化养殖水平在不断提升，与大多数地区的养殖情况较为相符；第二，山东省由于畜禽养殖规模大，产业发展速度快，畜禽养殖废弃物量多面广，因此也是畜禽养殖废弃物污染的高风险地区，面临着较大的畜禽养殖废弃物处理压力；第三，山东省人民政府办公厅于 2017 年印发了《山东省加快推进畜禽养殖废弃物资源化利用实施方案》,加大了关于畜禽养殖废弃物处理的政策力度,并取得了较为显著的成效。课题组在综合考虑山东省内各城市的污染物排放量、畜禽粪污排放量以及单位耕地面积负荷的基础上,最终选取了较具代表性的六个地点,即济南市、潍坊市、泰安市、临沂市、德州市和菏泽市。调研过程遵循分层设计与随机抽样的原则,以六个抽样市为初级抽样单位,根据地区生产总值进行排序,分为很高、较高、一般、较低、很低五类,从每类中随机抽取 1 个县(市、区),在每个样本县(市、区)随机选择 15～20 户农户进行调查,整个调研过程共回收有效问卷 453 份。

　　表 5-9 呈现了受访者关于畜禽养殖废弃物资源化利用意愿与行为的关系特征。在 453 位农户中,355 位农户存在畜禽养殖废弃物资源化利用意愿。其中,仅有 199 位农户对畜禽养殖废弃物进行了资源化利用,占比为 56.06%;而 43.94% 的农户未将资源化利用意愿转化为实际行为,表明意愿与行为间存在偏差。此外,在 453 位农户中,有 98 位农户没有形成畜禽养殖废弃物资源化利用意愿,其中有 31 位农户出现了无意愿但有行为的现象。本节旨在探究环境规制是否能够有效缓解农户的"有意愿无行为"现象,因此以 355 位有畜禽养殖废弃物资源化利用意愿的农户作为此次研究的有效样本。在有效样本中,以男性农户为主,平均年龄为 45.52 岁,文化层次偏低,平均家庭年收入在 8 万元,家中从事养殖劳动的人数平均为 2 人,此外,大部分农户为兼职养殖户,养殖规模以中小规模为主(表 5-10)。

表 5-9　受访者意愿与行为关系的总体描述

项目	有畜禽养殖废弃物资源化利用意愿		无畜禽养殖废弃物资源化利用意愿	
	人数/人	占比	人数/人	占比
已进行畜禽养殖废弃物资源化利用	199	56.06%	31	31.63%
未进行畜禽养殖废弃物资源化利用	156	43.94%	67	68.37%
合计	355	100%	98	100%

表 5-10　变量赋值及描述性统计结果

变量		赋值标准	均值	标准差
被解释变量	资源化利用行为	意愿与行为发生背离 = 0,意愿与行为未发生背离 = 1	0.561	0.497
核心解释变量	约束型环境规制	毫无压力 = 1,压力较小 = 2,一般 = 3,压力较大 = 4,压力很大 = 5	2.845	0.918

续表

变量		赋值标准	均值	标准差
核心解释变量	引导型环境规制	没有宣传＝1，宣传力度较小＝2，一般＝3，宣传力度较大＝4，宣传力度很大＝5	2.752	0.827
	激励型环境规制	非常不容易＝1，不太容易＝2，一般＝3，比较容易＝4，非常容易＝5	2.372	0.888
控制变量	性别	女＝0，男＝1	0.628	0.484
	年龄	30岁以下＝1，30～39岁＝2，40～49岁＝3，50～59岁＝4，60岁及以上＝5	3.023	1.084
	受教育程度	初中及以下＝1，高中或中专＝2，大专＝3，本科＝4，硕士研究生及以上＝5	1.507	0.858
	家庭年收入	5万元及以下＝1，5万(不含)～8万元＝2，8万(不含)～10万元＝3，10万(不含)～15万元＝4，15万元以上＝5	2.704	1.326
	家中养殖劳动人数	家中从事养殖劳动的人数（人）	2.051	0.822
	养殖户类型	兼职养殖户＝1，全职养殖户＝0	0.704	0.457
	养殖数量	100头（只）及以下＝1，100～499头（只）＝2，500～999头（只）＝3，1000～2999头（只）＝4，3000～4999头（只）＝5，5000～9999头（只）＝6，10000头（只）以上＝7	2.414	1.857

五、环境规制引导农户环境保护行为的作用机制分析

（一）二元 Logistic 回归结果

考虑到各变量之间可能存在多重共线性进而影响回归结果的一致性与无偏性，本节在进行回归分析之前先对自变量进行多重共线性诊断。一般地，若 VIF＞3，表明各自变量之间存在一定程度的多重共线性；当 VIF＞10，表明各自变量之间存在高度共线性。限于篇幅，本节仅选择"约束型环境规制"为被解释变量，其余变量作为解释变量的估计结果，如表 5-11 所示。综合全部估计结果看，各自变量之间的共线相关程度在合理范围之内。

表 5-11   多重共线性诊断

项目		共线性统计量	
		容差	VIF
约束型环境规制	引导型环境规制	0.937	1.068
	激励型环境规制	0.858	1.165
	性别	0.926	1.080

续表

项目		共线性统计量	
		容差	VIF
约束型环境规制	年龄	0.747	1.338
	受教育程度	0.749	1.335
	家庭年收入	0.784	1.275
	家中养殖劳动人数	0.924	1.082
	养殖户类型	0.827	1.209
	养殖数量	0.774	1.292

表 5-12 汇报了二元 Logistic 的回归结果。在表 5-12 中,方程（1）是基准模型,投入的解释变量仅包括个人特征、家庭特征以及养殖特征。方程（2）在方程（1）的基础上投入了约束型环境规制、引导型环境规制与激励型环境规制。Nagelkerke R^2 由 0.227 增加至 0.309,增幅达 36.12%,表明环境规制在缓解农户资源化利用意愿与行为的背离中具有重要作用。从环境规制的不同维度来看,约束型环境规制与引导型环境规制对农户意愿与行为背离的影响系数显著为正,表明约束型环境规制与引导型环境规制能够有效缓解农户资源化利用意愿与行为的背离。激励型环境规制对农户意愿与行为背离的影响系数为正,但是没有通过显著性检验,故 H5-2-1、H5-2-2 得到验证,H5-2-3 证伪。

表 5-12 二元 Logistic 回归结果

项目	方程（1）	方程（2）
约束型环境规制		0.424*** (0.147)
引导型环境规制		0.502*** (0.167)
激励型环境规制		0.156 (0.152)
性别	−0.268 (0.254)	−0.344 (0.268)
年龄	−0.273** (0.128)	−0.265* (0.136)
受教育程度	−0.071 (0.157)	−0.058 (0.167)
家庭年收入	0.412*** (0.098)	0.323*** (0.106)

项目	方程（1）	方程（2）
家中养殖劳动人数	0.530*** （0.172）	0.585*** （0.188）
养殖户类型	−0.095 （0.286）	−0.111 （0.302）
养殖数量	0.189** （0.076）	0.149* （0.079）
−2 对数似然值	421.149	393.694
Nagelkerke R^2	0.227	0.309

注：括号内为标准误

*、**、***分别表示 10%、5%、1%的显著性水平

本节基于方程（2）对控制变量的回归结果进行解释。在个人特征方面，性别与受教育程度对农户意愿与行为背离的影响不显著，年龄对农户意愿与行为背离的影响系数为负，并通过了显著性检验，表明年龄较小的农户更可能将意愿转化为行为从而达成行为决策的一致性。在家庭特征方面，家庭年收入与家中养殖劳动人数对农户意愿与行为背离的影响系数显著为正，表明家庭年收入越高、家中养殖劳动人数越多的农户越有可能保持意愿与行为的一致。在养殖特征方面，养殖户类型对农户意愿与行为背离的影响系数为负，但是没有通过显著性检验；养殖数量对农户意愿与行为背离的影响系数为正，并通过了显著性检验，表明养殖数量越大的农户越可能将畜禽养殖废弃物资源化利用意愿转化为资源化利用行为。

（二）调节效应检验

为进一步检验引导型环境规制在约束型环境规制与激励型环境规制对农户意愿与行为背离影响中的调节效应，本节在方程中分别引入"引导型环境规制"和"约束型环境规制"的交互项以及"引导型环境规制"和"激励型环境规制"的交互项，得到方程（3）与方程（4），并在方程（5）中将两个交互项同时纳入实证模型中。为了消除交互项与交互项构建变量之间的相关性，在对变量交互前进行了对中处理。从表 5-13 可以发现，引导型环境规制和约束型环境规制的交互项没有通过显著性检验，表明引导型环境规制在约束型环境规制对农户意愿与行为背离的影响中没有起到调节作用，H5-2-4a 证伪。引导型环境规制和激励型环境规制的交互项通过了显著性检验，并且影响系数为正，表明引导型环境规制在激励型环

境规制对农户意愿与行为背离的影响中发挥正向调节作用，H5-2-4b 得到证实。

表 5-13　引导型环境规制的调节效应检验

项目	方程（3）	方程（4）	方程（5）
约束型环境规制	0.408*** (0.149)	0.430*** (0.148)	0.422*** (0.150)
引导型环境规制	0.519*** (0.170)	0.484*** (0.169)	0.494*** (0.172)
激励型环境规制	0.153 (0.152)	0.175 (0.155)	0.176 (0.156)
引导型环境规制×约束型环境规制	−0.096 (0.161)	—	−0.058 (0.160)
引导型环境规制×激励型环境规制	—	0.302* (0.176)	0.294* (0.178)
控制变量	是	是	是
−2 对数似然值	393.339	390.688	390.556
Nagelkerke R^2	0.310	0.318	0.319

注：括号内为标准误

*、***分别表示 10%、1%的显著性水平

（三）稳健性检验与遗漏变量的讨论

1. 稳健性检验

随着市场化发展，农村劳动力大量外流导致人口红利逐渐消失（Rudel，2011），农村劳动力呈现老龄化的趋势。通常，已处于"花甲之年"的老年人由于身体原因，不宜过多从事农业生产经营活动。并且，从政府角度来看，对于畜禽养殖废弃物资源化利用方式的推广应以劳动适龄人口为主要对象。在中国，根据老年人的年龄划分标准，60 周岁以上的男性与 55 周岁以上的女性被称为老年人。因此，本节选择剔除农村老年劳动力样本，在控制农户个体特征、家庭特征与养殖特征之后，重新进行二元 Logistic 回归。

回归结果如表 5-14 所示。由表 5-14 方程（6）的回归结果可知，约束型环境规制与引导型环境规制对农户意愿与行为背离的影响系数显著为正，而激励型环境规制对农户意愿与行为的影响没有通过显著性检验，与表 5-12 的回归结果基本一致。由表 5-14 方程（7）的回归结果可知，引导型环境规制在约束型环境规制对农户意愿与行为背离的影响中没有发挥调节作用，但引导型环境规制在激励型环境规制对农户意愿与行为背离的影

响中发挥正向调节作用，与表 5-13 的回归结果基本一致，由此验证了回归结果的稳健性。

表 5-14　剔除老年人样本后的回归结果

项目	方程（6）	方程（7）
约束型环境规制	0.592*** （0.161）	0.625*** （0.170）
引导型环境规制	0.423** （0.179）	0.384** （0.182）
激励型环境规制	0.159 （0.160）	0.173 （0.162）
引导型环境规制×约束型环境规制	—	0.122 （0.188）
引导型环境规制×激励型环境规制	—	0.252* （0.185）
控制变量	是	是
−2 对数似然值	353.353	351.187
Nagelkerke R^2	0.288	0.295

注：括号内为标准误

*、**、***分别表示 10%、5%、1%的显著性水平

2. 遗漏变量问题的讨论

由于在本节的实证模型中未控制地区特征，但地区特征可能会对养殖户行为产生影响，可能会因为存在遗漏变量而导致内生性，进而使得实证结果有偏。一般地，固定效应方法是解决这一问题的有效选择，但固定效应适用于面板数据，而本节使用的数据是没有时间变化的横截面数据，因此无法采用固定效应方法。在这种情况下，张爽等（2007）认为去除地区的均值可以有效地控制地区固定效应，但由于本节的被解释变量"农户意愿与行为的背离"属于 0~1 的离散变量，去除的均值是每一个地区农户发生意愿与行为背离的比率，这也意味着被解释变量去均值后就从离散变量变成了连续变量，进而使得实证模型变为线性模型。因此，本节借鉴张爽等（2007）的研究，选择哑变量回归的方式，在回归方程中加入包括第 1 个县（市、区）到第 29 个县（市、区）在内的 29 个县（市、区）的哑变量进行回归，将第 30 个县（市、区）作为基准组，以此来控制地区固定效应。结果如表 5-15 所示。

表 5-15　控制地区固定效应后的回归结果

项目	方程（8）	方程（9）
约束型环境规制	0.572*** （0.193）	0.524*** （0.189）
引导型环境规制	0.892*** （0.270）	0.898*** （0.283）
激励型环境规制	0.269 （0.194）	0.267 （0.197）
引导型环境规制×约束型环境规制	—	0.128 （0.242）
引导型环境规制×激励型环境规制	—	0.437* （0.225）
控制变量	是	是
地区特征	控制	控制
−2 对数似然值	300.983	296.047
Nagelkerke R^2	0.546	0.557

注：括号内为标准误

*、***分别表示 10%、1%的显著性水平

　　对比表 5-12、表 5-13 与表 5-15 的回归结果，可以发现，约束型环境规制与引导型环境规制能够有效缓解农户意愿与行为的背离，激励型环境规制对农户意愿与行为背离的影响不显著；引导型环境规制在约束型环境规制对农户意愿与行为背离的影响中没有发挥调节作用，但在激励型环境规制对农户意愿与行为背离的影响中发挥正向调节作用，表明在控制地区固定效应后模型的回归结果并未发生显著变化，意味着地区特征在本节中不具备较强的解释力。

六、研究结论与理论意义

（一）研究结论

　　本节以农户对畜禽养殖废弃物资源化利用的行为决策作为研究对象，引入环境规制的情境变量，通过文献梳理与系统分析构建了环境规制缓解农户畜禽养殖废弃物资源化意愿与行为背离的作用机理与影响机制，提出约束型环境规制能够通过强化法律约束与破解搭便车现象两条路径缓解农户意愿与行为的背离，引导型环境规制能够通过提高农户的政策接受度、提高认知水平与提高技术能力三条路径缓解农户意愿与行为的背离，而激

励型环境规制能够通过分担处理成本、分散经营损失与增加产品收益三条路径缓解农户意愿与行为的背离。

（1）二元 Logistic 模型回归结果显示，约束型环境规制能够有效缓解农户意愿与行为的背离，这一发现与以往学者的研究结论相似（黄炜虹等，2017；唐林等，2020）。唐林等（2020）研究发现，政府实施约束型环境规制能够提高农户随意排放畜禽粪便而遭受政府处罚的概率，并且增加农户的效用损失，从而提高农户做出参与环境治理决策的概率。在本节中，尽管部分有畜禽养殖废弃物资源化利用意愿的农户受限于阻碍因素的制约试图放弃资源化利用行为，但担心因随意处理畜禽养殖废弃物而遭受罚款、拘留等行政处罚，仍然会选择遵守法律规定，使畜禽养殖废弃物资源化利用意愿转化为资源化利用行为，从而缓解意愿与行为的背离。

（2）同样，与过去的研究结果相似（林丽梅等，2018），引导型环境规制对于缓解农户意愿与行为的背离有着重要作用。环境知识、技术处理能力是农户将畜禽养殖废弃物资源化利用意愿转化为资源化利用行为的重要条件（Frick et al.，2004），有畜禽养殖废弃物资源化利用意愿的农户可能由于缺乏环境知识与畜禽养殖废弃物资源化利用能力难以将意愿转化为行为。政府实施引导型环境规制，通过教育培训提升农户的环境知识水平，通过技术指导提升农户的技术处理能力，能够在最大程度上缓解农户意愿与行为的背离。

（3）然而，在本节中，激励型环境规制对农户意愿与行为背离的影响没有通过显著性检验，这一研究结果与其他学者的结论有所区别（司瑞石等，2020）。这可能是因为，尽管政府希望通过给予农户补贴的形式激励农户进行畜禽养殖废弃物资源化利用，但政府对补贴政策的宣传力度不足，补贴标准没有达到受偿水平，农户对补贴政策的满意度与接受度较低，因此，激励型环境规制的实施效果较弱，难以激励农户将资源化利用意愿转化为实际行为，进而缓解农户意愿与行为的背离。

（4）调节效应分析结果显示，引导型环境规制在约束型环境规制对农户意愿与行为背离的影响中没有发挥调节作用。在实际工作中，政府部门实施引导型环境规制可能更倾向于提高农户对于畜禽养殖废弃物资源化利用的积极性与主动性（Frantz and Mayer，2014），而不是增强农户对于随意处理畜禽养殖废弃物可能遭受行政处罚的风险感知。这也意味着政府在开展宣传规制时，可能较少涉及约束型环境规制的相关政策。因此，引导型环境规制并不能增强约束型环境规制对农户意愿与行为背离的影响。引导型环境规制在激励型环境规制对农户意愿与行为背离的影响中发挥正向调节作用，这一发现与司瑞石等（2020）的研究结论不同。司瑞石等（2020）研究发现引导型环境规制在激励型环境规制对养殖户资源化利用决策的影响中没有发挥调节作用，可能的原因在于养殖户对于激励型环境规制的满意度较低。本节认为，正是农户对补贴政策的了解度与满意度较低，导致激励型环境规制对农户意愿与行为的背离无法发挥有效的缓解作用，但引导型环境规制通过对政策的宣传能够增加农户对于补贴政策的知晓度，并且通过环境教育与技术指导，能够在理论与实践层面帮助农户形成正确的受偿水平认知，进而增强农户对于激励型环境规制的接受度。因此，在引导型环境规制的作用下，激励型环境规制能够有效缓解农户意愿与行为的背离。

（二）理论意义

（1）研究结论在一定程度上支持与丰富了行动阶段理论。行动阶段理论解释了个体意愿与行为存在偏差的原因主要在于情境因素的影响（Gollwitzer，1999），并且在情境因素的作用下个体能够缩小意愿与实际行为之间的距离，进而促进意愿转化为行为（Gollwitzer and Sheeran，2009）。在农户行为领域，学者对农户生态意愿与行为背离的研究大多集中于探究意愿与行为背离的发生机制，试图寻找导致农户"所为非所想"的原因，研究结论在一定程度上验证了情境因素是影响个体意愿与行为背离的重要原因，但尚未证明借助情境因素是否能够缓解个体意愿与行为的背离。

（2）本节通过构建环境规制政策情境，分析约束型环境规制、引导型环境规制与激励型环境规制缓解农户生态意愿与行为背离的作用机制，研究表明在环境规制政策情境下，农户生态意愿与行为的一致性能够显著增强，证明了利用情境因素的确能够帮助农户缩小生态意愿与生态行为之间的距离，为行动阶段理论提供了农户行为领域新的依据，进一步支持了行动阶段理论。

（3）研究结论为环境规制政策的具体实施提供了新的依据。农户是畜禽养殖废弃物污染治理的主体，但农户对畜禽养殖废弃物资源化利用的意愿却难以转化为实际行为，阻碍了环境治理的进程。因此，当前畜禽养殖废弃物污染防治的挑战在于找到能够有效缓解农户意愿与行为背离的作用机制。本节认为，有资源化利用意愿的农户受到约束条件的影响可能会试图放弃实施资源化利用行为，但农户作为理性经济人，其行为会受到制度活动的制约。政府通过实施约束型环境规制、引导型环境规制与激励型环境规制的方式介入环境治理，不仅能够利用罚款、拘留等约束规制避免农户将畜禽养殖废弃物随意处理，也能够利用宣传、教育、指导等引导规制与给予补贴的激励规制鼓励农户自觉主动实施资源化利用行为，进而有效缓解农户意愿与行为的背离。

第三节　基于农村基础设施建设的农业生态效率提升路径

农业是中国国民经济发展的支柱产业，近年来农业生产经营规模不断扩大，总产值不断增长，发展速度不断提升。与此同时，农业领域生产经营活动的污染物排放量与日俱增，如今已经超过工业领域成为全国第一大污染源（王圣云和林玉娟，2021）。为缓解环境压力，提高生产资源节约利用水平，推动农业可持续发展，党的十八大以来，党中央逐渐将农业绿色发展摆在战略高度。"十三五"期间，党中央通过密集出台指导性文件，发布专项行动计划，推动转变农业发展理念与发展方式。《"十四五"全国农业绿色发展规划》中显示，从总体上看，农业绿色发展仍处于起步阶段，需要加大工作力度，推进农业发展全面绿色转型[①]。因此，综合考虑农业经济产出与污染物排放，提高农业生态效率，是新时期推动农业绿色发展，提高农业农村现代化水平的重要要求。

一、乡村振兴与农村基础设施建设

农业生产效率是测度农业投入产出水平，衡量农业经济发展状况的重要指标。农业生产效率主要考虑了在有限的生产要素投入下，农业生产总值等期望产出指标的水平。在传统农业生产效率的基础上，学者将污染物排放、碳排放等作为农业生产经营过程中的非期望产出指标，纳入研究中加以分析，提出农业生态效率的概念（Wu et al.，2009）。农业生态效率考虑了有限生产要素投入下的生态效益水平，更加强调经济效益产出与生态效益产出之间的协调与平衡，主要用来衡量农业绿色发展与农业现代化发展水平（胡平波和钟漪萍，2019）。本节认为，提高农业生态效率，追求在有限的投入要素下提高农业生产总值，同时考虑降低农业碳排放等非期望产出水平，当期望产出水平的增加值超过非期望产出水平的增加值时，农业生态效率也表现为增长状况。学者关于农业生

---

①《农业农村部等 6 部门联合印发〈"十四五"全国农业绿色发展规划〉》，https://www.gov.cn/xinwen/2021-09/09/content_5636345.htm，2021-09-09。

产效率的研究主要集中在两个方面：一是运用随机前沿法、数据包络分析法等，测算中国不同省份的农业生态效率水平，并探究其区域分布情况与时空演化特征（刘华军和石印，2020；侯孟阳和姚顺波，2019；王宝义和张卫国，2016）；也有学者借助世界银行数据库，获取不同国家的相关指标数据，分析中国农业生态效率水平的国际定位（张杨和陈娟娟，2019）。二是考虑财政支农力度、农业经济发展水平、农业劳动力转移等因素，探究其对我国农业生态效率、农业环境全要素增长率的影响效果及作用机理，分析提升中国农业生态效率的主要路径（侯孟阳和姚顺波，2018；杜江等，2016；洪开荣等，2016）。学者的研究构建了较为完整的理论框架，为领域内其他研究的开展提供了充分的指导和参考，当前阶段，还需综合中国农业农村发展的现实状况与目标要求，充分探究可能影响农业生态效率的其他因素，为推动农业绿色发展，实现农业农村现代化建设提供理论基础。

党的十九大报告指出要推动实施乡村振兴战略[1]，习近平总书记强调"实施乡村振兴战略的总目标是农业农村现代化"[2]。加强农村基础设施建设，是乡村振兴战略的重要内容，是保障和改善民生，推动农业农村现代化建设的重要手段。那么，加强农村基础设施建设能否提升农业生态效率？通过梳理已有研究，有学者通过理论分析指出，农村基础设施建设可以带动农业生产要素和人力资本的合理配置，推动农业转型升级（李国英，2019），也有学者通过开展实证分析，验证了加强农村交通、水电基础设施建设能够显著提升不考虑环境约束的农业全要素生产率、农业技术效率（叶文忠和刘俞希，2018；李谷成等，2015）。这些研究成果都为本节的开展提供了充分的指导，但是总的来说，鲜有学者在农业生产效率的基础上，考虑非期望产出指标，探究农村基础设施建设对农业生态效率的内在影响机制，或对农业全要素生产率的影响。本节综合考虑农业生产经营过程中的非期望产出，通过收集 2010 年至 2019 年 31 个省区市的农业生产经营统计数据（未包含港澳台数据），构建考虑非期望产出的超效率 SBM 模型，测度中国不同省份地区的农业生态效率水平，借助 GMM 探究农业基础设施建设对农业生态效率的影响机制，为推进农业绿色发展、实现农业农村现代化建设提供决策参考。

---

[1]《习近平：决胜全面建成小康社会　夺取新时代中国特色社会主义伟大胜利——在中国共产党第十九次全国代表大会上的报告》，https://www.gov.cn/zhuanti/2017-10/27/content_5234876.htm，2017-10-27。

[2]《习近平参加河南代表团审议》，https://www.rmzxb.com.cn/c/2019-03-08/2327737.shtml，2019-03-08。

二、农村基础设施建设对农业生态效率的影响机理分析

依据《乡村振兴战略规划（2018—2022 年）》，新时期加强农村基础设施建设，重点包括交通、物流、水利基础网络、信息化等领域。在农业生产经营过程中的投入要素主要包括劳动力、土地、化肥、农药、机械、农膜、农业用水等，一系列要素的有限投入给农业生产经营主体带来一定的经济效益，同时也产生了大量的碳排放、化肥流失等，给环境带来较大压力（金书秦和武岩，2014）。新时期农村基础设施建设能够推动农业生产要素的优化配置，促进农业生产技术进步，提高农业经济效益；同时深化乡村建设，推动政府加强管制和教育，引导农业生产经营主体转变生产观念，提高农业生态效益。具体来说，农村基础设施建设对农业生态效率的影响主要包括两个方面。

（一）农村基础设施建设与农业经济效益

首先，加强农村交通基础设施建设，有助于降低农产品流通成本。学者在研究中指出，农业经济效益产出会显著受到农村交通运输条件的影响（叶文忠和刘俞希，2018）。依据世界银行发布的统计报告，各国较差的交通运输条件会使农产品在运输过程中产生约 15% 的运输损耗，而较好的运输条件能够节省约 14% 的化肥成本（World Bank，1994）。因此，加强农村交通基础设施建设，能够提高生产要素流通效率，减少农产品流通损耗，降低运输成本，提高农业经济效益。

其次，加强农村信息类和邮递类基础设施建设，有助于打破区域隔阂，全面提高农业经济效益。随着信息技术的发展，农村地区逐渐加强了信息类和邮递类基础设施建设，吸引一批电子商务零售企业和物流运输服务业入驻，打破了农村地区和全国其他地区之间的地理隔阂和信息隔阂，推动农产品电子商务市场快速发展，扩大农产品销路（王建华和高子秋，2020），提高农业生产经营主体收入水平，提高农业经济效益。同时，农村地区加强信息建设和交通建设，有助于扩大同其他地区之间的技术交流，打破技术壁垒，助推当地农业生产技术水平，提高农业生产效率。

最后，加强各方面基础设施建设，有助于全面提高乡村宜居水平，优化生产要素和人力资本配置，调整产业结构。学者在研究中指出，乡村公共基础设施配置落后，城乡发展不平衡，是导致农村地区人力资本外流的

主要原因（李宗璋和李定安，2012）。全面加强农村地区基础设施建设，有助于打破"农村地区经济发展水平落后—人力资本外流—农业经济效益低下—经济发展水平降低—人力资本持续外流"的恶性循环，提高农村地区宜居水平，吸引优质人力资本回流，优化农业生产要素和人力资本配置，推动产业结构调整，提高农业经济效益水平。

（二）农村基础设施建设与农业生态效益

加强农村基础设施建设，有助于提高农业经济效益，提高当地整体经济发展水平，当农村地区基础设施配置不够完备，对农业经济发展水平的促进作用不明显时，农业生产经营主体较多维持现有生产经营状态，农业生态效益低下；当农村基础设施建设较为深入，乡村建设成果显著时，人力资本回流能够有效提高当地技术水平，推动生产投入要素的合理化配置，减少污染物排放量（刘传江等，2021）。另外，为实现可持续发展，大力推进农业农村现代化进程，政府部门也将重点加强对当地农业生产经营过程的监管，加强对农业生产经营主体的教育和宣传力度，引导农业生产经营主体开展绿色生产行为，以控制化肥、农药等生产要素的过量使用，提高农业生态效益。

加强农村信息类和交通基础设施建设初期，将强化当地及周边地区的经济服务往来，推动农业服务市场的发展，提高机械要素投入水平，提高碳排放水平，从而降低农业生态效益。但交通基础设施建设和信息类基础设施建设，有助于推动当地农产品电子商务市场发展，提高农产品销量，提高农业经济效益，同时，当农产品销量大为提高时，为打造产品特色，保留顾客黏性，进一步扩大消费者受众，政府及农业生产经营主体将更加注重农产品的质量和安全，逐步转变生产经营理念，开展绿色生产行为，减少不必要化肥、农药的投入和使用，减少非期望产出指标对生态环境的负面影响。加强信息类基础设施建设也有助于将信息技术融入农村监管与治理工作，推动农村地区构建更为高效、系统化的监管与治理体系，提高农业生态效益，加快农业农村现代化建设进程（刘畅和付磊，2020）。因此，不同程度的农村交通、信息类基础设施建设，可能对总体农业生态效率水平表现出非线性影响，还需结合实证分析加以验证。

加强邮递类基础设施建设初期，将提高化肥类要素运输速率，保障要素供给，伴随着农业生产经营主体的传统农业生产理念，化肥流失率等非期望产出水平将明显上升。邮递类基础设施建设深入，将扩大当地农业销售市场，提高农业经济效益，填充农业生产要素投入对生态环境的负面影响。因此，邮递类基础设施建设对农业生态效率可能表现出非线性影响。此外，由于机械、灌溉等农业生产要素的使用会伴随着碳排放，因此农村水电类基础设施建设在推动农业经济发展的同时，可能会对农业生态效率表现出负面影响，这仍需结合实证分析加以探究。

农村基础设施建设对农业生态效率的影响机理如图 5-2 所示。

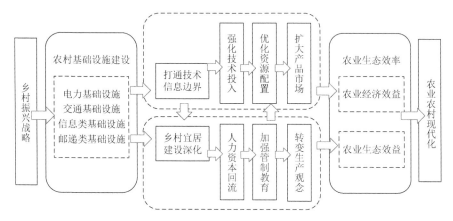

图 5-2 农村基础设施建设对农业生态效率的影响机理

三、农业生态效率指标构建与水平测度

（一）指标构建与数据来源

种植业在农业的细分产业中属于基础产业，同时对生态效益的影响最为强烈（胡平波和钟漪萍，2019），因此本节主要以种植业为研究对象展开分析，测度农业生态效率水平。结合已有研究成果，本节认为农业生产经营活动的关键投入要素包括如下七种，分别是：①土地投入，即农作物播种面积；②劳动力投入，即农业从业人员（通过计算农业生产总值占农林牧渔业生产总值的比重，乘以第一产业从业人员，得到农业从业人员数量，其中农业生产总值和农林牧渔业生产总值不考虑价格变动）；③化肥投入，即农用化肥施用量（折纯量）；④农药投入，即农药使用量；⑤机械投入，即农业机械总动力；⑥农业用水投入，即有效灌溉面积；⑦农膜投入，即农膜使用量（叶初升和惠利，2016）。

农业生产经营中的期望产出为不考虑价格变动的农业生产总值，非期望产出包括两种，分别是：①碳排放，在农业生产经营活动中伴随着化肥、农药、机械、农膜、农业用水的投入而产生（王宝义和张卫国，2016），计算方式见式（5-7），其中，C 表示碳排放总量，P_i 表示第 i 种投入要素，γ

表示不同投入要素对应的碳排放率，五类投入要素的碳排放率分别为 0.9 吨/吨（化肥）、4.93 吨/吨（农药）、1.8 吨/万千瓦（机械）、5.18 吨/吨（农膜）、200.48 吨/万公顷（农业用水）（West and Marland，2002）。②化肥流失量，即种植业的主要污染物排放（刘华军和石印，2020）（有学者将面源污染作为农业生产经营的非期望产出，面源污染是化肥、农药、农膜使用中产生的流失量和残留量的总和，由于难以从国家公布的手册中获取各个省份农药流失量、农膜残留量的平均水平，本节考虑数据的可获得性，主要测算化肥流失量，代表各省份农业生产经营的非期望产出），参考相关学者的研究（赖斯芸，2004）与《全国农业可持续发展规划（2015—2030 年）》对全国农业种植区域的划分[①]，考虑不同地区的区位差异，测算化肥流失量。计算方式见式（5-8），其中，L 表示化肥流失量，COM_N 和 COM_P 分别表示复合肥含氮量与复合肥含磷量，N、P 分别表示氮肥使用量和磷肥使用量，ε_N、ε_P 分别表示氮流失率和磷流失率。

$$C = \sum P_i \cdot \gamma \qquad (5\text{-}7)$$

$$L = (COM_N + N) \cdot \varepsilon_N + (COM_P + P) \cdot \varepsilon_P \qquad (5\text{-}8)$$

本节涉及的研究对象为全国 31 个省区市，所获取的数据为 2010 年至 2019 年的农业生产经营数据，各投入、产出指标数据均源于《中国统计年鉴》《中国农村统计年鉴》、各省份统计年鉴及国家统计局公布的官方统计数据，缺失值通过插值法补全。

（二）研究方法

本节通过构建考虑非期望产出的超效率 SBM 模型，以测算农业生态效率水平。对比传统规模报酬可变或规模报酬不变假设下的数据包络分析方法（data envelopment analysis，DEA）模型，考虑非期望产出的超效率 SBM 模型在测度效率水平时具有众多优点，包括能够将不同时期的前沿面进行跨期对比，能够将非期望产出指标纳入模型中加以测算，能够更为精准地识别有效决策单元超过 1 的效率水平，能够充分解决径向问题和角度问题，测度结果更符合计量严谨性。以规模报酬不变（constant returns to scale，CRS）为假设（胡平波和钟漪萍，2019），假定在 t 时期的决策单元（decision

---

① 《关于印发〈全国农业可持续发展规划（2015—2030 年）〉的通知》，http://www.moa.gov.cn/ztzl/mywrfz/gzgh/201509/t20150914_4827900.htm，2015-09-14。

making units，DMU）数目为 n，各个决策单元包含的投入指标、期望产出
指标和非期望产出指标类别数分别为 a、b、c，各个决策单元的投入指标
向量、期望产出指标向量、非期望产出指标向量分别为 $l \in R^a$、$m \in R^b$、
$n \in R^c$，构建考虑非期望产出指标的超效率 SBM 模型，见式（5-9），其中
α 为农业生态效率，δ 为权重导向。

$$\min \alpha = \frac{\dfrac{1}{a}\sum_{i=1}^{a} \overline{l_i^T} / l_{ik}^T}{\dfrac{1}{b+c}\left(\sum_{r=1}^{b} \overline{m_r^T} / m_{rk}^T + \sum_{q=1}^{c} \overline{n_q^T} / n_{qk}^T\right)} \tag{5-9}$$

$$\overline{l^T} \geq l_k^T, 0 \leq \overline{m^T} \leq m_k^T, \overline{n^T} \geq n_k^T, \overline{n^T} \geq 0, \delta_i^T \geq 0$$

$$\text{s.t.} \quad \begin{aligned} \overline{l_i^T} &\geq \sum_{t=1}^{T}\sum_{j=1, j\neq k}^{N} \delta_i^t l \\ \overline{m_r^T} &\leq \sum_{t=1}^{T}\sum_{j=1, j\neq k}^{N} \delta_r^t m_r^t \\ \overline{n_q^T} &\leq \sum_{t=1}^{T}\sum_{j=1, j\neq k}^{N} \delta_q^t n_q^t \end{aligned}$$

（三）水平测度

运用 MATLAB 数理分析软件，测算全国 31 个省区市 2010 年至 2019 年
的农业生态效率水平，为更直观地分析中国农业生态效率的整体变化情况，
参照《全国农业可持续发展规划（2015—2030 年）》，将 31 个省区市划分为
不同种植区域，分别为优化发展区、适度发展区、保护发展区，分别统计
各区域 2010 年至 2019 年期间各年份的农业生态效率平均水平，并绘制演
化趋势图（图 5-3）和统计表（表 5-16）。

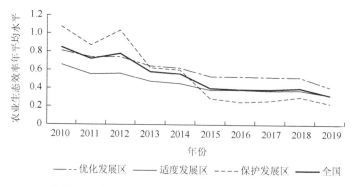

图 5-3　全国农业种植区域 2010～2019 年农业生态效率演化趋势图

表 5-16　全国不同地区农业生态效率平均水平统计表

区域	2010~2014 年	2015~2019 年	区域	2010~2014 年	2015~2019 年	区域	2010~2014 年	2015~2019 年
北京	1.121	1.203	山东	0.504	0.344	云南	0.270	0.160
天津	0.470	0.659	河南	0.489	0.295	陕西	1.166	1.075
河北	0.496	0.329	湖北	0.515	0.454	甘肃	0.247	0.159
辽宁	1.118	0.918	湖南	0.449	0.263	宁夏	0.581	0.540
吉林	0.418	0.212	广东	1.078	0.868	新疆	0.972	0.310
黑龙江	1.030	0.423	海南	1.057	0.460	适度发展区平均	0.584	0.363
上海	1.178	1.065	优化发展区平均	0.713	0.503	西藏	1.166	1.075
江苏	0.819	0.359	山西	0.526	0.345	青海	0.794	0.279
浙江	0.680	0.432	内蒙古	0.564	0.196	四川	0.972	0.310
安徽	0.302	0.197	广西	0.590	0.272	保护发展区平均	0.977	0.555
福建	0.807	0.369	重庆	0.505	0.287	全国平均	0.697	0.463
江西	0.306	0.206	贵州	0.418	0.282			

注：参照《全国农业可持续发展规划（2015—2030 年）》，将北京、天津、河北、辽宁、吉林、黑龙江、上海、江苏、浙江、安徽、福建、江西、山东、河南、湖北、湖南、广东、海南归为优化发展区，将山西、内蒙古、广西、重庆、贵州、云南、陕西、甘肃、宁夏、新疆归为适度发展区，将西藏、青海、四川归为保护发展区

从图 5-3 和表 5-16 可见，总体上，2010 年至 2019 年期间，全国及不同种植区域的平均农业生态效率水平均处于下降状态，这反映出中国农业发展仍然表现为高要素投入、高非期望产出的粗放式特征。2010 年至 2012 年，以西藏、青海、四川为代表的保护发展区平均农业生态效率水平最高，其中西藏平均农业生态效率水平超过 1，优化发展区的农业生态效率平均水平接近全国平均水平，其中，黑龙江、辽宁、北京、上海、广东、海南农业生态效率平均水平均超过 1，适度发展区平均农业生态效率水平最低，覆盖区域内只有陕西农业生态效率平均水平超过 1。2013 年至 2015 年，保护发展区农业生态效率平均水平发生较大幅度的下降，2015 年，国家发布《全国农业可持续发展规划（2015—2030 年）》，重点加强对保护发展区农业生产经营的监管与规划。2016 年至 2018 年，各区域平均农业生态效率水平变化幅度较小，部分区域有小幅回升，优化发展区农业生态效率平均水平最高，其中只有北京、上海农业生态效率平均水平超过 1，适度发展区农业生态效率平均水平接近全国平均水平，陕西农业生态效率平均水平仍超过 1。

四、基于超效率 SBM 模型的实证检验

（一）变量选择与描述性统计

1. 核心解释变量

本节的核心解释变量为农村基础设施建设，参照已有研究成果，以及《乡村振兴战略规划（2018—2022 年）》对农村基础设施建设的重点要求，本节认为以下四种基础设施建设可能会显著影响农业生态效率总体水平，在当前阶段需要加以重点考察，如下所示。

（1）农村电力基础设施（ELE）。由于农村电网分布较为复杂，难以获取农村电力基础设施的直接数据，因此本节以农村用电量（万千瓦时）指标衡量农村电力基础设施建设情况（李谷成等，2015）（农村水电站等水利基础设施也是保障灌溉要素投入的基础，但由于上海、西藏等地区缺乏相关统计数据，为保证研究数据的完备性，此处仅将农村电力基础设施纳入研究中加以分析）。

（2）农村交通基础设施（RD_{pct}）。由于缺少农村地区道路建设情况的连续性统计数据，本节参考胡平波和钟漪萍（2019）的研究，各类高速公路、省道等交通基础设施建设能够在很大程度上促进农村地区与周边地区的经济交流，因此以公路网密度指标衡量农村交通基础设施建设水平，计算公式为"公路网密度＝公路里程数(万公里)/省内国土面积(万平方千米)×100%"。

（3）农村信息类基础设施（INT）。本节以农村宽带接入户数（万户）指标衡量农村信息类基础设施建设情况。

（4）农村邮递类基础设施（MAIL）。通过查阅统计年鉴中公布的相关指标，由于缺乏对农村地区邮寄服务点数量等指标的直接统计，本节以农村投递路线（百公里）指标衡量农村邮递类基础设施建设情况。

2. 核心被解释变量与控制变量

本节的核心被解释变量为农业生态效率水平（ENE_{pct}），并将单位转化为"%"。参照已有研究，将以下两个控制变量纳入模型中加以分析，分别是：①财政支农力度（FL_{pct}），计算公式为"农林事务水支出（亿元）/地方一般性财政支出（亿元）×100%"。②农业经济发展水平（AGRI），即人均农业增加值，计算公式为"农业增加值（亿元）/农村地区常住人口数目（亿人）"，农业增加值不考虑价格变动。各个核心解释变量与控制变量的数据来源均与被解释变量数据来源一致。

3. 核心解释变量的描述性统计

对 2010 年至 2019 年，31 个省区市农村基础设施建设情况（核心解释变量）进行描述性统计，具体见表 5-17。

表 5-17　核心解释变量的描述性统计表

变量	变量名称	单位	观测数	均值	中位数	最大值	最小值
ELE	农村电力基础设施	万千瓦时	310	275.3	103.8	1949.0	0.8
RD_{pct}	农村交通基础设施	万公里/万平方千米×100%	310	90.5	89.4	210.0	5.0
INT	农村信息类基础设施	万户	310	216.1	105.4	1368.3	0.0
MAIL	农村邮递类基础设施	百公里	310	12.3	11.4	30.9	0.05

（二）模型构建与实证检验

1. 模型构建

考虑到初始生产条件可能对研究结果产生影响，因此本节构建考虑滞后一期农业生态效率的动态面板回归模型，为消除异方差，将变量做对数处理，为探究农村信息类基础设施、农村交通基础设施、农村邮递类基础设施建设对农业生态效率的非线性影响，构建回归模型，见式（5-10），其中，p 表示不同省份（$p = 1$，2，$\cdots$，31），t 表示不同年份（$t = 2010$，2011，$\cdots$，2019），θ 表示随机扰动项，β 表示影响系数。

$$
\begin{aligned}
\ln \mathrm{ENE}_{\mathrm{pct}_{p,t}} = {} & \beta_0 + \beta_1 \ln \mathrm{ENE}_{\mathrm{pct}_{p,t-1}} + \beta_2 \ln \mathrm{ELE}_{p,t} + \beta_3 \ln \mathrm{RD}_{\mathrm{pct}_{p,t}} \\
& + \beta_4 \ln \mathrm{RD}_{\mathrm{pct}_{p,t}^2} + \beta_5 \ln \mathrm{INT}_{p,t} + \beta_6 \ln \mathrm{INT}_{p,t}^2 + \beta_7 \ln \mathrm{MAIL}_{p,t} \\
& + \beta_8 \ln \mathrm{MAIL}_{p,t}^2 + \beta_9 \ln \mathrm{FL}_{\mathrm{pct}_{p,t}} + \beta_{10} \ln \mathrm{AGRI}_{p,t} + \theta_{p,t}
\end{aligned}
$$

$$（5-10）$$

2. 模型的内生性问题

由于农村基础设施建设会影响农业生态效率，农业生态效率的提高可能会推动农村地区加强对电力、信息类等的基础设施建设力度，因此模型中可能存在双向因果关系。由于滞后一期的基础设施建设情况与当期基础设施建设存在相关性，但当期农业生态效率无法对过去的基础设施建设情况产生影响，即解释变量的滞后一期与当期扰动项不相关，因此本节将解释变量的滞后一期作为工具变量引入模型中,以消除模型的内生性问题(陈强,2014),后续采取系统 GMM 法对模型进行实证分析。

3. 实证分析结果

本节借助 Stata 15 数据分析软件,运用系统 GMM 法对动态面板回归模型进行实证分析,模型 1 至模型 3 逐渐引入不同农村基础设施变量,得到实证分析结果见表 5-18。

表 5-18　系统 GMM 模型实证分析结果统计表

解释变量	模型 1	模型 2	模型 3
$\ln ENE_{pct}$	0.728^{***} (0.102)	0.570^{***} (0.153)	0.436^{**} (0.199)
$\ln ELE$	0.078 (0.161)	0.159 (0.147)	0.019 (0.174)
$\ln RD_{pct}$	-0.761 (0.727)	-0.910 (0.938)	0.108 (1.123)
$\ln RD_{pct}^2$	0.084 (0.100)	0.130 (0.134)	0.028 (0.151)
$\ln INT$		0.117^{**} (0.052)	0.180^{*} (0.095)
$\ln INT^2$		-0.032^{***} (0.012)	-0.048^{***} (0.018)
$\ln MAIL$			-2.336^{**} (1.122)
$\ln MAIL^2$			0.201^{**} (0.102)
$\ln FL_{pct}$	控制	控制	控制
$\ln AGRI$	控制	控制	控制
常数项	7.722^{**} (3.243)	5.106^{*} (2.914)	8.813^{***} (3.173)
Abond test for AR(1)	0.0402	0.0249	0.0151
Abond test for AR(2)	0.1652	0.1649	0.1357
Hausman	0.439	0.961	0.975
Prob>chi2	0.0000	0.0000	0.0000

注:括号里的数值为对应的标准差;Abond test for AR(1)表示一阶扰动项自相关检验结果;Abond test for AR(2)表示二阶扰动项自相关检验结果;Hausman 表示豪斯曼检验的结果

***、**、*分别表示在 1%、5%、10%的水平上显著

表 5-18 所报告的回归系数及显著性水平均为修正异方差后的稳健结果。从中可以看出,模型 1 至模型 3 的 Hausman 检验结果均超过 0.1,表

示各个模型引入的工具变量均有效，通过检验；模型 1 至模型 3 的一阶扰动项自相关检验［Abond test for AR（1）］结果均小于 0.5，二阶扰动项自相关检验［Abond test for AR（2）］结果均大于 0.1，表示模型 1 至模型 3 各个截面之间均不存在二阶扰动自相关，通过检验。

从实证分析结果中可以发现，农村电力基础设施建设对农业生态效率的影响效果为正向，但并不显著。这可能由于农村电力基础设施是农业用水、灌溉要素投入的基础保障，灌溉、机械等要素投入对农业生产经营的持续、高效率开展起着重要的维系作用，有助于提高农业经济效益水平，但同时，农业用水、灌溉要素投入过程中均伴随着较高水平的碳排放，导致农业生态效益降低，在一定程度上抵消了农业经济效益提高对农业生态效率的助推作用。因此，总的来说，加强农村电力基础设施建设，没有导致农业生态效率水平有明显的上升，农村电力基础设施建设对农业生态效率的影响效果不显著。

农村交通基础设施建设对农业生态效率的影响效果均为正向，但并不显著。主要是因为，完备的交通基础设施建设有助于推动农村地区从周边地区引入更多生产经营设备，也有助于降低农产品运输过程中产生的损耗，便捷的交通条件也打破了当地与周边地区的地理边界，开拓农产品销售市场，提高农业经济效益。当交通基础设施建设极大程度地带动农村整体建设水平时，有助于提高当地政府对农业生产、生态环境的监管整治力度，引导农业生产经营主体开展绿色生产行为，提高农业生态效益。同时，交通基础设施建设很少带来直接的污染物排放，但交通基础设施建设将推动跨区农业服务作业，强化机械要素投入，提高碳排放，抵消农业经济效益提高对农业生态效率的助推作用。因此，农村交通基础设施建设总体上对农业生态效率的正向影响效果不显著。

农村信息类基础设施建设对农业生态效率表现出倒"U"形影响，在有效意义的取值范围内，表现为显著的正向影响效果，这验证了信息化时代，互联网加强了农村地区同全国其他地区的信息交流和经济互动，打开了农村电子商务市场，推动各地区特色农产品销往全国，有效带动农业生产经营主体的经营收入，提高农业经济效益，深化乡村建设。随着农村地区农产品销量水平显著提高，为强化产品特色，保留原有消费者，同时扩大消费者受众，政府及农业生产经营主体将更加注重农产品质量安全，转变生产经营观念，减少生产经营过程中的农药、化肥过量使用情况，使农药、化肥使用过程中产生的碳排放量大大减少，同时降低化肥流失量，提高当地农业生态效率水平。因此，尽管加强信息类基础设施建设，可能会推动区域农业服务市场发展，进而加大机械类要素投入，在一定程度上降低农业生态效益，但总的来说，农村信息类基础设施建设仍对农业生态效率表现出显著的促进作用。

农村邮递类基础设施建设初期，农业生产要素配送效率显著提高，农业生产经营过程中化肥等要素的投入与使用得到保障，化肥流失率与碳排放量显著提升，农业生态效率有所下降。随着物流运输企业逐渐打开农村地区市场，邮递类基础设施更为完备，农村地区将形成更为高效、便捷的物流配送网络，城乡配送"最后十公里"路线逐渐被打通，农村地区特色农产品远销全国，农村地区信息类基础设施建设和交通基础设施建设的功能发挥更为充分，经济效益水平显著提高，弥补农业投入要素过量使用对农业生态效益的负面影响，总体上带动农业生态效率水平回升。因此，农村邮递类基础设施建设对农业生态效率表现出倒"U"形影响，但实证分析显示，在有效意义的取值范围内，影响效果仍为负向。这反映出如今较多农业生产经营主体仍然秉持高投入、高产出的粗放式生产观念，农村邮递类基础设施建设完备，便于农业生产经营主体购买、运输化肥等农业生产要素，相应带来的高水平化肥流失率与碳排放，抵消农业经济效益的增长，拉低整体农业生态效率，因此在有效意义取值范围内，农村邮递类基础设施建设仍表现为负向影响农业生态效率。

五、主要结论与政策启示

（一）主要结论

本节以全国 31 个省区市为研究对象，通过检索相关统计年鉴及国家统计局官网发布的统计数据，收集并整理不同省区市 2010 年至 2019 年的农业生产经营数据，探究农村地区基础设施建设对农业生态效率的影响效果及内在影响机制，得出结论如下：农村信息类基础设施建设对农业生态效率具有显著正向影响，农村邮递类基础设施建设对农业生态效率具有显著负向影响，农村电力基础设施、交通基础设施建设对农业生态效率的影响效果不显著。

（二）政策启示

第一，应当加大农村地区信息类和邮递类基础设施建设力度，依托当地区域优势和资源特色，培养一批农业生产大户或龙头企业，打造一批区域特色农产品品牌，拓展线上农产品零售渠道，扩大农业经济效益，同时带动小农户及其他农业生产经营主体转变生产观念，加强对农业生产要素投入的把控，采取绿色生产行为，提高农业生态效益。

第二，加大电力基础设施、交通基础设施建设力度，在打破农村地区与全国其他地区的地理门槛和信息门槛的同时，以可持续发展观念为指导，合理规划产业布局，严格控制农业要素投入标准，协调推进区域农业经济发展与生态修复进程。

第三，现阶段农业生产经营活动更多呈现出粗放式的生产特点，政府在为农业生产经营活动提供财政扶持的同时，应当注重加强对农业生产经营主体的监管与教育，引导其逐渐转变生产观念，采取绿色生产行为，降低化肥、农药等要素的投入，以减少污染物的残留量与排放量，稳步提高农业经济效益与生态效益水平，全方面协调推进农业农村现代化建设进程。

第六章 生态环境协同治理的实践路径
与优化策略

第一节 生态环境协同治理的主要结论

本书试图识别公众生态环境友好行为的内外部驱动因素，厘清并刻画消费者和生产者践行环境保护的行为逻辑，探究协同治理下的生态环境政策机制与生态效率提升路径，以期为促进生态文明建设、推进生态环境协同治理、实现可持续发展提供理论基础与政策支持。本书基于第一章的研究框架，共用了四个章节（第二章至第五章）来研究生态环境协同治理的理论逻辑与实践路径，得出了多个方面的研究结论。

第二章为生态环境约束下公众环境心理与环保行为机制，该章基于对江苏省和安徽省 12 市的民众进行问卷调研，从环境认知、环境风险感知、环境价值观等多个内在心理特征出发，识别影响公众采取公领域亲环境行为和私领域亲环境行为的关键因素，并进一步探究多种因素对公众环境保护行为的影响机制。研究发现：第一，在不同维度的环境认知对农村居民环境友好行为的直接影响中，资源环境知识和环境问题感知均对环境友好行为有显著影响；在间接影响中，资源环境知识和环境责任认知均能通过行为意向的中介作用对环境友好行为产生间接影响；环境友好目标意向与执行意向均能对农村居民环境友好行为产生显著影响，且执行意向在目标意向与农村居民环境友好行为之间起到部分中介作用。第二，环境风险事实感知和环境风险原因感知对民众的公领域亲环境行为不存在直接或间接影响，且对环境情感和责任意识的影响也不显著；环境风险损失感知对民众的公领域亲环境行为不存在直接影响，但可以通过"环境风险损失感知→责任意识→公领域亲环境行为"实现间接影响，环境情感没有起到中介作用；环境风险反应行为感知对民众的公领域亲环境行为有显著正向的影响，且可以通过"环境风险反应行为感知→责任意识→公领域亲环境行为"实现间接影响，环境情感没有起到中介作用。第三，绿色消费态度是产生绿色消费行为意向的关键先决条件。践行绿色消费的理由通过绿色消费态度对绿色消费行为意向产生显著的间接影响；而拒绝绿色消费的理由则可以跳过绿色消费态度，直接对绿色消费行为意向发生作用。研究也证明了环境价值观对消费者践行绿色消费的理由、消费者拒绝绿色消费的理由和绿色消费态度均产生影响，是消费者产生绿色消费行为的一个深层次因素。

第三章为特色文化影响下公众参与绿色消费实践逻辑，该章立足于公众对于绿色消费行为的践行程度，结合多元回归分析、结构方程模型、PSM等计量方法，在探究环境意识、环境认知、环境情感、环境自我认同等心理因素对公众绿色消费行为产生影响的基础上，实证检验中国特色文化对公众参与绿色消费的影响机制。研究发现：第一，环境意识是产生绿色消费行为的重要动因，环境意识对不同阶段绿色消费行为的影响机制不同。环境责任感、环境情感与环境知识都会显著影响三个阶段的绿色消费行为，但是影响程度存在差异。第二，中国文化价值观对环境意识与不同阶段绿色消费行为路径存在部分调节作用。儒家思想长期占据我国传统文化的主导地位，以集体主义文化为基础的价值观也对民众的行为产生了深远影响。第三，中庸价值观促进了绿色消费行为的形成，中庸价值观不仅对绿色消费行为产生显著的直接影响，还通过环境问题感知和环境情感的中介作用对绿色消费行为产生间接影响，发挥中介作用的路径有三条：第一条是环境问题感知的中介作用，第二条是环境情感的中介作用，第三条是环境问题感知和环境情感的链式中介作用。第四，权威从众价值观、环境态度和亲环境购买认知能够显著影响消费者的绿色购买行为，揭示了基于消费者内在动机的文化背景、行为相关态度和相关认知是影响绿色购买行为的显著因素。第五，在排除消费者不同资源禀赋和权威从众价值观、环境态度及亲环境购买认知的行为影响因素情况下，消费者过去绿色购买行为程度的差异显示出其他亲环境行为的差异，即绿色购买行为对搜集环保信息、加入环保组织、和亲友互动、参与话题讨论、关注环保相关内容存在正向溢出效应。

第四章为环境共治视角下绿色生产转型的多环节实现机制，该章从农业生产角度出发，利用对微观农业生产者的实地调研数据，从绿色生产过程的产前、产中、产后等多个环节，探究微观主体实现农业绿色生产转型的实践路径。一方面，运用社会嵌入理论，实证分析各维度的嵌入因素和多种自主因素对生产者绿色生产技术采纳行为的影响及其解释结构；另一方面，探讨了农户认知对农户技术采纳意愿的作用机制，在此基础上分析影响农户技术采纳意愿向技术采纳行为转化的因素。研究发现：第一，政策嵌入、认知嵌入、关系嵌入、结构嵌入对生产者绿色生产技术采纳行为具有显著影响，此外，绿色生产技术采纳行为也会受到年龄、婚姻状况、身体健康状况、农业劳动人数、家庭年收入和种植结构调整等自主因素的影响。第二，AISM 得到的对抗有向拓扑层级图显示：生产者绿色生产技术采纳行为的影响因素共有三级层次结构，UP 型和 DOWN 型有向拓扑层级结构存在差异；在对抗有向拓扑层级关系中存在因果回路，关系嵌入和农业劳动人数互为因果、相互影响；根源因素分别对不同潜在因素和表层因素具有影响。第三，农户对于农业废弃物资源化利用技术的认知因素可具体显化为便利条件、努力期望、主观规范与行为态度，且认知因素间存在显著的互动关系。第四，农业废弃物资源化利用的便利条件能够通过农户努力期望与行为态度间接正向影响农户的技术采纳意愿，主观规范不仅能够通过农户对农业废弃物资源化利用的行为态度对农户技术采纳意愿产生间接的正向影响，也能对农户技术采纳意愿产生直接的正向影响。第五，家庭禀赋特征在农户技术采纳意愿与技术采纳行为之间发挥显著的调节作用，农业收入稳定性与土地规模能够有效影响农户技术采纳意愿向技术采纳行为的转化。

第五章为外部性视角下绿色生产转型的政策作用机制，该章主要从宏观和微观两个层面，探究生态环境的有效治理机制和生态效率提升路径。首先，基于政府行为的外部性特征，实证分析政府规制对养殖户畜禽养殖废弃物处理行为的影响机制；其次，进一步深化探索了养殖户的行为规律，深入探究政府规制能否缓解养殖户意愿与行为的背离；最后，基于农村基础设施的视角研究农业生态效率的提升路径，寻求生态环境治理的保障机制。研究发现：第一，性别、家庭年收入、养殖收入占比、养殖数量、畜禽类型对养殖户受到的政府规制程度具有显著影响；政府规制对养殖户畜禽养殖废弃物资源化处理意愿和沼气发酵行为均存在显著正向影响，多重规制手段下，政府行为在畜禽养殖废弃物资源化利用中表现出正外部性。第二，在进一步的影响机理分析中，养殖户多维认知因素显示出了差异性的中介效应，政府规制能够分别通过提升养殖户处理方法认知和防治法规认知，对资源化处理意愿和沼气发酵行为采纳产生影响，但污染途径认知中介作用不显著。第三，约束型环境规制能够有效缓解农户意愿与行为的背离，农户会担心因随意处理畜禽养殖废弃物而遭受罚款、拘留等行政处罚而选择遵守法律规定，使畜禽养殖废弃物资源化利用意愿转化为资源化利用行为，从而缓解意愿与行为的背离。第四，引导型环境规制对于缓解农户意愿与行为的背离有着重要作用。政府实施引导型环境规制，通过教育培训提升农户的环境知识水平，通过技术指导提升农户的技术处理能力，能够在最大程度上缓解农户意愿与行为的背离。第五，引导型环境规制并不能增强约束型环境规制对农户意愿与行为背离的影响，但引导型环境规制在激励型环境规制对农户意愿与行为背离的影响中发挥正向调节作用，在引导型环境规制的作用下，激励型环境规制能够有效缓解农户意愿与行为的背离。第六，农村信息类基础设施建设对农业生态效率具有显著正向影响，农村邮递类基础设施建设对农业生态效率具有显著负向影响，农村电力基础设施、交通基础设施建设对农业生态效率的影响效果不显著。

第二节　多主体协同治理的实践路径选择

生态环境治理是一项复杂的系统工程，既是人类经济行为、社会制度、科学技术、资源要素等多因素作用的交界面，也是平衡地区发展、治理水平和环保意识等多种矛盾的需求面。长期以来，社会经济蓬勃发展的背后是持续加剧的能源消耗，长期以来的粗放式发展模式更是造成了严重的环境污染，生态环境日渐恶化。环境问题不仅带来了社会经济可持续发展瓶颈，也给人类生存环境和身体健康造成了威胁。因此，生态环境治理涉及社会的各个领域，关乎其中的各个角色。本书以多主体参与生态环境治理为主要线索，关注公众的环境友好行为，并基于行为特征将其分为公领域环境行为与私领域环境行为。同时，考虑消费者与生产者的不同社会角色，对公众参与生态环境治理的实践路径进行探究，为生态环境协同治理体系的优化提供了新思路。另外，有效推进生态环境治理需立足于社会系统中重要主体的角色作用，使多主体充分协调治理手段，协同治理效能，在生态环境治理中发挥出相对于独立治理更为高效的作用。因此，除了公众作为主要参与主体，政府、媒体等组织协同参与对于全面提升生态环境治理效率具有至关重要的作用。

一是从社会公众角度出发，公众在参与生态环境治理过程中可分为普通消费者和生产者，公众能够通过践行绿色消费行为与绿色生产行为的方式参与生态环境治理，成为政府力量的有效补充。二是由于生态环境的外部性特征，政府的环境规制政策能够在较大程度上引导公众参与生态环境治理，在协同多主体参与生态环境治理方面往往起到主导作用，且主导相关基础设施建设进程。三是媒体监督在一定程度上能够促进其他主体的生态环境治理行为产生或避免逆向选择，对提升生态环境治理水平具有显著影响。在新形势下，从消费与生产两端双管齐下，推动公众形成环境友好的消费模式与生产方式，厘清公众参与生态环境协同治理的行动逻辑，是破解生态环境问题、提升生态环境质量的重要途径。同时，通过对政府和媒体的实践路径分析，找到在生态环境治理体系中与公众的有效协同方式，可以进一步提升生态环境治理水平。一方面，通过政府规制引导和激励公众积极参与保护环境；另一方面，利用媒体宣传教育，促使公众主动采取亲环境行为。因此，基于多主体协同治理效率，充分发挥消费者、生产者、政府、媒体等关键主体以及其他相关组织和社会因素在整个生态环境治理体系的协同作用，探究多主体协同治理的实践路径和协同参与模式，对于全面提升生态环境治理水平、加快生态文明建设具有至关重要的作用，从而促进我国环境治理体系的完善，实现多领域绿色发展。

一、消费者实践路径

人类社会在享受工业发展和科技进步带来的福祉的同时，也对生态环境造成了严重破坏。空气污染、森林锐减、水体富营养化等一系列环境问题困扰着人类的可持续发展。近年来，消费者的环境保护意识不断觉醒，对环境质量的要求也逐年提高，其作为践行生态环境保护行为的重要主体，自觉主动关心生态环境和积极践行生态环境保护行为对于生态环境保护来说至关重要。消费者践行环境保护行为可以体现在日常生活的方方面面，可按照是否与他人互动分为公领域亲环境行为和私领域亲环境行为，其中典型的公领域亲环境行为包括加入环境保护组织、参加环保公益活动、呼吁他人保护环境等能够减少社会层面能源消耗和废弃物产生的行为，典型的私领域亲环境行为包括绿色消费、绿色出行、节约用水、垃圾分类、随手关灯等能够减少自身能源消耗和废弃物产生的行为。所以，消费者参与生态环境治理的实践路径可在公领域和私领域亲环境行为探寻，其实践路径可概括为图 6-1。

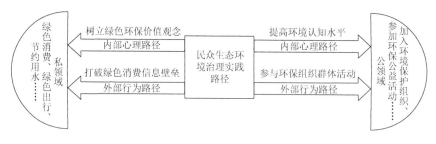

图 6-1　消费者参与生态环境治理的实践路径

（一）提高环境认知水平，增强环境保护责任意识

环境问题具有社会属性，每位消费者都应参与到生态环境治理当中，共同承担保护生态环境的责任与义务，但在公领域环境治理情境中普遍存

在消费者参与环境保护公益活动不积极、对于环境污染现象置若罔闻等现象，这主要是因为消费者的环境认知水平较低、环境保护责任意识较淡薄，从而对周围存在的环境风险感知较弱，无法产生强烈的环境情感和保护环境的责任意识。因此，环境认知水平是消费者关心环境和践行环境保护行为的基础，消费者的环境认知水平越高，对环境可持续发展的关心程度越高，自身进行环境保护的责任意识越强烈，就越倾向于践行生态环境保护行为。消费者应自觉提高自身环境认知水平，增强自身环境保护责任意识，摆脱环境问题"事不关己""政府依赖"等心理，主动通过电视、广播、网络、微信公众号等多种渠道积极了解当前生态环境现状，积极参与生态环境保护公益活动，在具体实践中强化自身环境认知能力，在拓展环境教育范围宽度的同时，重视环境知识内容的深度，进而增强对环境问题严重性的感知，增强保护环境的责任意识和行为意向。

（二）参与环保组织群体活动，激发环境保护个体行为

环境问题治理是一项具有整体性、长期性和复杂性的系统工程，需要协调多主体共同参与，而环保组织就是其中重要主体之一。消费者个体的力量总是有限的，很难开展具有较大规模和社会影响力的群体性环保活动，而环保组织能够凝聚个体的力量，同时拥有较高的环保专业技术、对外沟通交流和组织管理能力，为消费者个体提供参与生态环境治理的平台。同时，环保组织是政府与消费者之间的桥梁，既能代表消费者向政府集中表达关于生态环境的诉求和建议，也能将政府发布的生态环境保护相关措施和倡议传达给消费者。除此之外，环保组织还是社会监督的重要主体，参与监督政府在生态环境治理方面的职责履行情况、监督企业履行生态责任以及监督消费者环保行为。消费者个体的环保行为容易受到环保组织群体规范的影响，消费者个体在环保组织群体活动中获得更强的群体归属感，从而激发更多消费者个体的环保行为。

（三）树立绿色环保价值观念，强化绿色消费自我驱动

绿色消费行为是重要的私领域亲环境行为之一，随着经济的发展，其在生态环境保护方面的作用越来越凸显，受到了社会各方的大力倡导。绿色消费行为是指公众在商品的购买、使用和后期处理过程中注重环境保护和生态可持续发展，努力使自身的消费行为对环境的负面影响达到最小化的消费模式。所以，消费者是否能够自觉地在商品的购买、使用与处理过程中遵守生态保护的原则，是践行绿色消费行为的关键。在绿色消费的情

境中，消费者会寻求一个最有解释力的原因来协调自身的认知并提升做出行为决策的信心，最后实现绿色消费行为。绿色环保价值观念就在消费者的绿色消费行为决策过程中起着重要的先驱作用，这种保护环境、自然联结的绿色环保价值观念能够从根本上影响消费者的绿色消费行为意向，使消费者对绿色消费抱有更积极的倾向。除了树立绿色环保价值观念之外，消费者还要意识到自己个人的绿色消费行为的重要性和迫切性，不断强化自身的环境意识和环保责任感，实现绿色消费的自我内在驱动。

（四）打破绿色消费信息壁垒，促进绿色品牌长效发展

消费者在形成绿色消费行为的过程中很容易在面对不利的外部因素时产生消极的消费态度，从而重新评估采取或拒绝绿色消费行为的成本与收益，最终导致消费行为的"流产"，如较高的产品价格、他人不满意的购买经验、较高的时间和精力成本等。为了避免这些不利的外部因素，消费者要主动打破绿色消费信息壁垒，包括绿色产品信息壁垒和绿色消费政策信息壁垒。一方面，消费者应主动搜集绿色产品的相关信息，充分利用绿色产品可追溯信息的查询手段，提高对绿色产品的识别能力，这样既能节省绿色产品选择的精力与时间成本，同时还能避免"劣币驱逐良币"的不良市场出现。另一方面，产品价格是影响消费者决定是否采取绿色消费行为的重要因素，为了减少消费者绿色消费决策产生过程中因经济因素而拒绝绿色消费的可能性，政府会制定和实施绿色消费补贴相关政策来刺激绿色消费，消费者应及时关注当地政府提供的绿色消费补贴相关政策，在绿色消费过程中充分使用各种绿色消费补贴政策，在降低绿色消费的金钱成本的同时促进绿色品牌长效发展。

二、生产者实践路径

我国传统农业生产发展方式对资源、要素投入过度依赖，虽然带来了一定的经济收益，但也造成了农业面源污染加剧、生产成本增加、农产品质量下降等问题，使得农业污染成为环境污染的重要来源、农业可持续发展受到严重制约。转变传统农业生产方式，加快农业绿色生产转型，成为当前解决资源环境问题、推进农业可持续发展的根本途径。农业生产者作为农业生产和农业环境保护的关键主体，其绿色生产行为对农业绿色生产转型、生态环境保护起到了重要作用，农业绿色发展应从农业生产者微观主体出发，促进其采取绿色生产行为。为此，探寻农业生产者生态环境治理的实践路径，即从生产端分析农业生产者绿色生产转型的有效行为选择

和可为路径。从个体认知到行为选择，再到外部环境作用下的实践导向，生产者参与生态环境治理的实践路径可概括为图 6-2。

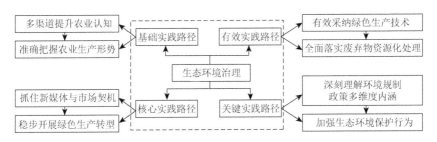

图 6-2　生产者参与生态环境治理的实践路径

（一）多渠道提升农业认知，准确把握农业生产形势

　　作为社会系统的生存个体，农业生产者具备基本学习、环境感知的能力，面对时刻变化的农业生产环境与农业发展趋势，善于"审时度势"，是其在生产经营过程中选择践行最佳路径的基础。出于生产者行为选择容易受到外部环境因素的影响这一理论实证与现实原因，生产者面对繁杂的外部信息环境，为准确识别农业生产关键信息点，需系统梳理可获得信息的渠道，并通过多渠道全面提升自身的认知水平，以利益"均衡点"为依托，对农业生产形势进行理性分析。一方面，在行为决策过程中，生产者往往以"理性经济人"视角，对获得的信息进行处理和判断，形成一定的相关认知，为了避免出现认知偏差，需要生产者通过多渠道来提升自身的认知水平；另一方面，在行为选择的基础上，生产者进行生产活动时，需及时把握生产水平、市场环境、供应关系等，这给予生产经营决策更大的挑战，要求生产者具备更高的认知水平。因此，提升认知水平、把握生产形势、及时做出准确、最佳的决策，是生产者践行绿色生产，同时也是参与生态环境治理的基础实践路径。

（二）有效采纳绿色生产技术，全面落实废弃物资源化处理

　　农业绿色生产作为一种可持续的发展方式，对保护生态环境、节约资源、缓解农业污染、推进农业绿色发展具有显著促进作用。从绿色生产环节来看，生产者参与生态环境治理的可行路径主要在于绿色生产要素投入与废弃物资源化处理。从绿色生产要素投入来看，农业领域的绿色生产投入要素在参与原有生产要素替代性调整和资源禀赋结构变化过程中，为生产高品质农产品、推进绿色生产结构转型提供内源动力。其中，现代绿色生产技术

在减少化学品投入、耕地保护、资源节约等方面，具有显著的生态环境保护作用，能够促进形成资源节约和保护环境的生产方式、产业结构和空间格局。对畜禽养殖废弃物的资源化利用能产生一定的经济效益，但无法盈利，同时对于环保和可持续发展的贡献导致其具备很强的外部性，使得畜禽养殖废弃物资源化利用成为一种准公共产品。例如，畜禽养殖废弃物量多面广，如果处置不当则易导致河湖污染。因此，有效采纳绿色生产技术，全面落实废弃物资源化处理是生产者参与生态环境治理的有效实践路径。

（三）抓住新媒体与市场契机，稳步开展绿色生产转型

大多数的农业生产者处于农村地区，现代新媒体技术的发展，使得分散性的生产者可以通过各种新媒体渠道获取有效信息，也可实现多主体互动交流。同时为生产者生产经营活动提供了极大的便利，如通过新媒体购买生产资料和销售农产品。结合市场环境变化，新媒体为生产者及时获取市场信息进而及时把握市场契机提供了有效渠道。信息渠道已然跨越时空和地域，使得传播更加高效和迅猛，利用微信、微博、抖音等传播平台，能够快速实现信息传播，包括生产知识扩散、市场价格变化、政策信息普及等。在生态环境治理过程中，生产者理应抓住新媒体技术提供的便利条件，及时把握市场机会，积极运用相关知识，稳步开展农业绿色生产转型。此外，新媒体起到了一定的监督作用，环境的持续恶化，使生产者的环保意识不断提高，对农村大气、水土、垃圾排放等问题有了较多关注，新媒体与新技术结合，有利于为生产者提供环境质量实时监测、环境治理效率监督情况等相关信息。因此，新媒体与市场信息的及时获取，为促进越来越多的生产者绿色生产转型提供了充分条件，成为生产者参与生态环境治理的核心实践路径。

（四）深刻理解环境规制政策多维度内涵，加强生态环境保护行为

利益是经济行为的根本出发点，强逐利性造成了生产者对经济利益的关注普遍高于对农业生产安全和生态环境保护的关注。政策治理作为规制生产经营主体行为的有效途径，在生态环境治理过程中发挥着重要作用，在一定程度上能够缓解生产者强逐利性行为。在面对多种环境规制政策时，生产者是否能够深刻理解政策内涵，并且对政策及时响应，不仅在较大程度上决定了政策效能，而且反映出生产者与政府协同参与生态环境治理水平。立足于环境规制政策多维度内涵，约束型环境规制能够强化对生产者行为的法律约束、破解生产者的搭便车现象；引导型环境规制能够提高生产者对于政策的接受度、提高生产者相关认知、提高技术采纳水平；激励型环境规制能够分

担生产经营成本、分散经营损失、增加农产品的收益。因此，生产者参与生态环境治理需加强对环境规制政策多维度内涵的理解，而且通过及时响应政策内容，生产者能够借助政策的有效指引，进一步提升生产经营水平、加强环境保护行为，这也构成了生产者参与生态环境治理的关键实践路径。

三、政府实践路径

推进新时代生态文明建设，不仅要关注生态环境领域的治理，更要实现经济系统、社会系统和生态系统的协同共进，形成相关主体之间紧密联系、相互协调和运行流畅的"环境治理共同体"。由于环境问题具有外部性特征，会影响环境资源的优化配置，加之生态环境具有公共品属性，仅仅依靠市场调节机制难以对环境问题进行有效治理。因此，政府需在生态环境治理过程中发挥主导作用，运用"有形之手"，通过行政、经济、社会服务、技术等手段，实现生态环境治理。农业农村发展含"绿"量，决定乡村高质量发展的含"金"量，为此迫切需要政府推动农业生态环境的治理，加强农村生态文明建设，走生态优先、绿色低碳发展道路。借助环境规制政策工具，政府参与生态环境治理的实践路径可概括为图 6-3。

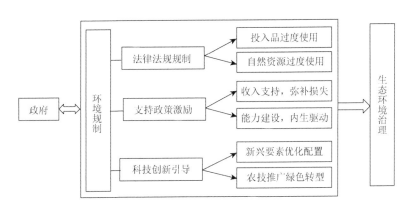

图 6-3　政府参与生态环境治理的实践路径

（一）法律法规规制投入品使用和自然资源利用

农业生产过程中对投入品的过度使用和对自然资源的过度利用，是制约农业可持续发展的重要因素。政府通过制定并执行约束型环境规制政策，能够在较大程度上引导公众参与农业生态环境治理。在宏观层面上，对农业资源的过度使用征收税费会使企业的显性成本提高；同时，在环境规制的管制下，企业需要通过改进生产设备或进行技术创新等方式进行绿色转型，这些支出又会给企业增加较高的机会成本。因而，当政府通过约束型环境规制政策对企业进行环境规制，会使企业更加注意到在生产过程中自身对环境的影响，减少负外部性，实现绿色转型，提升农业环境污染治理效率与绿色经济增长效率。在微观层面上，约束型环境规制政策是影响农业生产者参与农业环境治理意愿的重要因素。由于农业生产者具备"理性决策"特征，对损失的敏感度高于对收益的敏感度，为了避免受到罚款等强制性惩罚措施，农业生产者更可能遵守相关的条例规定，对农业资源进行合理投入及使用，关注农业生态环境的治理。

（二）支持政策激励农业生产者进行绿色生产

农业可持续发展具有正的外部性，仅出台相关法律政策进行约束规制无法弥补生产者采用可持续生产行为带来的收入损失。为此，政府需要通过激励型环境规制对农业生产者进行激励。首先是收入支持。农业生产者进行绿色生产时，会对成本及收益进行权衡，当农业生产者感知农业绿色生产成本较高且经营风险无法分散时，对于绿色生产的意愿会大大降低。但政府部门如果能够提高农业生产者对农业补贴等优惠政策的知晓度与接受度，并实际为其分担农业废弃物资源化处理成本、增加绿色农产品收益时，在一定程度上能够弥补农业生产者的损失，增强其进行绿色生产的意愿。其次是能力建设。如何解决农业经济发展与农业生态环境治理的矛盾，有效引导农业资源要素合理配置，这对农业经营方式创新、农业科技人才培养均提出了更高要求。具体来说，加快构建新型农业经营体系、落实"科技扶智"以及强化农业基础设施建设，有利于破解农业绿色生产内生驱动力不足的难题，推动农业生态环境保护及治理。

（三）科技创新引导农业发展走绿色可持续道路

实现农业可持续发展的根本途径是，以农业绿色发展为导向，通过技术创新实现资源的有效配置。就经济维度而言，对传统农业生产要素如土地、资金以及劳动力等，进行优化组合，并通过改革创新驱动来引领新兴要素优化配置，能够推动农业可持续发展。政府将绿色生产技术嵌入农业全产业链，依托环境友好型、资源节约型技术与装备，大力推广和应用节水、节肥、节药等技术，可有效降低流通、人工以及农业生产资料等各项成本。就生态维度而言，通过开展宣传、培训、指导等农业技术推广活动，将农业生产的理论技能转化为具体实践，借助现代技术对传统农业进行赋能，以科技创新提升农业全产业链绿色度，打造绿色低碳循环的农业产业体系，推动农业绿色低碳转型。总体来说，政府部门通过实施引导型环境规制，能够促进农业生产者践行农业绿色生产，进而推动农业生态的健康发展，实现农业生态环境的可持续发展。

四、媒体实践路径

新闻媒体是社会舆论的导向标和风向器，承载着重要的社会认同，对社会公众有着潜移默化的作用，因而，新闻媒体的快速发展也对生态环境保护产生了重大影响。媒体在思想、深度、权威等方面具有巨大影响力，已获得消费者坚定的信任，加之新闻媒体具有成本低、效率高、互动性强等优势，成为生态环境保护的重要主体。借助媒体优势，营造生态环境保护的良好舆论氛围和社会环境，以及充分发挥媒体在生态环境保护中所具有的价值引领作用、教育作用及监督作用，实现媒体的融合发展，是媒体参与生态环境治理的实践路径（图6-4）。

图6-4 媒体参与生态环境治理的实践路径

（一）宣传绿色理念，培养公众环境责任感

宣传教育是影响公众产生环境保护责任感的重要因素，公众环境责任感的培养与媒体积极宣传绿色理念、倡导绿色生活密不可分。由于环境知识是公众环境保护与治理行为的重要影响因素，且环境知识水平的提高能够促进公众对环境问题的感知，因此媒体重视宣传绿色理念与环境知识，拓宽内容的深度，可以有效地培养公众的环境责任感，促进公众的环境保护与治理行为。媒体的宣传同时能够激发公众的环境情感，而环境情感能对公众的环境保护行为产生直接影响。公众的正面环境情感能够使其认识到环境保护与治理的社会属性，激发公众的环境责任感；对农业生态环境问题产生的不安、愧疚、愤怒等负面情绪可以促使其产生保护环境的紧迫感，因此，媒体可重视公众对环境问题的情感诉求与情感共鸣，提升其对于环境问题的责任感与使命感。

（二）媒体融合发展，促进生态环境社会共治

媒体平台是实现生态环境治理从社会延伸至基层的重要纽带，是连接生态环境治理主体的重要中介。媒体融合是兼具政策性、理论性、实践性的重大时代命题，媒体日益融入我国的生态环境治理实践过程中。首先，移动传播有利于增强生态环境治理效能。媒体逐步将信息服务拓展到生态环境治理领域，促进了环境治理信息的传播内容、范围、速度、效率及途径的巨大变革。在此过程中，通过报纸、网络、微信、终端和屏幕等多样化渠道，采用图、文、视、听等兼容形式，公众能够通过媒体平台参与环境治理实践，健全生态治理体系。其次，大众传播有利于提升生态环境治理的监督质量。例如，创新"互联网＋监督"模式，使消费者能够充分发挥社会监督的作用，能够借助媒体平台公开生态环境保护与治理实践中的反面案例，对企业、政府的不环保、不作为等行为进行监督和制约。因此，媒体要基于技术应用建设自身平台，加强与公众的连接，为公众更好地参与生态环境治理实践提供公共服务。

五、多主体协同治理的实践路径

面对生态环境治理的多领域协同目标，有效提升生态环境治理水平需立足于社会系统中重要主体的角色作用，使多主体充分发挥治理手段，践行生态环境治理路径，破解从政府失灵、市场失灵到集体行动困境所反映出来的区域环境协同过程中"治理失灵"问题。作为生态环境治理的四个重要主体，消费者、生产者、政府、媒体在选择参与生态环境治理的实践路径方面，具有一定的关联性，只有明确各自的职能作用与利益关系，将公众作为主要参与主体，从生产端和消费端入手，加强政府、媒体等组织的协同参与，才能够形成社会协同治理效应（图6-5）。

从公众视角来看，聚焦于生产者和消费者，两者之间存在一定的信息壁垒，因此在推进各自的实践路径过程中，需通过借助信息交流平台、媒体宣传引导等，实现高效协同。从政府角度来说，政府多项职能的有效发挥需借助多种政策工具和手段，针对不同的主体开展一系列政策措施，如对生产者和消费者，以及媒体等生态环境协同治理体系的关联主体开展约束型、激励型、引导型规制政策，成为其他多个主体进行生态环境治理实践的支撑。聚焦于媒体作用，主要在"宣传教育"和"融合发展"两个方面协同参与到其他参与主体的生态环境治理实践当中。例如，通过宣传教育的多种方式全面提升生产者与消费者的相关认知水平，而在融合发展方面，需借助媒体的角色作用，嵌入到多个主体关系网络中，如提供足够的信息内容和良好的信息渠道，使得整体上快速提升生态环境协同治理效率。借助市场导向，在整个环境中营造生态环境社会共治的良性氛围，从而在多领域实现绿色发展的同时，促进我国生态环境治理体系的完善。

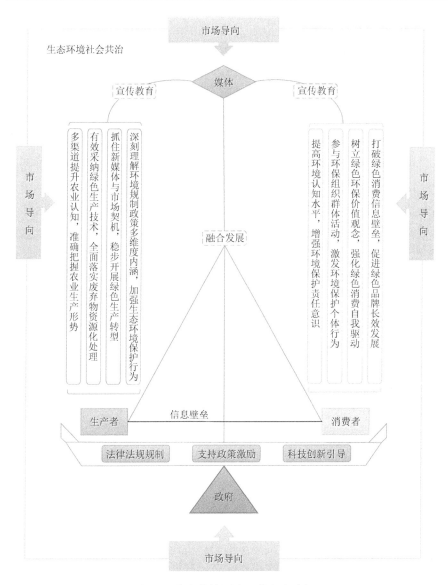

图 6-5　多主体协同治理的实践路径

第三节　促进生态环境协同治理的优化策略

一、推动绿色生产与消费，发挥市场机制的驱动作用

我国环境保护政策注重经济手段在生态环境保护领域的创新与应用，形成以市场手段推动生态环境保护的动力机制。健全环境治理和生态保护的市场体制，应激发市场动力和活力，注重发挥市场机制在生态环境保护

中的作用。立足生产端与消费端，培育环境治理和生态保护市场主体是适应引领经济发展新常态，发展壮大绿色环保产业，培育新的经济增长点的现实选择，也是环境治理由过去以政府推动为主转变为政府推动与市场驱动相结合的客观需要。

（一）发展壮大绿色环保农业，加快农业技术研发推广

　　生产者容易同时采纳多项绿色生产技术，因此，提高农业生产者的绿色生产技术采纳水平，不仅要关注某项技术的推广应用，更应为农业生产者提供不同生产环节的多种绿色生产技术，使得单项技术的效用和多项技术的组合效率得到有效推广。现有绿色生产技术在一定程度上满足当前的绿色生产需要，但是技术采纳水平体现了当前技术仍然不足以满足不同农业生产者的绿色生产需要，需加快农业绿色生产技术研发，为生产者提供更多的技术选择。生产者可根据自身资源禀赋条件与技术偏好，选择适合的绿色生产技术，并通过对多种绿色生产技术的组合效应了解，提高对多项技术的同时采纳概率。

（二）培育新型农业经营主体，带动小农户农业生产模式转化

　　注重培育农业企业、专业合作社等新型农业经营主体，使其带动小农户的生产模式规范化和绿色化，尤其是需要更新传统专业合作社作用，通过组织绿色生产技术培训、提供绿色生产资料、帮助形成企业协作模式等方式，充分发挥组织参与对生产者绿色生产技术采纳的积极作用。此外，利用多种结构嵌入模式，增强结构成员间沟通交流，为生产者拓宽社会关系网络，增加信息获取渠道，如发挥组织内优秀成员模范作用，定期开展经验分享与组织交流会，促进更多的生产者对绿色生产技术的采纳，推进传统生产模式向农业绿色生产模式的全面转型。

（三）增强消费者绿色消费意愿，促进消费者践行绿色消费

　　企业在绿色产品的营销过程中，要加强绿色产品的话语，为消费者提供足够的购买收益信息，使其能够弱化甚至忽略购买的拒绝理由，以促进其绿色消费行为意向的产生。同时，企业既要通过绿色生产提供绿色产品满足消费者的需求，也要创造与环境友好行为相关的消费情境。企业既可以通过官方网站、公众号、短视频等渠道对自身的绿色产品进行宣传，普及消费绿色产品对自身和对社会的益处，增强消费者的环境责任意识；也

可以开展满减优惠、促销打折、买二赠一等促销活动，提供促进消费者执行意向产生的场景与情境，或者开展社区联合购买、汽车共享、节水节能等社区活动，激发群体绿色消费行为，将消费者的目标意向转化为执行意向，进而转化为环境友好行为。

二、健全生态治理的环境规制，完善相关政策法规

生态环境制度作为一种社会秩序和社会环境，对个体或组织的环保行为具有形塑功能。结合我国当前生态环境治理的实践，生态环境多元主体协同治理的构建必须落实到具体的制度上。为此，需将一系列的运作机制嵌入生态环境多元共治体系，为多方主体有序参与生态环境保护与治理提供制度保障。

（一）政府可通过实施约束型环境规制的方式介入生态环境治理

首先，约束型环境规制作为一种强制政策手段，明确了企业的环保标准和要求，并通过税收等约束机制强化企业的环保责任，让那些只关注利润的企业面临压力，促使企业主动进行绿色生产与转型，推动整个产业向更加绿色、环保、节能的方向升级。其次，加强农户对农业废弃物资源化处理方法和相关政策法规的认知，可利用罚款、拘留等约束规制避免农户随意处理农业废弃物，促使更多的农户采纳农业废弃物的资源化处理方式。

（二）政府应制定以收入补贴以及能力支持为主的激励政策

首先，就收入补贴来说，政府可以通过财政创新补贴有针对性地激励并能有效促进战略性新兴企业的绿色发明专利创新，重点支持企业从事上游绿色研发活动，提高补贴政策的效率，更好地促进高质量绿色创新；政府也可为农户提供农业废弃物资源化利用补助，降低农户成本与经济感知风险，激发农户进行农业废弃物资源化利用的积极性，有效提高农业废弃物资源化利用技术采纳率，切实保障农户参与农业废弃物资源化利用的经济利益。其次，就能力支持来说，政府可以完善绿色科技成果转化机制，激活农业绿色发展内生动力，以绿色发展推动生态环境的保护与治理；创新农业科技人才培养机制，强化绿色科技人才队伍建设，提升农业绿色科技自主创新能力；培育新型农业经营主体，鼓励新型农业经营主体发展低碳农业、生态农业以及绿色农业，为农业绿色发展注入新动力。

（三）政府应结合中国文化背景特征制定相应的引导政策

中国文化源远流长，博大精深，有着独特的历史文化背景，消费者的行为也受到传统文化的影响与规范，如社会形象、权威从众与实用理性等传统文化价值观会对消费者不同阶段绿色消费行为产生潜移默化的影响。忽视中国的文化背景意味着难以结合中国的具体实际，由此制定的政策也难以实现其目标。因此政策制定者应重视中国传统文化对消费者行为的影响，注重文化建设，努力引导消费者形成正确的文化价值观，正确发挥中国文化对消费者行为的作用。

三、培养多元共治的生态理念，强化环境保护的社会责任

当前生态环境治理的内容日益复杂，治理难度日益增加，对治理精细化的要求也越来越高，单纯依靠政府和市场治理已不能适应当前生态环境多元主体协同治理的需要。因此，实现生态环境共治必须动员社会力量全员参与，培养多元主体协同治理的生态理念，形成政府、市场、公众及媒体的治理合力。

（一）加强环保宣传教育工作，引导公众环境保护行为

政府应关注与培养消费者的环境责任感，同时，要加强环保宣传教育工作，增强消费者的环境认知。培养消费者的环境责任感需要转变消费者关于环境问题"事不关己""政府依赖"等心理，因此，政府及相关部门在宣传教育活动中应注重转变消费者的环境问题归责倾向，使消费者逐渐意识到自身消费行为对生态环境的影响，提升消费者对于环境问题的责任感与使命感。政府可以通过公益广告、环保手册、知识科普、有奖问答等多种形式来普及与环境保护相关的内容和当前生态环境现状的严峻性，增强消费者的资源环境知识和环境问题感知，引导消费者树立环境保护的态度和责任意识，促进环境保护行为意向的产生；也要通过相关的法律法规和严格的监管体系来规范企业和消费者的日常行为，普及环境保护相关法律法规知识，以立法的手段做好环保工作，对犯法者严惩不贷。

（二）强化市场主体社会责任意识，完善市场信息公开制度

市场主体应强化生态环境协同治理的意识，重塑社会责任。由于生态保护责任理念的偏差，市场主体通常将生态环境治理看作政府的责任。但事实上，各个市场主体在生态环境治理中既是政府引导、规制的对象，又

能自发地发挥其能动作用，其作用与表现能显著影响到生态环境治理的效果。一批优秀的市场主体能有效提高生态环境协同治理的质量。为此，市场主体应从思想上认识到保护生态环境、改善社会福利的责任，同时树立环保观念，落实企业是生态环境保护责任人的意识，主动参与生态环境治理。在行动上致力于绿色生产技术创新，积极配合政府部门的生态保护监管工作，完善企业的信息公开制度，促进食品安全信息交流，主动接受新闻媒体、行业协会、社会公众的监督。由此能够实现将市场的非正式治理资源嵌入生态环境保护社会共治体系，能有效填补政府正式的单一治理绩效不足的空缺，推动多元主体协同治理的实现。

（三）发挥媒体信息传递功能，激发消费者自觉环保行为

媒体要发挥舆论宣传和环境教育功能，增强公民对环境问题严重性的认知，唤起公民对环境的情感共鸣。具体来说，媒体可开展全民生态环境主题教育、公益宣传片、网络短视频等线上线下宣传手段的综合运用，向公众普及环境问题现状，让人们充分意识到环境问题及其危害，推动形成环境友好型绿色消费方式。新闻媒体要讲好环境保护故事，大力宣传环境问题危害，适当曝光破坏生态、污染环境、浪费资源的社会事件，警醒消费者关注生态环境，在实际生活中践行绿色消费行为。新闻媒体还可通过公益纪录片、专题影视剧、图书会展、生态旅游展等消费者喜闻乐见的形式，激发消费者对环境污染问题和环境保护的强烈情感，在全社会形成崇尚绿色消费、保护生态环境的良好社会氛围，鼓励城乡消费者通过践行绿色消费行为，身体力行降低对生态环境的破坏，实现全民消费方式绿色化。此外，消费者作为环境友好行为的主体，要自觉承担生态环境保护的责任，践行绿色低碳环保的生活方式。消费者要自觉加强对环境知识的学习，通过电视、广播、网络、微信公众号等多种渠道积极了解当前生态环境现状，进而增强对环境问题严重性的感知，增强保护环境的责任意识，自我设定进行环境保护的行为意向；此外，消费者也要在日常生活中实施回收废旧物品、购买环保洗涤剂、使用可再生制品、主动宣扬环保知识等力所能及的环境保护行为。

四、拓宽环保资金投资渠道，增强环境治理主体动能

在生态环境多元主体协同治理系统的要素中，资金直接影响着生态环境协同治理的深度、广度和有效度。资金的生成路径和外显特征决定其具有物质性和累加性特征，并以其流动性参与到要素互动中，能够有效解决

协同治理过程中的行动困境，为生态环境多元主体协同治理提供充足动能。

（一）探索环保资金筹资渠道，增大环保资金投入规模

生态环境治理是一项长期且艰巨的系统性工程，需要投入大量生态环境治理资金。生态环境治理属于公共服务领域，政府仍是生态环境治理主体，政府对生态环境治理的财政投入仍是当前生态环境治理资金的重要来源，这会给当地政府带来较大的财政压力，也不利于生态环境治理事业的长效发展，一旦政府的环保财政投入难以为继，生态环境协调治理出现资金缺口，生态环境治理进度将不得不放缓。所以，在加大政府对生态环境治理的财政投入的同时，应该积极探索其他生态环境治理资金筹集渠道，努力吸引社会资金参与生态环境治理系统中，完善政府与社会资本的合作方式，充分利用市场经济手段，创新生态环境治理资金的投融资方式，构建全方位、多属性、稳定的生态环境治理资金注入体系。

（二）加强环保资金监督管理，提高环保资金利用效益

随着生态环境质量越来越受到重视，生态环境治理的力度也随之越来越大，最直观的表现就是生态环境治理的资金投入体量越来越大，发展至今，生态环境资金的投融资体系也越来越庞大且复杂，随之而来的是越来越多问题的出现，如排污资金征缴不到位、环境治理补助费乱支出等问题，都会导致生态环境资金流失或利用效益达不到预期，而问题的根源在于生态环境治理资金相关的监管手段和制度存在缺陷，政府财政部门监管不到位。所以，政府部门要进一步深化生态环境治理资金的监督和管理，完善生态环境治理资金的使用制度，科学规范管理环保资金，强化生态环境治理资金的审计力度，针对导致环保资金损失的违法行为，依法加大处罚力度，从而避免生态环境资金的流失，提高生态环境治理资金的使用效益。

（三）发挥环保资金激励作用，推动主体要素发展革新

一方面，将部分生态环境治理资金作为物质奖励，对形成绿色环保亲环境行为，且对生态环境治理产生较大促进作用的企业、环保组织或消费者个体进行直接物质奖励，以此鼓励更多主体践行绿色环保亲环境行为，同时，为绿色环保组织提供资金支持，为其开展具有较大影响力的生态环境治理活动提供资金支持，从而提升各治理主体协同意愿，有效壮大主体力量。另一方面，将部分生态环境治理资金用于绿色技术与生态科技研发项目，可以项目招标的方式吸引更多优秀企业和高校研究院开展生态环境

治理技术研究，并帮助研究单位进行相关成果转化，既能推动生态环境治理技术革新，也能真正应用到生态环境治理中。除此之外，生态环境治理资金还能有机融入环保理念的传播中，为其提供必要的资金支持，进一步加大生态环境知识与理念传播的范围和影响力。

五、实现多元主体信息共享，提高生态环境治理效率

生态环境多元主体高效协同治理的关键在于破除内部信息封闭与工作低效，打破多元主体之间的信息壁垒，实现信息共享、资源互赖、工作联动和沟通交流。

（一）畅通环境政策信息沟通，拓宽利益表达渠道

当前我国生态环境治理效率仍处于较低水平，其中一个主要原因是部分环境政策法规和治理方案执行落实不到位。执行落实不到位的原因，一方面在于政府发布的环境政策法规和治理方案无法准确被执行单位吸收理解，另一方面在于消费者和企业的建议和想法无法及时地向相关政府单位反馈。所以，需要畅通环境政策信息沟通，在政府与企业和消费者之间搭建良好的协同治理桥梁，建立线上与线下多条信息交流互动的渠道，线上由政府牵头利用计算机和移动通信技术建立生态环境政策信息共享平台，完善信息分流、指挥派遣和反馈监督等机制，线下相关政府单位主动深入基层进行调研以了解消费者和企业关于生态环境治理的建议和想法，经常召开生态环境治理交流会，畅通消费者的利益表达渠道。

（二）推进环境知识信息传播，增强环境认知能力

环境知识衡量了公民对抽象的生态常识及日常生活领域的环境知识的掌握情况，主要涉及环境问题、环境科学技术和环境保护治理这三方面内容。面对生活中的环境污染问题时，充足的环境知识能够帮助更快发现环境问题和分析环境问题形势，并为实施环保行为提供指导。本书研究也表明，资源环境知识能通过行为意向的中介作用对环境友好行为产生间接影响，消费者个体对生态环境知识越了解，对环境问题严重性的感知越强烈，对环境可持续发展的关注度越高，自身进行环境保护的责任意识越强烈，就越会产生积极的环境友好行为意向与行为；相反，如果个体对生态环境问题的严重性感知越弱，就越不会产生积极的行为意向。在环境知识信息传播方面，政府要发挥舆论宣传和环境教育功能，激发广大消费者对生态环境的关心关注，加强环境知识的传播与吸收。通过开展全民生态环境主

题教育、举办生态环境主题讲座、公益宣传片、网络短视频等线上线下宣传手段的综合运用，推动环保行动进社区、进乡村，营造环保全民参与的良好氛围，引导消费者自觉践行环保行为，推动建成环境友好型社会。

（三）打破绿色产品信息壁垒，刺激绿色消费行为

绿色消费行为是生态环境治理的重要举措之一，随着经济的不断发展，其作用越来越凸显，但绿色消费行为仍然受到绿色产品与消费者之间信息不畅通的阻碍，打破绿色产品信息壁垒，绿色消费市场的潜能会得到更大的释放。为了增强绿色产品与消费者之间的信息沟通，企业、消费者和政府要共同发力。企业在绿色产品的营销过程中，要加强绿色产品的话语，为消费者提供足够的购买收益信息，使其能够弱化甚至忽略购买的拒绝理由，以促进其绿色消费行为意向的产生。对于价格较低的绿色产品，在宣传产品的价格、性能、品牌等信息的基础上，要突出产品的环保属性。除此之外，企业在绿色产品营销上要有针对性，对于绿色消费知识匮乏的潜在消费群体，可以通过多种传媒渠道来宣传绿色消费时尚，引导绿色消费行为。在产品包装上凸显可识别的绿色标签、标志，以清晰的视觉符号传达产品的绿色信息。政府应发挥组织、监督和领导作用，针对绿色产品企业开展实质性评级，为优秀的绿色产品企业背书，帮助消费者更高效地选择绿色产品，组织召开绿色产品推介会和交易展，刺激消费者绿色产品需求，提高绿色产品成交量。消费者应主动搜集绿色产品的相关信息，充分利用绿色产品可追溯信息查询手段，提高对绿色产品的识别能力。

参考文献

白光林，李国昊. 2012. 绿色消费认知、态度、行为及其相互影响[J]. 城市问题，（9）：64-68.

宾幕容，文孔亮，周发明. 2017. 湖区农户畜禽养殖废弃物资源化利用意愿和行为分析：以洞庭湖生态经济区为例[J].经济地理，37（9）：185-191.

蔡万象，李培凯. 2021. 管理学研究中的内生性问题及其解决策略：工具变量的应用[J]. 中国人力资源开发，38（2）：6-22.

曹慧，赵凯. 2018. 农户化肥减量施用意向影响因素及其效应分解：基于 VBN-TPB 的实证分析[J]. 华中农业大学学报（社会科学版），（6）：29-38，152.

畅倩，李晓平，谢先雄，等. 2020. 非农就业对农户生态生产行为的影响：基于农业生产经营特征的中介效应和家庭生命周期的调节效应[J]. 中国农村观察，（1）：76-93.

畅倩，颜俨，李晓平，等. 2021. 为何"说一套做一套"：农户生态生产意愿与行为的悖离研究[J]. 农业技术经济，（4）：85-97.

陈凯，彭茜. 2014. 绿色消费态度-行为差距分析及其干预[J]. 科技管理研究，34（20）：236-241.

陈强. 2014. 高级计量经济学及 Stata 应用[M]. 2 版. 北京：高等教育出版社.

陈秋红，张宽. 2020. 新中国 70 年畜禽养殖废弃物资源化利用演进[J]. 中国人口·资源与环境，30（6）：166-176.

陈卫东，马慧芳. 2020. 主观驱动因素与绿色消费：以西藏为例[J]. 西藏大学学报（社会科学版），35（3）：148-153，160.

陈晓彦，曾秀芹，张婷婷. 2019. 广告说服过程中的社会影响：基于假定影响模式的新发现[J]. 社会科学战线，289（7）：255-259.

陈振华，曾秀芹. 2018. 游戏式广告分享机制研究：假定影响模式视角[J]. 新闻与传播评论，71（6）：69-81.

陈智. 2020. 示范与失范：突发公共事件背景下传媒企业社会责任治理分析[J]. 江南大学学报（人文社会科学版），19（3）：99-107.

程杰贤，郑少锋. 2018. 政府规制对农户生产行为的影响：基于区域品牌农产品质量安全视角[J]. 西北农林科技大学学报（社会科学版），18（2）：115-122.

程琳琳，张俊飚，何可. 2019. 网络嵌入与风险感知对农户绿色耕作技术采纳行为的影响分析：基于湖北省 615 个农户的调查数据[J]. 长江流域资源与环境，28（7）：1736-1746.

程鹏飞，于志伟，李婕，等. 2021.农户认知、外部环境与绿色生产行为研究：基于新疆的调查数据[J]. 干旱区资源与环境，（1）：29-35.

褚力其，姜志德，王建浩. 2020. 牧民草畜平衡维护的影响机制研究：认知局限与情感依赖[J]. 中国农村经济，（6）：95-114.

丁太平, 刘新胜, 刘桂英. 2021. 中国公众环境治理参与群体的分类及其影响因素[J]. 上海行政学院学报, 22（1）: 69-82.

丁涛. 2019. 程颢的生态思想及其现代意义[J]. 广西社会科学,（3）: 96-102.

丁志华, 姜艳玲, 王亚维. 2021. 社区环境对居民绿色消费行为意愿的影响研究[J]. 中国矿业大学学报（社会科学版）, 23（6）: 107-120.

杜江, 王锐, 王新华. 2016. 环境全要素生产率与农业增长: 基于 DEA-GML 指数与面板 Tobit 模型的两阶段分析[J]. 中国农村经济,（3）: 65-81.

杜平, 张林燆. 2020. 性别化的亲环境行为: 性别平等意识与环境问题感知的中介效应分析[J]. 社会学评论, 8（2）: 47-60.

段文杰, 盛君榕, 慕文龙, 等. 2017. 环境知识异质性与环保行为[J]. 科学决策,（10）: 49-74.

段文婷, 江光荣. 2008. 计划行为理论述评[J]. 心理科学进展,（2）: 315-320.

方汉文. 2019. 世界秩序的逻辑: 生态文明[J]. 江南大学学报（人文社会科学版）, 18（2）: 72-78.

方曦, 何华, 刘云, 等. 2021. 国家科技重大专项全创新链知识产权育成因素分析: 基于对抗解释结构模型[J]. 科技管理研究, 41（20）: 150-158.

费孝通. 2019. 乡土中国[M]. 上海: 上海人民出版社.

丰雷, 江丽, 郑文博. 2019. 农户认知、农地确权与农地制度变迁: 基于中国 5 省 758 农户调查的实证分析[J]. 公共管理学报, 16（1）: 124-137, 174-175.

冯天瑜. 2014. 中国古典生态智慧的当代启示[J]. 社会科学战线,（1）: 77-83.

冯潇, 薛永基, 刘欣禹. 2017. 生态知识对林区农户生态保护行为影响的实证研究: 生态情感与责任意识的中间作用[J]. 资源开发与市场, 33（3）: 284-288, 294.

盖豪, 颜廷武, 张俊飚. 2018. 基于分层视角的农户环境友好型技术采纳意愿研究: 以秸秆还田为例[J]. 中国农业大学学报, 23（4）: 170-182.

高键, 盛光华, 周蕾. 2016. 绿色产品购买意向的影响机制: 基于消费者创新性视角[J]. 广东财经大学学报, 31（2）: 33-42.

高杨, 王小楠, 西爱琴, 等. 2016. 农户有机农业采纳时机影响因素研究: 以山东省 325 个菜农为例[J]. 华中农业大学学报（社会科学版）,（1）: 56-63, 130.

葛万达, 盛光华. 2020. 环境影响评价的公众参与特征及影响因素研究[J]. 干旱区资源与环境, 34（8）: 43-51.

龚思羽, 盛光华, 王丽童. 2020. 中国文化背景下代际传承对绿色消费行为的作用机制研究[J]. 南京工业大学学报（社会科学版）, 19（4）: 102-114, 116.

郭利京, 王颖. 2018. 农户生物农药施用为何"说一套, 做一套"？[J]. 华中农业大学学报（社会科学版）,（4）: 71-80, 169.

郭清卉, 李世平, 南灵. 2020. 环境素养视角下的农户亲环境行为[J]. 资源科学, 42（5）: 856-869.

郭清卉, 李昊, 李世平, 等. 2021. 基于行为与意愿悖离视角的农户亲环境行为研究: 以有机肥施用为例[J]. 长江流域资源与环境,（1）: 212-224.

郭赟. 2019. 消费者绿色消费"意向-行为"差距现象及成因探索[J]. 商业经济研究,（7）: 43-46.

韩韶君. 2020. 假定媒体影响下的居民生态环境行为采纳研究: 基于上海市民垃圾分类

的实证分析[J]. 中国地质大学学报（社会科学版），20（2）：114-123.

何立胜. 2005. 政府规制与政府行为外部性研究[J]. 经济评论，（6）：14-20.

和丽芬，赵建欣. 2010. 政府规制对安全农产品生产影响的实证分析：以蔬菜种植户为
　　例[J]. 农业技术经济，（7）：91-97.

贺爱忠，刘梦琳. 2021. 生态价值观对可持续消费行为的链式中介影响[J]. 西安交通大
　　学学报（社会科学版），41（1）：61-68.

贺爱忠，杜静，陈美丽. 2013. 零售企业绿色认知和绿色情感对绿色行为的影响机理[J].
　　中国软科学，（4）：117-127.

洪开荣，陈诚，丰超，等. 2016. 农业生态效率的时空差异及影响因素[J]. 华南农业大
　　学学报（社会科学版），15（2）：31-41.

侯建昀，霍学喜. 2016. 信贷可得性、融资规模与农户农地流转：以专业化生产农户为
　　例[J]. 中国农村观察，（6）：29-39.

侯孟阳，姚顺波. 2018. 中国农村劳动力转移对农业生态效率影响的空间溢出效应与门
　　槛特征[J]. 资源科学，40（12）：2475-2486.

侯孟阳，姚顺波. 2019. 空间视角下中国农业生态效率的收敛性与分异特征[J]. 中国人
　　口·资源与环境，29（4）：116-126.

胡家僖. 2020. 环境意识、社会阶层及民族文化对云贵民族地区居民环境行为的影响[J].
　　中国农业资源与区划，41（2）：204-212.

胡平波，钟漪萍. 2019. 政府支持下的农旅融合促进农业生态效率提升机理与实证分析：
　　以全国休闲农业与乡村旅游示范县为例[J]. 中国农村经济，（12）：85-104.

黄炜虹，齐振宏，邬兰娅，等. 2017. 农户从事生态循环农业意愿与行为的决定：市场
　　收益还是政策激励？[J]. 中国人口·资源与环境，27（8）：69-77.

黄祖辉，钟颖琦，王晓莉. 2016. 不同政策对农户农药施用行为的影响[J]. 中国人口·资
　　源与环境，26（8）：148-155.

纪月清，张惠，陆五一，等. 2016. 差异化、信息不完全与农户化肥过量施用[J]. 农业
　　技术经济，（2）：14-22.

贾如，郭红燕，李晓. 2020. 我国公众环境行为影响因素实证研究：基于2019年公民生
　　态环境行为调查数据[J]. 环境与可持续发展，45（1）：56-63.

贾秀飞，叶鸿蔚. 2016. 秸秆焚烧污染治理的政策工具选择：基于公共政策学、经济学
　　维度的分析[J]. 干旱区资源与环境，30（1）：36-41.

姜维军，颜廷武. 2020. 能力和机会双轮驱动下农户秸秆还田意愿与行为一致性研究：
　　以湖北省为例[J]. 华中农业大学学报（社会科学版），（1）：47-55，163-164.

焦翔，王思博，乔玉辉. 2021. 生态农场绿色发展影响因素研究：基于119个生态农场
　　的调研数据[J]. 经济纵横，（10）：104-113.

金书秦，韩冬梅，吴娜伟. 2018. 中国畜禽养殖污染防治政策评估[J]. 农业经济问题，（3）：
　　119-126.

金书秦，武岩. 2014. 农业面源是水体污染的首要原因吗？——基于淮河流域数据的检
　　验[J]. 中国农村经济，（9）：71-81.

波兰尼 K. 2009. 大转型：我们时代的政治与经济起源[M]. 冯钢，刘阳，译. 杭州：浙
　　江人民出版社.

孔凡斌，钟海燕，潘丹. 2019. 不同规模农户环境友好型生产行为的差异性分析：基于

　　全国 7 省 1059 户农户调研数据[J]. 农业经济与管理，（4）：26-36.

孔凡斌，王智鹏，潘丹. 2016. 畜禽规模化养殖环境污染处理方式分析[J]. 江西社会科
　　学，36（10）：59-65.

孔云中，孙时进. 2021. 童年环境、生命史策略对消费行为的影响：传统价值观"团结
　　和谐"维度的调节作用[J]. 心理科学，44（1）：126-133.

赖斯芸，杜鹏飞，陈吉宁. 基于单元分析的非点源污染调查评估方法[J]. 清华大学学报
　　（自然科学版），（9）：1184-1187.

劳可夫. 2013. 消费者创新性对绿色消费行为的影响机制研究[J]. 南开管理评论，16（4）：
　　106-113，132.

劳可夫，王露露. 2015. 中国传统文化价值观对环保行为的影响：基于消费者绿色产品
　　购买行为[J]. 上海财经大学学报，17（2）：64-75.

劳可夫，吴佳. 2013. 基于 Ajzen 计划行为理论的绿色消费行为的影响机制[J]. 财经科
　　学，（2）：91-100.

雷霄，唐宁玉. 2015. 面子观、自我效能与寻求帮助行为的关系研究[J]. 中国人力资源
　　开发，331（13）：13-20.

李兵华，朱德米. 2020. 环境保护公共参与的影响因素研究：基于环保举报热线相关数
　　据的分析[J]. 上海大学学报（社会科学版），37（1）：118-128.

李芬妮，张俊飚，何可. 2019. 非正式制度、环境规制对农户绿色生产行为的影响：基
　　于湖北 1105 份农户调查数据[J]. 资源科学，41（7）：1227-1239.

李刚. 2010. 基于熵值修正 G1 组合赋权的科技评价模型及实证[J]. 软科学，24（5）：
　　31-36.

李谷成，尹朝静，吴清华. 2015. 农村基础设施建设与农业全要素生产率[J]. 中南财经
　　政法大学学报，（1）：141-147.

李国英. 2019. 乡村振兴战略视角下现代乡村产业体系构建路径[J]. 当代经济管理，
　　41（10）：34-40.

李海燕，侯立刚，王青蓝，等. 2021. 新媒体背景下农业技术推广模式探究与路径分析：
　　以吉林省农业科学院为例[J]. 安徽农学通报，27（18）：9-12.

李鹏程，石自忠，王明利. 2020. 我国畜禽粪尿排放污染防治研究综述[J]. 中国农业资
　　源与区划，41（9）：37-44.

李乾，王玉斌. 2018. 畜禽养殖废弃物资源化利用中政府行为选择：激励抑或惩罚[J]. 农
　　村经济，（9）：55-61.

李冉，沈贵银，金书秦. 2015. 畜禽养殖污染防治的环境政策工具选择及运用[J]. 农村
　　经济，（6）：95-100.

李隼，江传月. 2009. 儒家"中庸之道"生态伦理原则的现代诠释[J]. 广东社会科学，（5）：
　　67-72.

李玮，王志浩，刘效广. 2021. 宣传教育对城市居民垃圾分类意愿的影响机制：环境情
　　感的中介作用及道德认同的调节作用[J]. 干旱区资源与环境，35（3）：21-28.

李文欢，王桂霞. 2019. 社会规范对农民环境治理行为的影响研究：以畜禽粪污资源化
　　利用为例[J]. 干旱区资源与环境，33（7）：10-15.

李苑艳，陈凯. 2017. 消费者绿色购买意向的影响因素：基于扎根理论的探索性研究[J].
　　企业经济，36（5）：72-78.

李宗璋，李定安. 2012. 交通基础设施建设对农业技术效率影响的实证研究[J]. 中国科技论坛，（2）：127-133.

廖媛红，杨玮宏. 2020. 情境约束对城市居民私域亲环境行为的作用机制：以北京市和上海市为例[J]. 城市问题，（10）：68-77.

林丽梅，刘振滨，杜焱强，等. 2018. 生猪规模养殖户污染防治行为的心理认知及环境规制影响效应[J]. 中国生态农业学报，26（1）：156-166.

凌卯亮，徐林. 2021. 环保领域行为公共政策溢出效应的影响因素：一个实验类研究的元分析[J]. 公共管理学报，18（2）：95-104，171.

刘畅，付磊. 2020. 信息技术、数据要素与乡村治理体系和治理能力现代化研究[J]. 江南大学学报（人文社会科学版），19（4）：67-76.

刘传江，向晓建，李雪. 2021. 人力资本积累可以降低中国二氧化碳排放吗？——基于中国省域人力资本与二氧化碳排放的实证研究[J]. 江南大学学报（人文社会科学版），20（2）：76-88.

刘华军，石印. 2020. 中国农业生态效率的空间分异与提升潜力[J]. 广东财经大学学报，35（6）：51-64.

刘可，齐振宏，黄炜虹，等. 2019. 资本禀赋异质性对农户生态生产行为的影响研究：基于水平和结构的双重视角分析[J]. 中国人口·资源与环境，29（2）：87-96.

刘丽，褚力其，姜志德. 2020. 技术认知、风险感知对黄土高原农户水土保持耕作技术采用意愿的影响及代际差异[J]. 资源科学，42（4）：763-775.

刘鹏. 2016. 基于"知情意行"视角的大学生职业忠诚教育研究[J]. 教育评论，（6）：37-40.

刘青. 2018. 亲环境农产品购买行为研究：基于质量安全和农业环境污染协调治理视角[D]. 杭州：浙江大学博士学位论文.

刘向东，米壮. 2020. 中国居民消费处于升级状态吗：基于CGSS2010、CGSS2017数据的研究[J]. 经济学家，（1）：86-97.

刘雪芬，杨志海，王雅鹏. 2013. 畜禽养殖户生态认知及行为决策研究：基于山东、安徽等6省养殖户的实地调研[J]. 中国人口·资源与环境，23（10）：169-176.

卢少云. 2017. 公民自愿主义、大众传媒与公共环保行为：基于中国CGSS2013数据的实证分析[J]. 公共行政评论，10（5）：69-85，217.

罗富政，罗能生. 2016. 地方政府行为与区域经济协调发展：非正式制度歧视的新视角[J]. 经济学动态，（2）：41-49.

罗文斌，张小花，钟诚，等. 2017. 城市自然景区游客环境责任行为影响因素研究[J]. 中国人口·资源与环境，27（5）：161-169.

吕杰，刘浩，薛莹，等. 2021. 风险规避、社会网络与农户化肥过量施用行为：来自东北三省玉米种植农户的调研数据[J]. 农业技术经济，（7）：4-17.

孟陆，刘风军，陈斯允，等. 2020. 消费者思维决策方式对持续参与绿色行为意愿的影响[J]. 心理科学，（6）：1405-1410.

莫经梅，张社梅. 2021. 城市参与驱动小农户生产绿色转型的行为逻辑：基于成都蒲江箭塔村的经验考察[J]. 农业经济问题，（11）：77-88.

聂弯，左腾达，陈甲. 2020. 农户农业绿色发展认知与绿色生产行为采纳影响因素分析[J]. 东北农业大学学报（社会科学版），（3）：1-9.

倪标，黄伟. 2020. 基于对抗解释结构模型的军事训练方法可推广性评价模型[J]. 军事运筹与系统工程，34（2）：46-51.

潘煜，高丽，王方华. 2009. 中国消费者购买行为研究：基于儒家价值观与生活方式的
　　视角[J]. 中国工业经济，（9）：77-86.

潘煜，高丽，张星，等. 2014. 中国文化背景下的消费者价值观研究：量表开发与比较[J]. 管
　　理世界，247（4）：90-106.

庞英，盛光华，张志远. 2017. 环境参与度视角下情绪对绿色产品购买意图调节机制研
　　究[J].软科学，31（2）：117-121.

彭远春. 2011. 试论我国公众环境行为及其培育[J]. 中国地质大学学报（社会科学版），
　　11（5）：47-52.

彭远春，毛佳宾. 2018. 行为控制、环境责任感与城市居民环境行为：基于 2010CGSS
　　数据的调查分析[J]. 中南大学学报（社会科学版），24（1）：143-149.

仇焕广，苏柳方，张祎彤，等. 2020. 风险偏好、风险感知与农户保护性耕作技术采纳[J].
　　中国农村经济，（7）：59-79.

仇立. 2016. 天津市居民绿色食品消费行为影响因素研究[J]. 生态经济，32（8）：111-115.

任胜楠，蔡建峰. 2020. 消费者性别角色影响绿色消费行为的实证研究[J]. 管理学刊，
　　33（6）：61-71.

阮荣平，周佩，郑风田. 2017. "互联网＋"背景下的新型农业经营主体信息化发展状
　　况及对策建议：基于全国 1394 个新型农业经营主体调查数据[J]. 管理世界，（7）：
　　50-64.

沈兴兴. 2021. 小农户步入农业绿色发展轨道的路径初探[J]. 中国农业资源与区划，（3）：
　　103-109.

盛光华，戴佳彤，龚思羽. 2020. 空气质量对中国居民亲环境行为的影响机制研究[J]. 西
　　安交通大学学报（社会科学版），40（2）：95-103.

盛光华，葛万达，汤立. 2018. 消费者环境责任感对绿色产品购买行为的影响：以节能
　　家电产品为例[J]. 统计与信息论坛，33（5）：114-120.

盛光华，解芳，曲纪同. 2017. 新消费引领下中国居民绿色购买意图形成机制[J]. 西安
　　交通大学学报（社会科学版），37（4）：1-8.

盛光华，岳蓓蓓，解芳. 2019. 环境共治视角下中国居民绿色消费行为的驱动机制研究[J].
　　统计与信息论坛，34（1）：109-116.

师硕，黄森慰，郑逸芳. 2017. 环境认知、政府满意度与女性环境友好行为[J]. 西北人
　　口，38（6）：44-50.

石志恒，张衡. 2020. 基于扩展价值-信念-规范理论的农户绿色生产行为研究[J]. 干旱
　　区资源与环境，34（8）：96-102.

石志恒，张可馨. 2022. 社会规范对农户绿肥种植意愿与行为悖离影响分析：基于资源
　　禀赋异质性视角[J]. 中国农业大学学报，27（4）：297-308.

石志恒，崔民，张衡. 2020. 基于扩展计划行为理论的农户绿色生产意愿研究[J]. 干旱
　　区资源与环境，34（3）：40-48.

舒畅，乔娟，耿宁. 2017. 畜禽养殖废弃物资源化的纵向关系选择研究：基于北京市养
　　殖场户视角[J]. 资源科学，39（7）：1338-1348.

司瑞石，陆迁，张淑霞. 2020. 环境规制对养殖户病死猪资源化处理行为的影响：基于
　　河北、河南和湖北的调研数据[J]. 农业技术经济，（7）：47-60.

司瑞石，潘嗣同，袁雨馨，等. 2019. 环境规制对养殖户废弃物资源化处理行为的影响研究：基于拓展决策实验分析法的实证[J]. 干旱区资源与环境，33（9）：17-22.

苏淞，孙川，陈荣. 2013. 文化价值观、消费者感知价值和购买决策风格：基于中国城市化差异的比较研究[J]. 南开管理评论，（1）：102-109.

孙健，田星亮. 2010. 中庸之道的现代转型及其管理价值[J]. 甘肃社会科学，（1）：219-222.

孙杰，周力，应瑞瑶. 2019. 精准农业技术扩散机制与政策研究：以测土配方施肥技术为例[J]. 中国农村经济，（12）：65-84.

孙柳. 2020. 共产党人理想信念新的时代内涵和标准[J]. 江南大学学报（人文社会科学版），19（2）：34-39.

孙若梅. 2018. 畜禽养殖废弃物资源化的困境与对策[J]. 社会科学家，（2）：22-26.

孙时进，孔云中. 2020. 进化心理学视角：童年环境、价值观影响绿色消费行为的实证研究[J]. 心理学探新，40（6）：552-561.

谭芬，文高辉，胡贤辉. 2021. 基于社会嵌入视角的农户减施化肥意愿影响因素分析[J]. 中国环境管理，13（3）：168-175.

唐莉，王明利，石自忠. 2021. 中国生猪养殖粪污资源化利用效率及其趋势：基于2006—2017年数据的分析[J]. 湖南农业大学学报（社会科学版），22（1）：27-39.

唐林，罗小锋，张俊飚. 2020. 环境规制如何影响农户村域环境治理参与意愿[J]. 华中科技大学学报（社会科学版），34（2）：64-74.

滕玉华，范世晶，邓慧，等. 2021. 农村居民"公"、"私"领域节能行为一致性研究[J]. 干旱区资源与环境，35（8）：26-34.

万凌霄，蔡海龙. 2021. 合作社参与对农户测土配方施肥技术采纳影响研究：基于标准化生产视角[J]. 农业技术经济，（3）：63-77.

王宝义，张卫国. 2016. 中国农业生态效率测度及时空差异研究[J]. 中国人口·资源与环境，26（6）：11-19.

王财玉，郑晓旭，余秋婷，等. 2019. 绿色消费的困境：身份建构抑或环境关心？[J]. 心理科学进展，27（8）：1507-1520.

王常伟，顾海英. 2013. 市场 VS 政府，什么力量影响了我国菜农农药用量的选择？[J]. 管理世界，（11）：50-66，187-188.

王大海，姚唐，姚飞. 2015. 买还是不买：矛盾态度视角下的生态产品购买意向研究[J]. 南开管理评论，18（2）：136-146.

王丹丹. 2013. 消费者绿色购买行为影响机理实证研究[J]. 统计与决策，（9）：116-118.

王桂霞，杨义风. 2017. 生猪养殖户粪污资源化利用及其影响因素分析：基于吉林省的调查和养殖规模比较视角[J]. 湖南农业大学学报（社会科学版），18（3）：13-18.

王国猛，黎建新，廖水香，等. 2010. 环境价值观与消费者绿色购买行为：环境态度的中介作用研究[J]. 大连理工大学学报（社会科学版），31（4）：37-42.

王火根，黄弋华，包浩华，等. 2018. 基于 Logit-ISM 模型的农户生物质能利用意愿影响因素分析[J]. 干旱区资源与环境，32（10）：39-44.

王火根，肖丽香，黄弋华. 2020. 农户生态环保意识对农业废弃物资源化利用的影响机制研究[J]. 农林经济管理学报，19（6）：699-706.

王建国，杜伟强. 2016. 基于行为推理理论的绿色消费行为实证研究[J]. 大连理工大学学报（社会科学版），37（2）：13-18.

王建华，钭露露. 2021. 多维度环境认知对消费者环境友好行为的影响[J]. 南京工业大学学报（社会科学版），20（3）：78-94，110.

王建华，高子秋. 2020. 基于消费者个体行为特征的网络生鲜购买意愿研究：感知风险的中介作用及个体创新性的调节作用[J]. 贵州社会科学，（9）：119-127.

王建华，马玉婷，朱湄. 2016. 从监管到治理：政府在农产品安全监管中的职能转换[J]. 南京农业大学学报（社会科学版），16（4）：119-129，159.

王建华，沈旻旻，朱淀. 2020. 环境综合治理背景下农村居民亲环境行为研究[J]. 中国人口·资源与环境，（7）：128-139.

王建华，刘茁，李俏. 2015. 农产品安全风险治理中政府行为选择及其路径优化：以农产品生产过程中的农药施用为例[J]. 中国农村经济，（11）：54-62，76.

王建华，陶君颖，陈璐. 2019. 养殖户畜禽养殖废弃物资源化处理方式及影响因素研究[J]. 中国人口·资源与环境，29（5）：127-137.

王建明. 2013. 资源节约意识对资源节约行为的影响：中国文化背景下一个交互效应和调节效应模型[J]. 管理世界，（8）：77-90，100.

王建明. 2015. 环境情感的维度结构及其对消费碳减排行为的影响：情感—行为的双因素理论假说及其验证[J]. 管理世界，（12）：82-95.

王建明，吴龙昌. 2015a. 多维度绿色购买情感对绿色购买行为的影响[J]. 城市问题，（10）：94-103.

王建明，吴龙昌. 2015b. 亲环境行为研究中情感的类别、维度及其作用机理[J]. 心理科学进展，23（12）：2153-2166.

王建明，赵婧. 2021. 推进绿色消费及其监管研究的历史演进与发展脉络[J]. 江南大学学报（人文社会科学版），20（4）：69-83.

王建明，赵青芳. 2017. 道家价值观对消费者循环回收行为影响的统计检验[J]. 统计与决策，（18）：119-123.

王建明，郑冉冉. 2011. 心理意识因素对消费者生态文明行为的影响机理[J]. 管理学报，8（7）：1027-1035.

王丽萍. 2016. 环境友好型产品的消费态度及影响因素分析：基于焦作市社区居民的调查研究[J]. 干旱区资源与环境，30（2）：7-12.

王圣云，林玉娟. 2021. 中国区域农业生态效率空间演化及其驱动因素：水足迹与灰水足迹视角[J]. 地理科学，41（2）：290-301.

王万竹，金晔，姚山季. 2012. 可持续消费态度行为差异：基于调节聚焦视角的研究[J]. 生态经济，（9）：55-60.

王晓楠. 2019. 公众环境风险感知对行为选择的影响路径[J]. 吉首大学学报（社会科学版），40（4）：114-123.

王晓楠. 2020. 社会资本、雾霾风险感知与公众应对行为[J]. 中国地质大学学报（社会科学版），20（6）：75-87.

王学婷，张俊飚，童庆蒙. 2021. 参与农业技术培训能否促进农户实施绿色生产行为？——基于家庭禀赋视角的 ESR 模型分析[J]. 长江流域资源与环境，30（1）：202-211.

王洋，王洋蘅. 2022. 基于计划行为理论的农户秸秆还田采纳意愿研究[J]. 河南农业大学学报，56（1）：133-142.

王宇，李海洋. 2017. 管理学研究中的内生性问题及修正方法[J]. 管理学季刊，（3）：20-47.

王玉玲，程瑜. 2015. 个体理性与集体非理性：边界、均衡及规制[J]. 财贸研究，26（1）：1-8.

韦佳培，张俊飚，吴洋滨. 2011. 农民对农业生产废弃物的价值感知及其影响因素分析：以食用菌栽培废料为例[J]. 中国农村观察，（4）：77-85.

魏后凯，闫坤，谭秋成，等. 2017. 中国农村发展报告（2017）：以全面深化改革激发农村发展新动能[M]. 北京：中国社会科学出版社.

魏璐，郑秋悦，杨妹香. 2019. 消费价值差对绿色消费行为意向的影响[J]. 中国环境管理，11（5）：115-120.

温忠麟，叶宝娟. 2014. 中介效应分析：方法和模型发展[J]. 心理科学进展，22（5）：731-745.

邬兰娅，齐振宏，黄炜虹. 2017. 环境感知、制度情境对生猪养殖户环境成本内部化行为的影响：以粪污无害化处理为例[J]. 华中农业大学学报（社会科学版），（5）：28-35，145.

吴波. 2014. 绿色消费研究评述[J]. 经济管理，（11）：178-189.

吴波，李东进，王财玉. 2016. 绿色还是享乐？参与环保活动对消费行为的影响[J]. 心理学报，48（12）：1574-1588.

吴大磊，赵细康，石宝雅，等. 2020. 农村居民参与垃圾治理环境行为的影响因素及作用机制[J]. 生态经济，36（1）：191-197.

吴林海，裘光倩，许国艳，等. 2017. 病死猪无害化处理政策对生猪养殖户行为的影响效应[J]. 中国农村经济，（2）：56-69.

吴正祥，郭婷婷. 2020. 信息干预视角下闲置物品回收行为的溢出效应研究[J]. 中央财经大学学报，（6）：81-90.

徐戈，李宜威. 2020. 空气质量对公众感知风险与应对意愿的影响研究[J]. 系统工程理论与实践，40（1）：93-102.

徐戈，冯项楠，李宜威，等. 2017. 雾霾感知风险与公众应对行为的实证分析[J]. 管理科学学报，（9）：1-14.

徐嘉祺，余升翔，田云章，等. 2019. 绿色消费行为的溢出效应：目标视角的调节作用[J]. 财经论丛，（12）：86-94.

徐林，凌卯亮. 2017. 垃圾分类政策对居民的节电行为有溢出效应吗？[J]. 行政论坛，24（5）：105-112.

徐林，凌卯亮. 2019. 居民垃圾分类行为干预政策的溢出效应分析：一个田野准实验研究[J]. 浙江社会科学，（11）：65-75，157-158.

徐瑞璠，刘文新，倪琪，等. 2021. 风险感知、政府信任与城镇居民生态补偿支付水平：基于渭河流域572户的微观实证[J]. 干旱区资源与环境，35（4）：10-16.

徐涛，赵敏娟，李二辉，等. 2018. 技术认知、补贴政策对农户不同节水技术采用阶段的影响分析[J]. 资源科学，40（4）：809-817.

许佳彬，王洋，李翠霞. 2021. 环境规制政策情境下农户认知对农业绿色生产意愿的影响：来自黑龙江省698个种植户数据的验证[J]. 中国农业大学学报，26（2）：164-176.

许水平, 尹继东. 2014. 中介效应检验方法比较[J]. 科技管理研究, 34 (18): 203-205, 212.

闫阿倩, 罗小锋, 黄炎忠, 等. 2021. 基于老龄化背景下的绿色生产技术推广研究: 以生物农药与测土配方肥为例[J]. 中国农业资源与区划, 42 (3): 110-118.

杨成钢, 何兴邦. 2016. 环境改善需求、环境责任认知和公众环境行为[J]. 财经论丛, (8): 96-104.

杨奎臣, 胡鹏辉. 2018. 社会公平感、主观幸福感与亲环境行为: 基于 CGSS2013 的机制分析[J]. 干旱区资源与环境, 32 (2): 15-22.

杨力, 徐悦, 朱俊奇. 2021. 中国东部省份科技创新能力综合评价: 基于 TOPSIS-AISM 模型[J]. 现代管理科学, (8): 3-12.

杨贤传, 张磊. 2018. 媒体说服对城市居民绿色消费行为的影响: 兼论"脱敏"现象[J]. 中国流通经济, 32 (2): 107-114.

杨涯人, 邹效维. 1998. 中庸范畴及其在儒学中的地位[J]. 学术交流, (4): 91-94.

杨钰蓉, 罗小锋. 2018. 减量替代政策对农户有机肥替代技术模式采纳的影响: 基于湖北省茶叶种植户调查数据的实证分析[J]. 农业技术经济, (10): 77-85.

杨钰蓉, 何玉成, 闫桂权. 2021. 不同激励方式对农户绿色生产行为的影响: 以生物农药施用为例[J]. 世界农业, (4): 53-64.

杨志武, 钟甫宁. 2010. 农户种植业决策中的外部性研究[J]. 农业技术经济, (1): 27-33.

杨志海, 王洁. 2020. 劳动力老龄化对农户粮食绿色生产行为的影响研究: 基于长江流域六省农户的调查[J]. 长江流域资源与环境, 29 (3): 725-737.

杨智, 董学兵. 2010. 价值观对绿色消费行为的影响研究[J]. 华东经济管理, 24 (10): 131-133.

杨智, 邢雪娜. 2009. 可持续消费行为影响因素质化研究[J]. 经济管理, 31 (6): 100-105.

杨中芳, 赵志裕. 1997. 中庸实践思维初探[C]. 台北: 第四届华人心理与行为科际学术研讨会.

姚科艳, 陈利根, 刘珍珍. 2018. 农户禀赋、政策因素及作物类型对秸秆还田技术采纳决策的影响[J]. 农业技术经济, (12): 64-75.

叶初升, 惠利. 2016. 农业生产污染对经济增长绩效的影响程度研究: 基于环境全要素生产率的分析[J]. 中国人口·资源与环境, 26 (4): 116-125.

叶楠. 2019. 绿色认知与绿色情感对绿色消费行为的影响机理研究[J]. 南京工业大学学报 (社会科学版), 18 (4): 61-74, 112.

叶楠, 周梅华. 2012. 探究新能源汽车采用的"态度–行动缺口"[J]. 华东经济管理, 26 (11): 135-137.

叶文忠, 刘俞希. 2018. 长江经济带农业生产效率及其影响因素研究[J]. 华东经济管理, 32 (3): 83-88.

于超. 2019. 规模养猪场户清洁生产行为研究[D]. 泰安: 山东农业大学博士学位论文.

于超, 张园园, 孙世民. 2018. 基于全过程的规模养猪场户清洁生产认知与行为分析: 以山东省 509 家规模养猪场户的调查为例[J]. 农村经济, (9): 62-69.

于春玲, 朱晓冬, 王霞, 等. 2019. 面子意识与绿色产品购买意向: 使用情境和价格相对水平的调节作用[J]. 管理评论, 31 (11): 139-146.

于婷, 于法稳. 2019. 环境规制政策情境下畜禽养殖废弃物资源化利用认知对养殖户参与意愿的影响分析[J]. 中国农村经济，（8）：91-108.

于伟. 2009. 消费者绿色消费行为形成机理分析：基于群体压力和环境认知的视角[J]. 消费经济，25（4）：75-77，96.

余秋雨. 2019. 中国文化课[M]. 北京：中国青年出版社.

余威震，罗小锋，黄炎忠，等. 2019. 内在感知、外部环境与农户有机肥替代技术持续使用行为[J]. 农业技术经济，（5）：66-74.

余威震，罗小锋，李容容，等. 2017. 绿色认知视角下农户绿色技术采纳意愿与行为悖离研究[J]. 资源科学，39（8）：1573-1583.

余威震，罗小锋，王洁，等. 2020. 责任意识能激发稻农亲环境生产行为吗？——基于情境约束的调节效应[J]. 长江流域资源与环境，29（9）：2047-2056.

余晓婷，吴小根，张玉玲，等. 2015. 游客环境责任行为驱动因素研究：以台湾为例[J]. 旅游学刊，30（7）：49-59.

喻永红，张志坚，刘耀森. 2021. 农业生态保护政策目标的农民偏好及其生态保护参与行为：基于重庆十区县的农户选择实验分析[J]. 中国农村观察，（1）：85-105.

袁亚运. 2016. 我国居民环境行为及影响因素研究：基于 CGSS2013 数据[J]. 干旱区资源与环境，30（4）：40-45.

苑甜甜，宗义湘，王俊芹. 2021. 农户有机质改土技术采纳行为：外部激励与内生驱动[J]. 农业技术经济，（8）：92-104.

岳梦，张露，张俊飚. 2021. 土地细碎化与农户环境友好型技术采纳决策：以测土配方施肥技术为例[J]. 长江流域资源与环境，30（8）：1957-1968.

展进涛，徐钰娇，葛继红. 2019. 考虑碳排放成本的中国农业绿色生产率变化[J]. 资源科学，41（5）：884-896.

湛泳，汪莹. 2018. 绿色消费研究综述[J]. 湘潭大学学报（哲学社会科学版），42（6）：46-48.

张爱平，虞虎. 2017. 雾霾影响下旅京游客风险感知与不完全规避行为分析[J]. 资源科学，39（6）：1148-1159.

张复宏，宋晓丽，霍明. 2017. 果农对过量施肥的认知与测土配方施肥技术采纳行为的影响因素分析：基于山东省9个县（区、市）苹果种植户的调查[J]. 中国农村观察，（3）：117-130.

张嘉琪，颜廷武，江鑫. 2021. 价值感知、环境责任意识与农户秸秆资源化利用：基于拓展技术接受模型的多群组分析[J]. 中国农业资源与区划，42（4）：99-107.

张建云. 2017. 马克思主义"价值观"范畴的深层解读[J]. 学术论坛，40（1）：63-67，144.

张康洁，吴国胜，尹昌斌，等. 2021a. 绿色生产行为对稻农产业组织模式选择的影响：兼论收入效应[J]. 中国农业大学学报，26（4）：225-239.

张康洁，于法稳，尹昌斌. 2021b. 产业组织模式对稻农绿色生产行为的影响机制分析[J]. 农村经济，（12）：72-80.

张露，帅传敏，刘洋. 2013. 消费者绿色消费行为的心理归因及干预策略分析：基于计划行为理论与情境实验数据的实证研究[J]. 中国地质大学学报（社会科学版），13（5）：49-55，139.

张萍，丁倩倩. 2015. 我国城乡居民的环境行为及其影响因素探究：基于 2010 年中国综合社会调查数据的分析[J]. 南京工业大学学报（社会科学版），14（3）：83-90，98.

张其春. 2019. 城市固体废弃物治理机制研究：一个协同治理的分析框架[J]. 江南大学学报（人文社会科学版），18（3）：83-91.

张圣亮，陶能明. 2015. 中国情景下炫耀性消费影响因素实证研究[J]. 现代财经（天津财经大学学报），35（4）：60-70.

张爽，陆铭，章元. 2007. 社会资本的作用随市场化进程减弱还是加强？——来自中国农村贫困的实证研究[J]. 经济学（季刊），（2）：539-560.

张涑贤，杨元元，范鑫. 2019. 基于 DEMATEL-ISM 的建筑供应链低碳化影响因素分析[J]. 数学的实践与认识，49（19）：18-27.

张文宣. 2020. 小农户生产现代化的理论分析与经验证实[J]. 经济问题，（9）：92-99.

张杨，陈娟娟. 2019. 农业生态效率的国际比较及中国的定位研究[J]. 中国软科学，（10）：165-172.

张玉琴，陈美球，谢贤鑫，等. 2021. 基于社会嵌入理论的农户生态耕种行为分析：以江西省为例[J]. 地域研究与开发，40（4）：147-151，157.

张郁，江易华. 2016. 环境规制政策情境下环境风险感知对养猪户环境行为影响：基于湖北省 280 户规模养殖户的调查[J]. 农业技术经济，（11）：76-86.

赵和萍，苏向辉，马瑛，等. 2021. 情理整合视域下干旱区农户亲环境行为与意愿悖离研究[J]. 干旱区资源与环境，35（11）：89-96.

赵会杰，胡宛彬. 2021. 环境规制下农户感知对参与农业废弃物资源化利用意愿的影响[J]. 中国生态农业学报（中英文），29（3）：600-612.

赵杨，赵萌，王林. 2021. 移动场景下网络文化消费行为执行意向的影响机制研究[J]. 管理现代化，41（1）：88-92.

郑继兴，申晶，王维，等. 2021. 基于整合型科技接受模型的农户采纳农业新技术行为研究：采纳意愿的中介效应[J]. 科技管理研究，41（18）：175-181.

郅建功，颜廷武，杨国磊. 2020. 家庭禀赋视域下农户秸秆还田意愿与行为悖离研究：兼论生态认知的调节效应[J]. 农业现代化研究，41（6）：999-1010.

周健民，沈仁芳. 2013. 土壤学大辞典[M]. 北京：科学出版社.

周全，汤书昆. 2017. 媒介使用与中国公众的亲环境行为：环境知识与环境风险感知的多重中介效应分析[J]. 中国地质大学学报（社会科学版），17（5）：80-94.

朱利群，王珏，王春杰，等. 2018. 有机肥和化肥配施技术农户采纳意愿影响因素分析：基于苏、浙、皖三省农户调查[J]. 长江流域资源与环境，27（3）：671-679.

朱萌，齐振宏，罗丽娜，等. 2016. 基于 Probit-ISM 模型的稻农农业技术采用影响因素分析：以湖北省 320 户稻农为例[J]. 数理统计与管理，35（1）：11-23.

朱熹. 2021. 四书章句集注[M]. 北京：中华书局.

朱燕芳，文高辉，胡贤辉，等. 2020. 基于计划行为理论的耕地面源污染治理农户参与意愿研究：以湘阴县为例[J]. 长江流域资源与环境，29（10）：2323-2333.

邹志勇，辛沛祝，晁玉方，等. 2019. 高管绿色认知、企业绿色行为对企业绿色绩效的影响研究：基于山东轻工业企业数据的实证分析[J]. 华东经济管理，33（12）：35-41.

俎文红，成爱武，汪秀. 2017. 环境价值观与绿色消费行为的实证研究[J]. 商业经济研究，（19）：38-40.

Abraham C，Sheeran P，Norman P，et al. 1999. When good intentions are not enough:

modeling postdecisional cognitive correlates of condom use[J]. Journal of Applied Social Psychology，29（12）：2591-2612.

Afroz R，Hanaki K，Hasegawa-Kurisu K. 2009. Willingness to pay for waste management improvement in Dhaka city，Bangladesh[J]. Journal of Environmental Management，90（1）：492-503.

Ajzen I. 1991. The theory of planned behavior[J]. Organizational Behavior and Human Decision Processes，50（2）：179-211.

Ajzen I. 2008. Consumer attitudes and behavior[M]//Haugtvedt C P，Herr P M，Kardes F R. Handbook of Consumer Psychowgy. New York：Lawrence Erlbaum Associates：525-548.

Alriksson S，Filipsson M. 2017. Risk perception and worry in environmental decision-making--a case study within the Swedish steel industry[J]. Journal of Risk Research，20（9）：1173-1194.

Arias C，Trujillo C A. 2020. Perceived consumer effectiveness as a trigger of behavioral spillover effects：a path towards recycling[J]. Sustainability，12（11）：1-17.

Armitage C J，Conner M. 2001. Efficacy of the theory of planned behaviour：a meta-analytic review[J]. British Journal of Social Psychology，40：471-499.

Baldwin R，Cave M，Lodge M. 2011. Understanding Regulation：Theory，Strategy，and Practice[M].2nd ed. Oxford：Oxford University Press.

Bandura A. 1989. Human agency in social cognitive theory[J]. The American Psychologist，44（9）：1175-1184.

Bandura A. 1991. Social cognitive theory of self-regulation[J]. Organizational Behavior and Human Decision Processes，50（2）：248-287.

Bandura A. 1997. Self-Efficacy：The Exercise of Control[M]. New York：W. H. Freeman and Company.

Bandura A，Walters R H. 1963. Social Learning and Personality Development[M]. New York：Holt Rinehart and Winston.

Baron R M，Kenny D A. 1986. The moderator-mediator variable distinction in social psychological research：conceptual，strategic，and statistical considerations[J]. Journal of Personality and Social Psychology，51（6）：1173-1182.

Beckmann J，Kuhl J. 1984. Altering information to gain action control：functional aspects of human information processing in decision making[J]. Journal of Research in Personality，18（2）：224-237.

Bergquist M，Nyström L，Nilsson A. 2020. Feeling or following? A field-experiment comparing social norms-based and emotions-based motives encouraging pro-environmental donations[J]. Journal of Consumer Behaviour，19（4）：351-358.

Bohlen G，Schlegelmilch B B，Diamantopoulos A. 1993. Measuring ecological concern：a multi-construct perspective[J]. Journal of Marketing Management，9（4）：415-430.

Bradley G L，Babutsidze Z，Chai A，et al. 2020. The role of climate change risk perception，response efficacy，and psychological adaptation in pro-environmental behavior：a two nation study[J]. Journal of Environmental Psychology，68：101410.

Breckler S J. 1984. Empirical validation of affect, behavior, and cognition as distinct components of attitude[J]. Journal of Personality and Social Psychology, 47 (6): 1191-1205.

Bubeck P, Botzen W J W, Aerts J C J H. 2012. A review of risk perceptions and other factors that influence flood mitigation behavior[J]. Risk Analysis, 32 (9): 1481-1495.

Carlson L, Grove S J, Kangun N. 1993. A content analysis of environmental advertising claims: a matrix method approach[J]. Journal of Advertising, 22 (3): 27-39.

Carmi N, Arnon S, Orion N. 2015. Transforming environmental knowledge into behavior: the mediating role of environmental emotions[J]. The Journal of Environmental Education, 46 (3): 183-201.

Carrington M J, Neville B A, Whitwell G J. 2014. Lost in translation: exploring the ethical consumer intention-behavior gap[J]. Journal of Business Research, 67 (1): 2759-2767.

Casaló L V, Escario J J, Rodriguez-Sanchez C. 2019. Analyzing differences between different types of pro-environmental behaviors: do attitude intensity and type of knowledge matter? [J]. Resources, Conservation and Recycling, 149: 56-64.

Casaló L V, Escario J J. 2018. Heterogeneity in the association between environmental attitudes and pro-environmental behavior: a multilevel regression approach[J]. Journal of Cleaner Production, 175: 155-163.

Catelo M A O, Dorado M A, Agbisit E, Jr. 2001. Living with livestock: dealing with pig waste in the Philippines[R]. Economy and Environment Program for Southeast Asia.

Chakravorty U, Fisher D K, Umetsu C. 2007. Environmental effects of intensification of agriculture: livestock production and regulation[J]. Environmental Economics and Policy Studies, 8 (4): 315-336.

Chan H W, Pong V, Tam K P. 2020. Explaining participation in Earth Hour: the identity perspective and the theory of planned behavior[J]. Climatic Change, 158 (3): 309-325.

Chan R Y K. 2001. Determinants of Chinese consumers'green purchase behavior[J]. Psychology & Marketing, 18 (4): 389-413.

Chan R Y K, Lau L B Y. 2000. Antecedents of green purchases: a survey in China[J]. Journal of Consumer Marketing, 17 (4): 338-357.

Cheng L L, He K, Zhang J B. 2018. Analysis on agricultural wastes green disposal behavior of farmers based on relational and structural embeddedness[J]. Transactions of the Chinese Society of Agricultural Engineering, 34 (17): 241-249.

Childers T L, Rao A R. 1992. The influence of familial and peer-based reference groups on consumer decisions[J]. Journal of Consumer Research, 19 (2): 198-211.

Choi D, Johnson K K P. 2019. Influences of environmental and hedonic motivations on intention to purchase green products: an extension of the theory of planned behavior[J]. Sustainable Production and Consumption, 18: 145-155.

Claudy M C, Michelsen C, O'Driscoll A. 2011. The diffusion of microgeneration technologies-assessing the influence of perceived product characteristics on home owners' willingness to pay[J]. Energy Policy, 39 (3): 1459-1469.

Claudy M C, Peterson M, O'Driscoll A. 2013. Understanding the attitude-behavior gap for renewable energy systems using behavioral reasoning theory[J]. Journal of Macromarketing，33（4）：273-287.

Cojuharenco I，Shteynberg G，Gelfand M，et al. 2012. Self-construal and unethical behavior[J]. Journal of Business Ethics，109：447-461.

Colman D. 1994. Ethics and externalities：agricultural stewardship and other behaviour：presidential address[J]. Journal of Agricultural Economics，45（3）：299-311.

de Nooijer J，de Vet E，Brug J，et al. 2006. Do implementation intentions help to turn good intentions into higher fruit intakes？[J]. Journal of Nutrition Education and Behavior，38（1）：25-29.

Dembkowski S，Hanmer-Lloyd S. 1994. The environmental value-attitude-system model：a framework to guide the understanding of environmentally-conscious consumer behaviour[J]. Journal of Marketing Management，10（7）：593-603.

Diamantopoulos A. 2006. The error term in formative measurement models：interpretation and modeling implications[J]. Journal of Modelling in Management，1（1）：7-17.

Dolnicar S，Grün B. 2009. Environmentally friendly behavior：can heterogeneity among individuals and contexts/environments be harvested for improved sustainable management？[J]. Environment and Behavior，41（5）：693-714.

Donmez-Turan A，Kiliclar I E. 2021. The analysis of pro-environmental behaviour based on ecological worldviews，environmental training/knowledge and goal frames[J]. Journal of Cleaner Production，279（5）：123518.

Elkington J，Hailes J. 1987. The Green Consumer Guide：From Shampoo to Champagne-High-Street Shopping for a Better Environment[M]. London：Gollancz.

Engel M T，Vaske J J，Bath A J. 2021. Ocean imagery relates to an individual's cognitions and pro-environmental behaviours[J]. Journal of Environmental Psychology，74：101588.

Escobar-Rodríguez T，Carvajal-Trujillo E，Monge-Lozano P. 2014. Factors that influence the perceived advantages and relevance of Facebook as a learning tool：an extension of the UTAUT[J]. Australasian Journal of Educational Technology，30（2）：136-151.

Eurobarometer. 2005. Attitudes towards energy[R]. Luxembourg：European Commission.

Fang L，Hu R，Mao H，et al. 2021. How crop insurance influences agricultural green total factor productivity：evidence from Chinese farmers[J]. Journal of Cleaner Production，321：128977.

Fanghella V，D'Adda G，Tavoni M. 2019. On the use of nudges to affect spillovers in environmental behaviors[J]. Frontiers in Psychology，10：61.

Fischer E，Qaim M. 2014. Smallholder farmers and collective action：what determines the intensity of participation？[J]. Journal of Agricultural Economics，65（3）：683-702.

Fishbein M，Ajzen I. 1975. Belief，Attitude，Intention，and Behavior：An Introduction to Theory and Research[M]. Reading，MA：Addison-Wesley.

Flynn J，Slovic P，Mertz C K. 1994. Gender，race，and perception of environmental health risks[J]. Risk Analysis，14（6）：1101-1108.

Fornell C，Larcker D F. 1981.Evaluating structural equation models with unobservable variables and measurement error[J]. Journal of Marketing Research, 18（1）：39-50.

Fotopoulos C, Krystallis A. 2002. Purchasing motives and profile of the Greek organic consumer: a countrywide survey[J]. British Food Journal, 104（9）：730-765.

Fraj E, Martinez E. 2007. Ecological consumer behaviour: an empirical analysis[J]. International Journal of Consumer Studies, 31（1）：26-33.

Fransson N, Gärling T. 1999. Environmental concern: conceptual definitions, measurement methods, and research findings[J]. Journal of Environmental Psychology, 19（4）：369-382.

Frantz C M, Mayer F S. 2014. The importance of connection to nature in assessing environmental education programs[J]. Studies in Educational Evaluation, 41：85-89.

Frick J, Kaiser F G, Wilson M. 2004. Environmental knowledge and conservation behavior: exploring prevalence and structure in a representative sample[J]. Personality and Individual Differences, 37：1597-1613.

Fu R, Tang Y, Chen G L. 2020. Chief sustainability officers and corporate social（Ir） responsibility[J]. Strategic Management Journal, 41（4）：656-680.

Galizzi M M, Whitmarsh L. 2019. How to measure behavioral spillovers: a methodological review and checklist[J]. Frontiers in Psychology, 10：342.

Gao Y, Zhang X, Lu J, et al. 2017. Adoption behavior of green control techniques by family farms in China: evidence from 676 family farms in Huang-Huai-Hai Plain[J]. Crop Protection, 99：76-84.

Gao Y, Zhao D Y, Yu L L, et al. 2019. Duration analysis on the adoption behavior of green control techniques[J]. Environmental Science and Pollution Research International, 26（7）：6319-6327.

Gintis H, Bowles S, Boyd R, et al. 2003. Explaining altruistic behavior in humans[J]. Evolution and Human Behavior, 24（3）：153-172.

Glaeser E L, Kallal H D, Scheinkman J A, et al. 1992. Growth in cities[J]. Journal of Political Economy, 100（6）：1126-1152.

Glass D V. 1954. Social Mobility in Britain[M]. London: Routledge.

Goh S K, Balaji M S. 2016. Linking green skepticism to green purchase behavior[J]. Journal of Cleaner Production, 131：629-638.

Gollwitzer P M. 1993. Goal achievement: the role of intentions[J]. European Review of Social Psychology, 4（1）：141-185.

Gollwitzer P M. 1999. Implementation intentions: strong effects of simple plans[J]. American Psychologist, 54：493-503.

Gollwitzer P M, Sheeran P. 2006. Implementation intentions and goal achievement: a meta-analysis of effects and processes[J]. Advances in Experimental Social Psychology, 38：69-119.

Gollwitzer P M, Sheeran P. 2009. Self-regulation of consumer decision making and behavior: the role of implementation intentions[J]. Journal of Consumer Psychology, 19（4）：593-607.

Goodland R, Anhang J. 2009. Livestock and climate change[J]. World Watch, 22（6）：

10-19.

Granovetter M. 1985. Economic action and social structure: the problem of embeddedness[J]. American Journal of Sociology，91（3）：481-510.

Grob A. 1995. A structural model of environmental attitudes and behaviour[J]. Journal of Environmental Psychology，15：209-220.

Grothmann T，Patt A. 2005. Adaptive capacity and human cognition: the process of individual adaptation to climate change[J]. Global Environmental Change，15（3）：199-213.

Gu D，Gao S Q，Wang R，et al. 2020. The negative associations between materialism and pro-environmental attitudes and behaviors: individual and regional evidence from China[J]. Environment and Behavior，52（6）：611-638.

Gunther A C，Bolt D，Borzekowski D L G，et al. 2006. Presumed influence on peer norms: how mass media indirectly affect adolescent smoking[J]. Journal of Communication，（1）：52-68.

Gunther A C. 1998. The persuasive press inference: effects of mass media on perceived public opinion[J]. Communication Research，25（5）：486-504.

Ha S J，Kwon S . 2016. Spillover from past recycling to green apparel shopping behavior: the role of environmental concern and anticipated guilt[J]. Fashion and Textiles，3（1）：16.

Hadler M，Haller M. 2011. Global activism and nationally driven recycling: the influence of world society and national contexts on public and private environmental behavior[J]. International Sociology，26（3）：315-345.

Hair J F，Ringle C M，Sarstedt M. 2011. PLS-SEM: indeed a silver bullet[J]. Journal of Marketing Theory and Practice，19（2）：139-152.

Halinen A，Törnroos J Å. 1998. The role of embeddedness in the evolution of business networks[J]. Scandinavian Journal of Management，14（3）：187-205.

Ham S，Han H. 2013. Role of perceived fit with hotels' green practices in the formation of customer loyalty: impact of environmental concerns[J]. Asia Pacific Journal of Tourism Research，18（7）：731-748.

Han H，Hwang J，Lee M J. 2017. The value–belief–emotion–norm model: investigating customers' eco-friendly behavior[J]. Journal of Travel & Tourism Marketing，34（5）：590-607.

Han H. 2015. Travelers' pro-environmental behavior in a green lodging context: converging value-belief-norm theory and the theory of planned behavior[J]. Tourism Management，47：164-177.

Hansen A. 2011. Communication，media and environment: towards reconnecting research on the production，content and social implications of environmental communication[J]. International Communication Gazette，73（1/2）：7-25.

Henseler J，Ringle C M，Sinkovics R R. 2009. The use of partial least squares path modeling in international marketing[M]//Sinkovics R R，Ghauri P N. New Challenges to International Marketing. Leeds: Emerald Group Publishing Limited: 277-319.

Higgins E T，Kruglanski A W. 1996. Social Psychology: Handbook of Basic Principles [M].

New York: Guilford Press.

Ho S S, Liao Y Q, Rosenthal S. 2015. Applying the theory of planned behavior and media dependency theory: predictors of public pro-environmental behavioral intentions in Singapore[J]. Environmental Communication, 9 (1): 77-99.

Hunter L M, Hatch A, Johnson A. 2004. Cross-national gender variation in environmental behaviors[J]. Social Science Quarterly, 85 (3): 677-694.

Hynes N, Wilson J. 2016. I do it, but don't tell anyone! Personal values, personal and social norms: can social media play a role in changing pro-environmental behaviours? [J]. Technological Forecasting and Social Change, 111: 349-359.

Iyer E S, Kashyap R K. 2007. Consumer recycling: role of incentives, information, and social class[J]. Journal of Consumer Behaviour, 6 (1): 32-47.

Jacoby J, Kaplan L B. 1972. The components of perceived risk[R]. Association for Consumer Research.

Kashima Y, Gallois C, McCamish M. 1993. The theory of reasoned action and cooperative behaviour: it takes two to use a condom[J].The British Journal of Social Psychology, 32: 227-239.

Keohane N O, Revesz R L, Stavins R N. 1998. The choice of regulatory instruments in environmental policy[J]. The Harvard Environmental Law Review, 22: 313-367.

Ketchen D J, Jr. 2013. A primer on partial least squares structural equation modeling (PLS-SEM) [J]. Long Range Planning, 46 (1/2): 184-185.

Kidwell B, Farmer A, Hardesty D M. 2013. Getting liberals and conservatives to go green: political ideology and congruent appeals[J]. Journal of Consumer Research, 40 (2): 350-367.

Kim J, Goldsmith P, Thomas M H. 2010. Economic impact and public costs of confined animal feeding operations at the parcel level of Craven County, North Carolina[J]. Agriculture and Human Values, 27 (1): 29-42.

Kim S Y, Yeo J, Sohn S H, et al. 2012. Toward a composite measure of green consumption: an exploratory study using a Korean sample[J]. Journal of Family and Economic Issues, 33 (2): 199-214.

Klerck D, Sweeney J C. 2007. The effect of knowledge types on consumer-perceived risk and adoption of genetically[J]. Psychology & Marketing, 24 (2): 171-193.

Lacasse K. 2016. Don't be satisfied, identify! Strengthening positive spillover by connecting pro-environmental behaviors to an "environmentalist" label[J]. Journal of Environmental Psychology, 48: 149-158.

Lanzini P, Thøgersen J. 2014. Behavioural spillover in the environmental domain: an intervention study[J]. Journal of Environmental Psychology, 40: 381-390.

Larson L R, Stedman R C, Cooper C B, et al. 2015. Understanding the multi-dimensional structure of pro-environmental behavior[J]. Journal of Environmental Psychology, 43: 112-124.

Lee C. 1991. Modifying an American consumer behavior model for consumers in Confucian culture: the case of Fishbein behavioral intentions model[J]. Journal of International

Consumer Marketing，3（1）：27-50.

Levin G. 1990. Consumers turning green：JWT survey[J]. Advertising Age，61：3-7.

Li C Q，Shi Y X，Khan S U，et al. 2021. Research on the impact of agricultural green production on farmers' technical efficiency：evidence from China[J]. Environmental Science and Pollution Research International，28（29）：38535-38551.

Li M Y，Wang J J，Zhao P J，et al. 2020. Factors affecting the willingness of agricultural green production from the perspective of farmers' perceptions[J]. The Science of the Total Environment，738：140289.

Li W，An C L，Lu C. 2018. The assessment framework of provincial carbon emission driving factors：an empirical analysis of Hebei Province[J]. The Science of the Total Environment，637/638：91-103.

Liao C N，Chen Y J，Tang C S. 2019. Information provision policies for improving farmer welfare in developing countries：heterogeneous farmers and market selection[J]. Manufacturing & Service Operations Management，21（2）：254-270.

Lien C Y，Chen Y S，Huang C W. 2010. The relationships between green consumption cognition and behavioral intentions for consumers in the restaurant industry[R]. 2010 IEEE International Conference on Industrial Engineering and Engineering Management.

Liu P H，Han C F，Teng M M. 2021. The influence of Internet use on pro-environmental behaviors：an integrated theoretical framework[J]. Resources，Conservation and Recycling，164：105162.

Liu Y Y，Shi R L，Peng Y T，et al. 2022. Impacts of technology training provided by agricultural cooperatives on farmers' adoption of biopesticides in China[J]. Agriculture，12（3）：316.

Liu Y F，Sun D S，Wang H J，et al. 2020. An evaluation of China's agricultural green production：1978-2017[J]. Journal of Cleaner Production，243：118483.

Lodge M，Wegrich K. 2012. Managing Regulation：Regulatory Analysis，Politics and Policy[M]. New York：Palgrave Macmillan.

López-Mosquera N，Lera-López F，Sánchez M. 2015. Key factors to explain recycling，car use and environmentally responsible purchase behaviors：a comparative perspective[J]. Resources，Conservation and Recycling，99：29-39.

Lu H，Liu X，Chen H，et al. 2017. Who contributed to "corporation green" in China？A view of public-and-private sphere pro-environmental behavior among employees[J]. Resources，Conservation and Recycling，120：166-175.

Magnusson M K，Arvola A，Hursti U K K，et al. 2001. Attitudes towards organic foods among Swedish consumers[J]. British Food Journal，103（3）：209-227.

Maloney M P，Ward M P，Braucht G N. 1975. A revised scale for the measurement of ecological attitudes and knowledge[J]. American Psychologist，30：787-790.

Margetts E A，Kashima Y. 2017. Spillover between pro-environmental behaviours：the role of resources and perceived similarity[J]. Journal of Environmental Psychology，49：30-42.

Mariano M J，Villano R，Fleming E. 2012. Factors influencing farmers' adoption of modern rice technologies and good management practices in the Philippines[J]. Agricultural

　　Systems，110：41-53.

McMillan E E，Wright T，Beazley K. 2004. Impact of a university-level environmental studies class on students' values[J]. The Journal of Environmental Education，35（3）：19-27.

Miniero G，Codini A，Bonera M，et al. 2014. Being green：from attitude to actual consumption[J]. International Journal of Consumer Studies，38（5）：521-528.

Mitchell V W，Greatorex M. 1993. Risk perception and reduction in the purchase of consumer services[J]. The Service Industries Journal，13（4）：179-200.

Montgomery W D. 1972. Markets in licenses and efficient pollution control programs[J]. Journal of Economic Theory，5：395-418.

Morris M G，Venkatesh V. 2000. Age differences in technology adoption decisions：implications for a changing work force[J]. Personnel Psychology，53（2）：375-403.

Moser A K. 2015. Thinking green，buying green？Drivers of pro-environmental purchasing behavior[J]. Journal of Consumer Marketing，32（3）：167-175.

Mosler H J，Tamas A，Tobias R，et al. 2008. Deriving interventions on the basis of factors influencing behavioral intentions for waste recycling，composting，and reuse in Cuba[J]. Environment and Behavior，40（4）：522-544.

Nash N，Capstick S，Whitmarsh L. 2019. Behavioural spillover in context：negotiating environmentally-responsible lifestyles in Brazil，China and Denmark[R]. Front Psychol.

Nerb J，Spada H. 2001. Evaluation of environmental problems：a coherence model of cognition and emotion[J]. Cognition and Emotion，15（4）：521-551.

Newton J D，Tsarenko Y，Ferraro C，et al. 2015. Environmental concern and environmental purchase intentions：the mediating role of learning strategy[J]. Journal of Business Research，68（9）：1974-1981.

Nguyen H V，Nguyen C H，Hoang T T B. 2019. Green consumption：closing the intention-behavior gap[J]. Sustainable Development，27（1）：118-129.

Nguyen T N，Lobo A，Greenland S. 2016. Pro-environmental purchase behaviour：the role of consumers' biospheric values[J]. Journal of Retailing and Consumer Services，33：98-108.

Nilsson A，Bergquist M，Schultz W P. 2017. Spillover effects in environmental behaviors，across time and context：a review and research agenda[J]. Environmental Education Research，23（4）：573-589.

Niu Z H，Chen C，Gao Y，et al. 2022. Peer effects，attention allocation and farmers' adoption of cleaner production technology：taking green control techniques as an example[J]. Journal of Cleaner Production，339：130700.

Noblet C L，McCoy S K. 2018. Does one good turn deserve another？Evidence of domain-specific licensing in energy behavior[J]. Environment and Behavior，50（8）：839-863.

Nolan J M，Schultz P W，Cialdini R B，et al. 2008. Normative social influence is underdetected[J]. Personality and Social Psychology Bulletin，34（7）：913-923.

Nowak A，Vallacher R R，Tesser A，et al. 2000. Society of self：the emergence of collective properties in self-structure[J]. Psychological Review，107（1）：39-61.

O'Fallon M J，Butterfield K D. 2005. A review of the empirical ethical decision-making literature：1996-2003[J]. Journal of Business Ethics，59（4）：375-413.

Obubuafo J，Gillespie J，Paudel K，et al. 2008. Awareness of and application to the environmental quality incentives program by cow—calf producers[J]. Journal of Agricultural and Applied Economics，40（1）：357-368.

Odou P，Schill M. 2020. How anticipated emotions shape behavioral intentions to fight climate change[J]. Journal of Business Research，121：243-253.

Oye N D，Iahad N A，Rahim N A. 2014. The history of UTAUT model and its impact on ICT acceptance and usage by academicians[J]. Education and Information Technologies，19（1）：251-270.

Pan D. 2016. The design of policy instruments towards sustainable livestock production in China：an application of the choice experiment method[J]. Sustainability，8（7）：611-629.

Peattie K. 2010. Green consumption：behavior and norms[J]. Annual Review of Environment and Resources，35（1）：195-228.

Pieters R G M. 1991. Changing garbage disposal patterns of consumers：motivation，ability，and performance[J]. Journal of Public Policy & Marketing，10（2）：59-76.

Pigou A C. 1932. The Economics of Welfare[M]. London：Palgrave Macmillan.

Podoshen J S，Li L，Zhang J F. 2011. Materialism and conspicuous consumption in China：a cross-cultural examination[J]. International Journal of Consumer Studies，35（1）：17-25.

Poortinga W，Whitmarsh L，Suffolk C. 2013. The introduction of a single-use carrier bag charge in Wales：attitude change and behavioural spillover effects[J]. Journal of Environmental Psychology，36：240-247.

Popkin S. 1980. The rational peasant：the political economy of peasant society[J]. Theory and Society，9：411-471.

Priest S H. 2006. Public discourse and scientific controversy：a spiral-of-silence analysis of biotechnology opinion in the United States[J]. Science Communication，28（2）：195-215.

Rausch T M，Kopplin C S. 2021. Bridge the gap：consumers' purchase intention and behavior regarding sustainable clothing[J]. Journal of Cleaner Production，278：123882.

Reis H T，Collins W A，Berscheid E. 2000. The relationship context of human behavior and development[J]. Psychological Bulletin，126（6）：844-872.

Reiss A J. 1984. Consequences of compliance and deterrence models of law enforcement for the exercise of police discretion[J]. Law and Contemporary Problems，47：83-122.

Rhodes R E，Courneya K S. 2003. Investigating multiple components of attitude，subjective norm，and perceived control：an examination of the theory of planned behaviour in the exercise domain[J]. The British Journal of Social Psychology，42：129-146.

Richins M L，Dawson S. 1992. A consumer values orientation for materialism and its measurement：scale development and validation[J]. Journal of Consumer Research，19（3）：

303-316.

Rosenbaum P R, Rubin D B. 1983. The central role of the propensity score in observational studies for causal effects[J]. Biometrika, 70 (1): 41-55.

Rosenberg M. 1986. Self-concept from middle childhood through adolescence[M]//Suls J, Greenwald A G. Psychological Perspectives on the self. Hillsdale: Lawrence Erlbaum.

Rudel T K. 2011. The commons and development: unanswered sociological questions[J]. International Journal of the Commons, 5 (2): 303-318.

Schultz T W. 1964. Transforming Traditional Agriculture[M]. New Haven: Yale University Press.

Schwartz S H. 1994. Are there universal aspects in the structure and contents of human values? [J]. Journal of Social Issues, 50 (4): 19-45.

Schwepker C H, Jr, Cornwell T B. 1991. An examination of ecologically concerned consumers and their intention to purchase ecologically packaged products[J]. Journal of Public Policy & Marketing, 10 (2): 77-101.

Sheeran P. 2002. Intention—behavior relations: a conceptual and empirical review[J]. European Review of Social Psychology, 12 (1): 1-36.

Sheeran P, Orbell S. 1998. Do intentions predict condom use? Meta analysis and examination of six moderator variables[J]. British Journal of Social Psychology, 37 (2): 231-250.

Sheng G H, Xie F, Gong S Y, et al. 2019. The role of cultural values in green purchasing intention: empirical evidence from Chinese consumers[J]. International Journal of Consumer Studies, 43 (3): 315-326.

Shi S, Li C X, Li M T. 2017. Review of research from carbon emissions to carbon footprint in livestock husbandry[J]. China Population, Resources and Environment, (6): 36-41.

Si R S, Pan S T, Yuan Y X, et al. 2019. Assessing the impact of environmental regulation on livestock manure waste recycling: empirical evidence from households in China[J]. Sustainability, 11 (20): 5737.

Si R S, Wang M Z, Lu Q, et al. 2020. Assessing impact of risk perception and environmental regulation on household carcass waste recycling behaviour in China[J]. Waste Management & Research, 38 (5): 528-536.

Smith K A, Brewer A J, Dauven A, et al. 2000. A survey of the production and use of animal manures in England and Wales.I.Pig manure[J]. Soil Use and Management, 16 (2): 124-132.

Snyder M. 1992. Motivational foundations of behavioral confirmation[J]. Advances in Experimental Social Psychology, 25: 67-114.

Somogyi S, Li E, Johnson T, et al. 2011. The underlying motivations of Chinese wine consumer behaviour[J]. Asia Pacific Journal of Marketing and Logistics, 23 (4): 473-485.

Spence W R. 1994. Innovation: The Communication of Change in Ideas, Practices, and Products[M]. London: Chapman & Hall.

Steg L, Vlek C. 2009. Encouraging pro-environmental behaviour: an integrative review and research agenda[J]. Journal of Environmental Psychology, 29 (3): 309-317.

Steinfeld H, Gerber P J, Wassenaar T, et al. 2006. Livestock's long shadow[R]. Rome: FAO.

Steinhorst J, Matthies E. 2016. Monetary or environmental appeals for saving electricity? - potentials for spillover on low carbon policy acceptability[J]. Energy Policy, 93: 335-344.

Stern P C, Dietz T, Abel T, et al. 1999. A value-belief-norm theory of support for social movements: the case of environmentalism[J]. Human Ecology Review, 6 (2): 81-97.

Stern P C. 2000. New environmental theories: toward a coherent theory of environmentally significant behavior[J]. Journal of Social Issues, 56 (3): 407-424.

Stern P C. 2005. Understanding individuals' environmentally significant behavior[J]. The Environmental Law Reporter: News and Analysis, (11): 10785-10790.

Stewart R B. 1985. The discontents of legalism: interest group relations in administrative regulation[J]. Wisconsin Law Review, (3): 655-686.

Stigler G J. 1972. Economic competition and political competition[J]. Public Choice, 13: 91-106.

Susewind M, Hoelzl E. 2014. A matter of perspective: why past moral behavior can sometimes encourage and other times discourage future moral striving[J]. Journal of Applied Social Psychology, 44 (3): 201-209.

Swim J K, Bloodhart B. 2013. Admonishment and praise: interpersonal mechanisms for promoting proenvironmental behavior[J]. Ecopsychology, 5 (1): 24-35.

Tan L P, Johnstone M L, Yang L. 2016. Barriers to green consumption behaviours: the roles of consumers' green perceptions[J]. Australasian Marketing Journal, 24 (4): 288-299.

Teng C C, Chang J H. 2014. Effects of temporal distance and related strategies on enhancing customer participation intention for hotel eco-friendly programs[J]. International Journal of Hospitality Management, 40: 92-99.

Thomas J B, Clark S M, Gioia D A. 1993. Strategic sensemaking and organizational performance: linkages among scanning, interpretation, action, and outcomes[J]. Academy of Management Journal, 36 (2): 239-270.

Thompson S C, Barton M A. 1994. Ecocentric and anthropocentric attitudes toward the environment[J]. Journal of Environmental Psychology, 14 (2): 149-157.

Tiefenbeck V, Staake T, Roth K, et al. 2013. For better or for worse? Empirical evidence of moral licensing in a behavioral energy conservation campaign[J]. Energy Policy, 57: 160-171.

Truelove H B, Carrico A R, Weber E U, et al. 2014. Positive and negative spillover of pro-environmental behavior: an integrative review and theoretical framework[J]. Global Environmental Change, 29: 127-138.

Tversky A, Kahneman D. 1974. Judgment under uncertainty: heuristics and biases: biases in judgments reveal some heuristics of thinking under uncertainty[J]. Science, 185(4157): 1124-1131.

Uzzi B. 1997. Social structure and competition in interfirm networks: the paradox of embeddedness[J]. Administrative Science Quarterly, 42 (1): 35-67.

van der Werff E, Steg L, Keizer K. 2013. It is a moral issue: the relationship between environmental self-identity，obligation-based intrinsic motivation and pro-environmental behaviour[J]. Global Environmental Change，23（5）：1258-1265.

van der Werff E，Steg L，Keizer K. 2014. I am what I am，by looking past the present：the influence of biospheric values and past behavior on environmental self-identity[J]. Environment and Behavior，46（5）：626-657.

van Hooft E A J，Born M P，Taris T W，et al. 2005. Bridging the gap between intentions and behavior：implementation intentions，action control，and procrastination[J]. Journal of Vocational Behavior，66（2）：238-256.

Wang H L，Li J X，Mangmeechai A，et al. 2021. Linking perceived policy effectiveness and proenvironmental behavior：the influence of attitude，implementation intention，and knowledge[J]. International Journal of Environmental Research and Public Health，18（6）：2910.

Wang Y J，He K，Zhang J B，et al. 2020. Environmental knowledge，risk attitude，and households' willingness to accept compensation for the application of degradable agricultural mulch film：evidence from rural China[J]. Science of the Total Environment，744：140616.

Weber M. 2019. Economy and Society a New Translation[M]. Cambridge：Harvard University Press.

Webster F E, Jr. 1975. Determining the characteristics of the socially conscious consumer[J]. Journal of Consumer Research，2（3）：188-196.

Wensing J，Carraresi L，Bröring S. 2019. Do pro-environmental values，beliefs and norms drive farmers' interest in novel practices fostering the Bioeconomy？[J]. Journal of Environmental Management，232：858-867.

Werfel S H. 2017. Household behaviour crowds out support for climate change policy when sufficient progress isperceived[J]. Nature Climate Change，7（7）：512-515.

West T O，Marland G. 2002. A synthesis of carbon sequestration，carbon emissions，and net carbon flux in agriculture：comparing tillage practices in the United States[J]. Agriculture，Ecosystems & Environment，91（1/2/3）：217-232.

Westaby J D. 2005. Behavioral reasoning theory：identifying new linkages underlying intentions and behavior[J]. Organizational Behavior and Human Decision Processes，98（2）：97-120.

Westbrook R A，Oliver R L. 1991. The dimensionality of consumption emotion patterns and consumer satisfaction[J]. Journal of Consumer Research，18（1）：84-91.

Wilson E O. 1984. Biophilia：The Human Bond with Other Species[M]. Cambridge：Harvard University Press.

Wiser R H. 2007. Using contingent valuation to explore willingness to pay for renewable energy：a comparison of collective and voluntary payment vehicles[J]. Ecological Economics，62（3/4）：419-432.

Wixom B H，Watson H J. 2001. An empirical investigation of the factors affecting data warehousing success[J]. MIS Quarterly，25（1）：17-41.

World Bank.1994. World Development Report 1994：Infrastructure for Development[M].

Oxford：Oxford University Press.

Wu X Q，Xu Y C，Lu G F. 2009. The evaluation of agricultural eco-efficiency：a case of rice pot-experiment[J]. Acta Ecologica Sinica，29（5）：2481-2488.

Xing J H，Song J N，Ren J Z，et al. 2020. Regional integrative benefits of converting livestock excrements to energy in China：an elaborative assessment from life cycle perspective[J]. Journal of Cleaner Production，275：122470.

Xu F F，Huang L，Whitmarsh L. 2020. Home and away：cross-contextual consistency in tourists' pro-environmental behavior[J]. Journal of Sustainable Tourism，28（10）：1443-1459.

Xue Y H，Guo J B，Li C，et al. 2021. Influencing factors of farmers' cognition on agricultural mulch film pollution in rural China[J]. Science of the Total Environment，787：147702.

Yang K S. 1981. Social orientation and individual modernity among Chinese students in Taiwan[J]. The Journal of Social Psychology，113（2）：159-170.

Yue B B，Sheng G H，She S X，et al. 2020. Impact of consumer environmental responsibility on green consumption behavior in China：the role of environmental concern and price sensitivity[J]. Sustainability，12（5）：2074.

Zhang Y X，Halder P，Zhang X N，et al. 2020. Analyzing the deviation between farmers' Land transfer intention and behavior in China's impoverished mountainous area：a Logistic-ISM model approach[J]. Land Use Policy，94：104534.

Zhou Z F，Liu J H，Zeng H X，et al. 2020. How does soil pollution risk perception affect farmers' pro-environmental behavior？The role of income level[J]. Journal of Environmental Management，270：110806.

Zukin S，DiMaggio P. 1990. Structures of Capital：The Social Organization of the Economy[M]. Cambridge：Cambridge University Press.